化学工业出版社"十四五"普通高等教育规划教材

食品安全学

胡 滨 郝建雄 辜雪冬 主编

化学工业出版社

·北京·

内容简介

《食品安全学》以"食品污染—食源性疾病及预防—食品安全监管"为主线,全面系统介绍了食品从农田到餐桌可能存在的安全问题以及防控措施。包括食品安全的基本概念,影响食品安全的生物性因素、化学性因素、物理性因素,食品添加剂及其管理,各类食品的卫生及管理,转基因食品的安全性,食源性疾病及预防,食品安全风险分析与控制,食品安全监管与法律法规体系等内容。本书内容丰富,通俗易懂,可读性强。

本书适合作为高校食品类、预防医学及相关专业的教材,也可作为食品生产企业、食品科研机构有关人员以及关注食品营养与健康人士的参考书。

本书课件可登陆化学工业出版社教学资源网(www.cipedu.com.cn)获取。

图书在版编目(CIP)数据

食品安全学 / 胡滨,郝建雄,辜雪冬主编. — 北京:
化学工业出版社,2025.8. —(化学工业出版社"十四
五"普通高等教育规划教材). — ISBN 978-7-122
-48171-9

Ⅰ. TS201.6

中国国家版本馆 CIP 数据核字第 2025JP2124 号

责任编辑:尤彩霞   文字编辑:张熙然
责任校对:李 爽   装帧设计:韩 飞

出版发行:化学工业出版社
        (北京市东城区青年湖南街13号 邮政编码100011)
印   装:大厂回族自治县聚鑫印刷有限责任公司
787mm×1092mm 1/16 印张15 字数370千字
2025年9月北京第1版第1次印刷

购书咨询:010-64518888   售后服务:010-64518899
网   址:http://www.cip.com.cn
凡购买本书,如有缺损质量问题,本社销售中心负责调换。

定   价:49.80元   版权所有 违者必究

本书编写人员名单

主　编　胡　滨　四川农业大学

　　　　　郝建雄　河北科技大学

　　　　　辜雪冬　西藏农牧大学

副主编　张小莺　陕西理工大学

　　　　　刘爱平　四川农业大学

　　　　　赵　勤　四川农业大学

　　　　　朱成林　西南民族大学

　　　　　蒋光阳　四川大学

　　　　　李　娟　成都农业科技职业学院

参　编（按姓氏拼音排序）

　　　　　胡　阳　集美大学

　　　　　李天歌　河南农业大学

　　　　　孔琳君　四川职业技术学院

　　　　　李　真　河南农业大学

　　　　　刘　瑜　西藏农牧大学

　　　　　罗擎英　四川农业大学

　　　　　陶利思　四川农业大学

　　　　　王豪缘　西南大学

　　　　　王田林　河南农业大学

　　　　　向小凤　重庆第二师范学院

　　　　　晏芳芳　湖南农业大学

前言

食品是人类赖以生存和发展的基本物质，是人们从事劳动生产和一切活动的能量源泉，食品工业已成为许多国家的重要支柱产业。食品安全不仅影响国家稳定和经济发展，而且直接关系到百姓的生命安全和身体健康。随着社会的发展和人民生活水平的不断提高，人们对食品安全、营养及风味提出了更高要求。为进一步适应食品安全相关专业的教学要求，在参阅总结了国内外相关领域的先进技术和研究成果基础上，我们联合12所高等院校编写了本教材，编写人员了解国内外的最新研究进展和学科发展，都是在教学、科研第一线的教授、博士及学术骨干。

本教材在突出"三基"（基本理论、基本知识、基本技能）基础上，在《"健康中国2030"规划纲要》引领下，贯彻《高等学校课程思政建设指导纲要》文件精神，将食品安全的重要精神等思政教育理念、思政教育元素有机融入教材，以便在知识传授和能力培养中引导高校学生树立正确的世界观、人生观、价值观。此外，在纸质教材中引入数字化元素，加入扩展内容，实现了数字资源和传统教材的有机融合。

全书共10章，参加编写的人员及具体分工如下：第1章由胡滨、晏芳芳、李娟和孔琳君编写；第2章由刘爱平编写；第3章由胡滨、郝建雄和王豪缘编写；第4章由胡滨、罗擎英、郝建雄和张小莺编写；第5章由王田林、李天歌编写；第6章由胡滨、蒋光阳、向小凤和李娟编写；第7章由刘瑜编写；第8章由辜雪冬、胡阳和陶利思编写；第9章由李真编写；第10章由赵勤、罗擎英和朱成林编写。全书由胡滨、郝建雄、辜雪冬负责统稿。

本教材作为四川省省级线上一流本科课程"食品安全学"配套教材，以中国大学MOOC（慕课）为资源共享平台。在编写过程中，依托四川省高校省级课程思政示范教学团队——食品科学课程群教学团队，凝聚了四川省重点教改项目"食品安全新形势下《食品卫生学》教学改革的实践与探索（2014-450-55）"和成都市科学技术局项目（2024-YF05-00404-SN）的研究成果。在此特别感谢四川农业大学教务处和食品学院对本教材出版的支持。

由于编者水平有限，难免存在疏漏之处，敬请诸位同仁批评指正，以便我们做好持续改进与修订工作。

编者
2025年3月

→ **目 录**

第1章

绪 论

 导言

> 食品安全是一个全球性的重要公共卫生问题，不仅直接关系到每个人的健康，而且影响着社会和经济的发展。中国共产党的二十大报告将食品安全纳入公共安全治理体系进行全面部署，以更加有力的措施，纵深推进食品安全治理，有效维护人民群众的健康权益，不断增强新时代广大人民群众的幸福感和安全感。

进入21世纪以来，食品安全性问题已成为食品研究、开发和生产领域中一个不容忽视的问题，而且正逐步受到高度重视。

1.1 基本概念

1.1.1 食品安全

按照世界卫生组织（World Health Organization，WHO）在《加强国家级食品安全性计划指南》的定义，食品安全（food safety）是指对食品按其原定用途进行制作和食用时，不会对消费者造成危害的一种担保。联合国粮食及农业组织（Food and Agriculture Organization of the United Nations，FAO）对食品安全的定义是：所有人在任何时候都能在物质上和经济上获得足够、安全和富有营养的食物以满足其健康而积极生活的膳食需要。这涉及四个条件：①充足的粮食供应或可获得数量；②不因季节或年份而产生波动或不足的稳定供应；③具有可获得的并负担得起的粮食；④优质安全的食物。因此，食品安全包含两方面的含义：一是食品量的安全，指以一个国家或社会的食物供给保障为内涵的食品安全（food security），为宏观性食品安全。如在2024年，我国为了保障粮食有效供给，确保国家粮食安全，实施了《中华人民共和国粮食安全保障法》。二是食品质的安全，是以保障人体健康为内涵的食品安全，为微观性食品安全。宏观上，食品量的安全反映了人类对食品总量上的依赖性，要求稳定持续的食物供应量，不因季节或年份而产生供应不足；在食物结构上表现为以粮食供应为主的能量型食物，营养水平表现为温饱型生活。微观上，食品质的安全反映了在保证人体正常生命活动和生理功能前提下，对食物成分的营养和危害的要求和限制，二者互为前提。

我国新《食品安全法》对食品安全的定义是指食品无毒、无害，符合应当有的营养要求，对人体健康不造成任何急性、亚急性或者慢性危害。需要注意的是，食品无毒无害是一个相对的概念，只有当食品中有毒有害物质超过一定的量，才会对消费者身体健康和生命安全造成危害，这里体现了马克思主义哲学中辩证唯物法中"度"的问题。

总体来看，目前国际社会对食品安全概念的理解已经达成了以下共识。

第一，食品安全是个综合概念。作为种概念，食品安全包括食品卫生、食品质量等相关方面的内容，以及在食品种植、养殖、加工、包装、储藏、运输、销售、消费等环节的安全卫生控制。而作为属概念的食品卫生、食品质量等均无法涵盖上述全部内容和全部环节。

第二，食品安全是个社会概念。与卫生学、质量学等学科概念不同，食品安全是个社会治理概念。不同国家以及不同时期，食品安全所面临的突出问题和治理要求有所不同。在发达国家，食品安全所关注的主要是因科学技术发展所引发的问题，如转基因食品对人类健康的影响；而在发展中国家，食品安全所侧重的则是市场经济发育不成熟所引发的问题，如掺假伪造、有毒有害食品的非法生产经营。我国的食品安全问题则包括上述全部内容。

第三，食品安全是个政治概念。无论是发达国家，还是发展中国家，食品安全都是企业和政府对社会最基本的责任和必须做出的承诺。食品安全与生存权紧密相连，具有唯一性和强制性，通常属于政府保障或者政府强制的范畴。而食品质量等通常与发展权有关，具有层次性和选择性，属于商业选择或者政府倡导的范畴。近年来，国际社会逐步以食品安全的概念替代食品卫生、食品质量的概念，更加突显了食品安全的政治责任。

第四，食品安全是个法律概念。自20世纪80年代以来，一些国家以及有关国际组织从社会系统工程建设的角度出发，逐步以食品安全的综合立法替代卫生、质量、营养等要素立法。1990年英国颁布了《食品安全法》，2000年欧盟发表了具有指导意义的《食品安全白皮书》，2003年日本制定了《食品安全基本法》。我国也高度重视食品安全，早在1995年就颁布了《中华人民共和国食品卫生法》。在此基础上，2009年2月28日，十一届全国人大常委会第七次会议通过了《中华人民共和国食品安全法》（本书简称《食品安全法》），并于2021年4月29日第十三届全国人民代表大会常务委员会第二十八次会议第二次修正。综合型的新《食品安全法》逐步替代要素型的《中华人民共和国食品卫生法》《中华人民共和国产品质量法》等，反映了时代发展的要求。

此外，食品安全是涉及全球的公共卫生问题，不仅关系到人类的健康生存，而且还严重影响经济和社会的发展。食品安全事件容易造成群发性的食源性疾病，产生较大的社会和心理影响。因此，食品污染问题是食品安全关注的重点。食品污染是指食品从生产（包括农作物种植、动物养殖）、加工、包装、储存、运输、销售直至食用等过程中产生的或由环境污染带入的、非有意加入的危害物质。食品污染的特点：①污染物除了直接污染食品原料和制品外，还可通过食物链逐级富集；②被污染食品除少数表现出感官变化外，多数不能被感官所识别；③常规的冷热处理不能达到绝对无害，尤其是有毒化学物质造成的污染；④造成的危害，除引起急性病患外，还可蓄积或残留在体内，造成慢性损伤和潜在威胁。食品污染按照污染途径的不同，分为内源性污染和外源性污染。内源性污染指作为食品原料的动植物体在生活过程中，因自身带有的污染物而造成的污染，也称为第一次污染。外源性污染是指食品在生产、加工、运输、贮藏、销售、食用过程中，通过水、空气、人、动物、机械设备及用具等而污染食品，也称第二次污染。按照污染源性质的不同，还可分为生物性污染（如微生物、寄生虫、昆虫及病毒等污染）、化学性污染（如农药残留、兽药残留、有毒金属等污染）和物理性污染（如杂物污染和放射性污染）。

1.1.2 食品卫生

按照 WHO 的定义，食品卫生（food hygiene）是指为确保食品安全性和适合性，在食物链所有阶段必须采取的一切条件和措施。在《食品工业基本术语》（GB/T 15091—1994）中，食品卫生是指为防止食品在生产、收获、加工、运输、贮藏、销售等各个环节被有害物质（包括物理、化学、微生物等方面）污染，使食品有益于人体健康、质地良好所采取的各项措施。

从上述定义来看，食品卫生与食品安全的内涵并不完全相同，两者之间有交叉重合，也有各自不同侧重点。从其涉及内容来看，食品安全相对偏重宏观、偏重结果，而食品卫生则偏重微观、偏重过程。但两者在目的上却是一致的，都是为了保护人类的健康、生存和发展。重视食品安全，并不排斥食品卫生，两者可以相互促进。可见对食品而言，食品卫生旨在创造和维持一个清洁并且有利于健康的环境，使食品生产和消费在其中进行有效的卫生操作。

1.1.3 食品质量

食品质量（food quality）是食品满足规定或潜在要求的特征和特性总和，反映食品品质的优劣。食品安全不是以食品本身为研究对象，而是重点关注食品对消费者健康产生的影响；食品质量关注的重点则是食品本身的食用价值和性状。食品质量和食品安全在有些情况下容易区分，在有些情况下较难区分。因此很多消费者经常将食品质量问题也理解为食品安全问题，如将不合格产品视为不安全的食品，将未达到某一标准的食品也视为不安全食品。食品安全与食品质量的概念必须严格加以区分，因为这涉及相关政策、标准的制订，以及食品管理体系的内容和构架，也涉及企业应该承担什么样的责任。

1.1.4 食品安全学

食品安全学（food safetiology）是研究食物中含有的或混入食物中的各种有害因素对人体健康的危害及预防措施，进而提高食品卫生质量，保护消费者安全的科学。食品安全学对预防疾病、改善人类健康和提高生命质量起着重要作用。它的研究对象是食物和人，即研究食物与健康的关系，主要是食物中的有毒有害成分与健康的关系。

1.2 食品安全学的形成与发展

食品安全学的发展经历了漫长的历史过程，食品安全的知识源于对食品与人体健康关系的观察与思考。人类在远古时期就学会了使用火对食物进行加热处理，古代人发明了食物的干燥和酿造等方法，这些方法除了有利于改善食品风味或延长食品储存期以外，还有效地保障了食品安全，这些标志着古典食品安全学的建立与发展。

1.2.1 国外食品安全学的发展历程

19 世纪初，自然科学的迅速发展，为现代食品安全学的诞生和发展奠定了科学基础。

1833 年，Liebig 建立了食品成分化学分析法；1863 年，Pasteur 论述了食品腐败过程微生物作用并提出了巴斯德杀菌法；1885 年，Salmon 和 Gaetner 发现了引起食物中毒的沙门菌；这一系列事件都是现代食品安全学发展的里程碑。这一时期的主要成就包括：逐渐认识到了食品中的化学性污染物（有毒重金属）和生物学污染物（肉毒毒素）的性质与结构，并建立了相应的检测方法；明确了微生物污染在食品腐败变质和食物中毒中的作用；人们尝试采用高压灭菌、防腐剂及其他方法来延长食品的保质期。到了 19 世纪中晚期，随着资本主义市场经济的发展，食品掺假伪造相当猖獗，所以发达的资本主义国家最早进行了食品卫生立法。1860 年，英国颁布《防止饮食掺假法》；1879 年，德国制定《食品法》；美国在 1906 年提出《纯净食物和药品法》，1938 年颁布《联邦食品、药品和化妆品法》等。这些发达国家的食品安全管理已逐步实现了法治化管理，有关食品安全的法律法规周密细致，这些都值得我国学习和借鉴。

总之，在第二次世界大战之前，从世界范围看食品安全学的基本内容就是食品腐败变质、细菌性食物中毒、食品掺假伪造，以及对这些食品安全问题的研究、检测和监督管理。

第二次世界大战后，科技发展带动工农业生产并以前所未有的速度发展。一方面基础学科与关联学科的进步直接促进了食品安全学向高、精、尖方向发展，如引入新概念、新理论，应用新技术、新方法等。另一方面又因当时工农业生产的盲目发展，导致公害泛滥而带来来源不同、种类各异的环境污染因素，食品安全学在生物性、化学性、放射性三大类污染物、食物中毒、食品毒理学以及食品安全监管等方面都取得了重要进展。20 世纪 40 年代苏联东西伯利亚的食物中毒性白细胞减少症事件发现镰刀菌毒素；20 世纪 50 年代日本"黄变米"事件发现青霉毒素；20 世纪 60 年代初英国爆发了十万只火鸡死亡事件，发现了黄曲霉毒素；上述事件使食品安全学引入了一项全新的研究内容，即真菌和真菌毒素对食品的污染，并开始了对多种真菌毒素的化学结构、代谢与毒性、产毒条件、检测方法和防霉去毒措施等的研究。在食品微生物领域，人们研究较多的还有：微生物作用下的食品腐败变质及其防腐保藏措施，如食品中菌相、菌量与食品鲜度以其耐保藏期限。大肠菌群的概念和检测方法，及将其作为肠道致病菌指示菌和粪便污染标志。冷冻蔬菜、油脂自动氧化控制及食品辐照保藏技术。

食品的化学性污染与食品添加剂是第二次世界大战后食品安全学中发展最快的领域，主要是：工业废气、废水、废渣（即三废）对食品污染引起的"公害病"，如 20 世纪 50 年代日本发生的骨痛病、水俣病；农药残留引起环境与食品的广泛污染；食品添加剂的目录已多达几百种；多种来源有致癌作用的化学物，如 N-亚硝基化合物和多环芳烃等对食品的污染；食品工具、容器、塑料、涂料、橡胶等高分子聚合物的单体、助剂等向食品中的迁移等。在这种背景下，食品安全学大大扩展了的学科领域，揭示了环境污染物通过食物链由生物富集（bioaccumulation）造成的高于环境浓度千万倍的食品污染规律；开发了各种高精度分析手段，建立起各种色谱、分光光度、气质联用、核磁共振、免疫化学、酶化学、同位素标记等检测分析方法，用以鉴别污染物种类和化学结构；深入研究污染物的毒性并制定出确保消费者健康的安全性评价准则和食品安全质量标准，FAO 和 WHO 专家委员会和各国食品安全专家对几百种农药和添加剂等化学物制订了人体每日允许摄入量（acceptable daily intake, ADI）、人群可接受危险水平（acceptable risk level），如建议禁用几十种过去许可使用的品种，包括我国停止使用的有机汞和有机氯农药，对苋菜红、糖精、山梨酸等若干品种的食品添加剂提出了毒理学质疑。

食品的放射性污染在 20 世纪 50 年代中期被提出并纳入食品安全学的研究领域。1954

年比基尼群岛氢弹试验和 1986 年切尔诺贝利核电站事故污染致使英国牧场羊群受害，为食品放射性污染研究提供了第一批实际资料。放射性物质开采、冶炼工业与医疗应用、核武器试验等的废物排放，使人类受到放射性污染食品的威胁。我国自 20 世纪 50 年代末就已建立了包括食品在内的环境放射性污染监测系统；1994 年制定了《食品中放射性物质限制浓度标准》（GB 14882—1994）；2016 年制定了《食品安全国家标准 食品中放射性物质检验总则》（GB 14883.1—2016）等。随后食品安全领域又出现了一些新的问题，大肠埃希菌 O_{157}：H_7 污染碎牛肉、单核细胞增生李斯特菌污染奶制品、隐孢子虫和圆孢子虫污染蔬菜水果，这些都引起了食物中毒；还发现新的串珠镰刀菌毒素伏马菌素，可能与食管癌、肝癌有关；在工业生产、食品包装材料及垃圾焚烧过程中产生环境污染物二噁英，因其有很强的致癌性而不容忽视其对食品的污染；动物性食品中激素和抗生素的残留；某些食物（如大豆、花生、乳品、蛋类、水产品等）中存在致敏成分；转基因食品的安全性问题，这些都是现代食品安全学需要解决的问题。这些食品安全领域的新问题表明，食品安全问题会因为工业化程度的提高、新技术的采用以及贸易全球化趋势的加快而进一步恶化。

食品安全事件时有发生，监督管理成为世界各国和国际组织的工作重点。如 1962 年联合国 FAO 和 WHO 成立了食品法典委员会（Codex Alimentarins Commission，CAC），主要负责制定推荐的食品卫生标准及食品加工规范，协调各国的食品卫生标准并指导各国和全球食品安全体系的建立。瑞典在 1973 年设立了食品安全管理局，FAO 和 WHO 在 1976 年出版了《发展有效的国家食品控制体系指南》。2000 年，食品安全被确定为公共卫生的优先领域，WHO 呼吁建立国际食品卫生安全组织和机制，制定预防食源性疾病的共同战略，加强相关信息和经验交流，通过全球共同合作来保证食品安全。美国、日本、欧洲等发达国家和地区近年对食品实行越来越严格的卫生安全标准。以农药残留限量标准为例，国际食品法典委员会已颁布了 200 多种农药在 100 种农产品中的 3000 多项最高残留量标准。美国 1998 年成立了总统食品安全委员会，法国也成立了食品安全局，欧盟于 2000 年发布了《食品安全白皮书》，并于 2002 年成立了欧盟食品安全局，建立了快速警报系统，使欧盟委员会对可能发生的食品安全问题能采取迅速有效反应。同时食品质量安全的控制技术也得到了不断的完善和进步，食品的良好操作规范（good manufacturing practice，GMP）、危害分析和关键控制点（hazard analysis and critical control point，HACCP）、卫生标准操作程序（sanitation standard operating procedure，SSOP）等已经成为食品安全生产有力控制手段。

1.2.2 我国食品安全学的发展历程

中华人民共和国成立以后，党和国家十分重视食品卫生对人民群众健康的影响。在以"预防为主"方针的指引下，我国的食品卫生工作从无到有，从小到大，逐步发展。特别是在国家实行经济体制改革以后，随着跻身于国民经济三大支柱的食品工业的迅速发展，食品卫生工作也进入了一个崭新的历史时期。

随着改革开放，我国社会结构、经济结构逐步深刻转型，食品安全问题日益受到人民群众的瞩目。1979 年，国务院正式颁布了《中华人民共和国食品卫生管理条例》，昭示着我国不断加强食品卫生法治化管理的决心与力度。1982 年通过《中华人民共和国食品卫生法（试行）》，这实现了我国食品卫生管理工作从行政管理向法治管理模式转变的历史性跨越，极大推动了我国食品卫生管理的进程，并加快了我国行政管理法制化建设的步伐。为了加强对保健食品和转基因食品的规范管理，卫生部分别在 1996 年、2002 年发布实施《保健食品管理办法》和《转基因食品卫生管理办法》。2002 年，卫生部在总结国外食品安全监管经验的基础上，结合我国食品生产经营现状，组织制定了《食品卫生监督量化分级评分表使用说明》。根据食品卫生监督量化分级管理工作的需要，2004 年卫生部印发了《食品卫生监督量化分级标示管理规范》。2006 年 4 月 29 日，会议通过了《中华人民共和国农产品质量安全法》，既填补了《食品卫生法》和《产品质量法》的相关法律空白，即《食品卫生法》并不涉及种植业、养殖业等农业生产活动，而《产品质量法》则只适用于那些经过加工、制作的产品，却不适用于未经加工、制作但和人民群众生活、健康息息相关的农业初级产品的问题，也实现了法律的相互衔接。为不断提高我国食品卫生监督管理水平，2007 年卫生部组织修订了《食品卫生监督量化分级指南（2007 版）》。1995 年世界贸易组织（World Trade Organization，WTO）成立，在有关食品贸易的协议中明确规定了 Codex 标准是世贸组织成员方必须遵循的国际标准。2001 年我国加入 WTO 后面临很多食品安全问题，如食品安全标准如何向国际标准靠拢与接轨等。

2009 年，全国人大常委会通过了《中华人民共和国食品安全法》。《食品安全法》的基础是修改的《食品卫生法》，名字上的改变赋予了这部法律新的使命，从法律的概念到范围，以及法律的目的性均进行了调整，"食品卫生"变成"食品安全"，更加明确食品需要的是综合管理。它是我国继《产品质量法》《消费者权益保护法》和《食品卫生法》之后又一部专门保障食品安全的法律，目的是防止、控制和消除食品污染以及食品中有害因素对人体的危害，预防和减少食源性疾病的发生，保证食品安全，保障人民群众生命安全和身体健康。这部法律的出台显示了国家和公众对食品安全的重视，是我国食品安全的法律保障。

2015 年 10 月 1 日新修订的《食品安全法》正式实施，体现了我国政府对民生问题和生命健康的高度重视，也标志着我国食品安全监管进入了全新阶段。

近年来，适应"互联网＋"飞速发展，为加强网络餐饮服务食品安全监督管理，2016 年 10 月 1 日起正式实施《网络食品安全违法行为查处办法》，2018 年 1 月 1 日起正式实施《网络餐饮服务食品安全监督管理办法》。

2023 年 1 月 1 日起施行新修订的《中华人民共和国农产品质量安全法》，修订后的《农产品质量安全法》贯彻落实党中央决策部署，按照"四个最严"的要求，完善农产品质量安全监督管理制度，回应社会关切，做好与《食品安全法》的衔接，实现从田间地头到百姓餐桌的全过程、全链条监管，进一步强化了农产品质量安全法治保障。

因此，经过多年努力，形成了自上而下，由国家食品安全法律、行政规章、地方性法规、食品安全标准及其他各种规范性文件相互联系、相互呼应的食品安全法律制度体系。

1.2.3　我国食品安全领域取得的进展

自中国共产党的十八大以来，党中央、国务院更是高度重视食品安全工作，把食品安全放到民生问题和政治问题高度来抓，我国在食品安全领域取得了一系列的积极进展，主要包括：

（1）全面打造最严谨标准体系，"吃得放心"有章可依

我国组建了含 17 个部门单位近 400 位专家的国家标准审评委员会，坚持以严谨的风险评估为科学基础，建立了程序公开透明、多领域专家广泛参与、评审科学权威的标准研制制度，以及全社会多部门深入合作的标准跟踪评价机制，不断提升标准的实用性和公信力。截至 2023 年，我国已发布食品安全国家标准 1478 项，涵盖了 340 余种全部食品类别，包含 2

万余项指标，涵盖了从农田到餐桌、从生产加工到产品全链条和各环节主要的健康危害因素，保障包括婴幼儿、儿童、中老年人等全人群的饮食安全。标准体系框架既契合中国居民膳食结构，又符合国际通行做法。2006 年，我国成为 CAC 食品添加剂规范委员会、农药残留规范委员会主席国，牵头协调亚洲食品标准工作，为国际和地区食品安全标准研制与交流发挥了积极作用。

（2）着力强化风险监测评估能力，及时预警，维护健康

我国建立了国家、省、市、县四级食品污染和有害因素监测、食源性疾病监测两大监测网络以及国家食品安全风险评估体系。食品污染和有害因素监测已覆盖 99% 的县区，食源性疾病监测已覆盖 7 万余家各级医疗机构。食品污染物和有害因素监测食品类别涵盖我国居民日常消费的粮油、蔬果、蛋奶、肉禽、水产等全部 32 类食品，初步掌握了主要食品污染状况和趋势，基本掌握了我国不同地区、不同季节主要食源性疾病的发病趋势和发病规律。这些措施使得重要的食品安全隐患能够比较灵敏地被识别和预警，不仅为标准制定提供了科学依据，同时为服务政府风险管理、行业规范有序发展和守护公众健康提供有力支撑。

（3）主动践行大食物观，助力"吃得安全"向"吃得健康"提升

通过大力推进国民营养计划和健康中国合理膳食行动，加强对一般人群和孕产妇、老年人等特殊重点人群的科普宣教，广泛开展合理膳食指导服务。组织建设一批营养健康餐厅、食堂、学校等试点示范。通过社会共治共建，保障群众获得营养知识、营养产品和专业服务，提升食品营养场所的可及性、便利性，推动实现"吃得安全"向"吃得健康"转变。

1.3　食品安全学的主要研究内容

食品安全学以"食品污染—食源性疾病及预防—食品安全监管"为主线，全面介绍了食品从农田到餐桌可能存在的安全问题以及防控措施，以提高食品卫生质量，保证食用者的安全。它的主要研究内容包括：食品污染、各类食品的卫生及管理、食源性疾病及预防以及食品安全监督管理等内容。

1.3.1　食品污染

食品污染包括生物性、化学性和物理性三大类污染，食品的污染问题主要是阐明食品中可能存在的有害因素的种类、来源、性质、数量和污染食品的程度，对人体健康的影响与机制，对健康危害发生、发展和控制的规律，并为制定防止食品受到有害因素污染的预防措施提供科学依据。

1.3.2　各类食品的卫生及管理

根据食物的来源及其理化特性可将食品分成植物性、动物性、加工食品三类主要食品，各类食品在生产、运输、贮存及销售等各环节可能会受到有毒有害物质的污染，研究不同食品易出现的特有卫生问题，有利于采取针对性的预防措施和进行卫生监督管理，从而保证食用者的安全。

除上述三类主要食品外，随着科技发展及人们保健意识的增强，一些新型食品，如转基因食品、保健食品、新食品原料等大量涌向市场，对这些食品存在的卫生问题及食用安全性

的评价亦是食品卫生学研究的新问题。

1.3.3 食源性疾病及预防

食源性疾病及预防重点阐明包括食物中毒在内的各种食源性疾病的分类、病因、流行病学特点、发病机制、中毒表现及预防措施等。

1.3.4 食品安全监督管理

食品安全监督管理重点阐述我国食品安全法律体系的构成、性质以及在食品安全监管中的地位与作用。其中，食品安全标准作为我国食品安全法律体系的主要法律依据，其制定原理和制定程序也是食品安全学的重要研究内容。GMP、HACCP等食品生产企业自身卫生管理措施，也是保障食品卫生质量的重要手段。

1.4 食品安全学的研究方法

从广义上来讲，食品安全学所采用的实验方法主要为实验研究和人群调查。实验研究分为离体实验和整体实验。离体实验中常以组织或细胞为实验对象，观察食物中有毒有害物质对其生长的影响，及对各种酶、细胞因子或基因的影响等，这是目前研究食品中有害因素毒性作用的常用手段。整体实验通常指动物实验，历史上很多有毒物的毒性都是通过动物实验发现的，如用鸭雏检测黄曲霉毒素 B_1 的毒性；用鸡检测有机磷农药的迟发神经毒性；用猪检测脱氧雪腐镰刀菌烯醇（呕吐毒素）的毒性。可见，在食品安全学领域，动物实验是直观、有效的研究手段。人群调查研究包括两方面：一是人群流行病学调查，如关于我国两广地区肝癌高发的流行病学调查；河南省林州市食管癌高发的流行病学调查等。二是意外事故或突发事件的人群研究，如通过食物中毒事件的调查找出引起中毒的致病源、中毒原因、中毒症状、防治原则等。值得说明的是，人群调查研究必须严格遵守道德和法律规范。总之，食品安全学的研究领域可涉及多学科的研究手段与方法，如生物化学、食品微生物学、食品化学、食品理化检验、生理学、食品免疫学、食品毒理学、流行病学、卫生统计学、实验动物学等。

1.5 食品安全学的展望

近年来，按照中央的部署，各级政府持续开展食品安全风险治理，取得了显著效果，我国食品安全系统风险总值达到相对安全的区间。但同时也发现，我国食品安全形势依然较为复杂，当前我国食品安全风险依然还面临严峻挑战，解决复杂而严重的食品安全问题需要全社会的共同努力。

1.5.1 食品安全风险治理面临的挑战

（1）源头治理具有长期性、复杂性

工业化发展对生态环境造成了破坏，有些甚至是难以逆转的历史性破坏，这些都可能影响食品安全。此外，农业生产中化肥、农药等化学投入品的高强度施用，使得农产品与食品安全风险治理具有持久性、复杂性、隐蔽性特点，导致治理难度较大。比如，由于农药残留具有难以降解、不易挥发的特征，现实中的农产品质量安全例行监测中所检测到的禁限用农药残留，有可能是 10 年甚至更久之前就残留于土壤之中。

（2）生产经营组织转型任务艰巨

多年来，我国食品生产与加工企业的组织形态虽然在转型中发生了积极的变化，但以"小、散、低"为主的格局并没有发生根本性改观。在全国 40 多万家食品生产加工企业中，90% 以上是非规模型企业。全国范围内，每天有约 20 亿千克食品的市场需求，而生产供应主体多是技术手段缺乏的小微型生产与加工企业，这也成为食品安全事件的多发地带。此外，人源性风险治理难度较大。分散化小农户仍然是农产品生产的基本主体，其出于改善生活水平的迫切需要，不同程度地存在不规范的农产品生产经营行为。此外，由于我国食品工业的基数大、产业链长、触点多，加之部分商贩诚信和道德缺失，且法律制裁与经济处罚不到位，超范围、超限量地使用食品添加剂、非法添加化学物质与制假售假的状况具有一定的普遍性。

（3）多重风险相互渗透

受产业结构调整与气候环境、自然灾害等多种因素的影响，近年来我国农产品与食品进口规模不断扩大，加剧了农产品与食品对国际贸易的依赖程度，进一步拉长了食品产业链，给安全监管提出了新的挑战。农产品生产新技术、食品加工新工艺在为消费者提供新食品体验的同时，也伴随着潜在的新风险、新问题。同时，不法食品生产者通过使用新技术，也衍生出一系列隐蔽性较强的食品安全风险。此外，互联网与资本催动产业迭代更新，食品安全隐患易被忽视。在直播带货等新销售模式带动下，网红食品层出不穷，但在市场火爆的同时，也带来了诸多食品安全隐患。

（4）部门监管的协同协作仍需加强

改革开放以来，我国的食品安全监管体制经历了七次改革，基本上每五年为一个周期，目前正在推进第八次改革。虽然监管体制在探索中逐步优化，但分段监管导致的权力分割问题没有得到很好解决，食品监管权、责在各部门间仍不够明晰，从而导致监管职能缺位、越位、交叉和重叠等现象时有发生。同时，由于治理能力不充分，导致食品安全风险监测、预警与评估滞后，难以有效治理食品安全风险。

（5）食品供给和安全质量不平衡

首先是地区间的不平衡。发达地区的食品质量安全状况明显好于欠发达地区。其次是城市与农村间的不平衡。特别是随着城市食品安全监管力度的加大与城市消费者食品安全意识的不断提高，致使假冒伪劣、过期食品以及被城市市场拒之门外的食品中有部分流向农村，给农村食品安全风险治理带来了难题。再次是不同食品种类间的不平衡。统计数据表明，我国蛋制品、乳制品、速冻食品、茶叶及相关制品、婴幼儿配方食品、糖果制品等合格率均超过 98%，而糕点、方便食品、冷冻饮品、饼干、水果制品、水产品等 15 类食品合格率相对偏低，低于全部食品总体水平。

1.5.2　未来食品安全的工作重点

在今后的一段时间，我国在保障食品安全方面需要着重开展以下工作。

（1）不断认识和研究食物中新出现的污染问题

随着人类生活方式的改变和环境污染物的复杂化，除加强传统易出现食品安全问题的预防和管理外，要不断认识和研究在食品中新出现的污染问题，尤其长期低剂量同时暴露多种有害因素对机体的联合毒性是值得关注的食品安全问题。

（2）食品新技术和新型食品的出现，带来了新的食品安全问题

近年来生物技术和一些高尖端化工技术应用于食品生产、加工，从而产生了很多新型食品，如转基因食品、酶工程食品、辐照食品、膜分离食品、超高压食品等。这些新技术是否会给新型食品带来新的食品安全与卫生问题，目前还不清楚，还需要加强该领域研究。

（3）运用科技手段的食品欺诈问题亟须引起关注

随着全球食品供应链的延长和科技创新的加速，新业态、新食品、新商业模式层出不穷，致使世界范围内食品掺假造假现象普遍存在。运用科技手段的食品掺假、造假手段，更加隐蔽、复杂，已涵盖原料、工艺、产地、产品标签等各个环节，亟须引起关注，并从科技端做好应对准备。

（4）加强食物中毒等食源性疾病的防治

通过提高食物中毒等食源性疾病的科学管理水平，降低漏报率、提高确诊率、提高现场处理率等措施以减少发病率和死亡率；加强对猪肉、水产品、蔬菜、酒类、水果、冷冻饮品、餐饮食品、糕点、小麦粉等食品，以及小作坊、小摊贩、小餐饮、网络食品等业态易出现卫生问题食品的监管，提高大众化食品的卫生合格率。

（5）要继续提高食品安全"违法成本"

依法严厉打击人为因素导致的食品安全问题，特别是造假、欺诈、超范围超限量使用食品添加剂、非法添加化学品、使用剧毒农药与禁用兽药等犯罪行为，坚决铲除制假售假的黑工厂、黑作坊、黑窝点、黑市场；协同监管部门与司法部门的力量，形成执法合力，同时鼓励设区市制定实施具有地方特色、操作性强的法律规章，形成上下结合、绵密规范的法治体系；持之以恒地营造食品生产经营主体不敢、不能、不想违规违法的常态化体制机制与法治环境。

（6）进一步加强我国食品安全监督管理

以提高科学性、加强法治性为中心，进一步完善我国食品安全监督管理体制和机构，重点优化政府相关监管部门间的职能，形成事权清晰、责任明确、属地管理、分级负责、覆盖城乡的食品安全监管体制；建设国内一流的食品安全监督中心、检验中心和专业人员培训中心。不断完善和修订食品安全标准和技术规范性文件，向国际 CAC 制定的标准、准则和技术规范靠拢并接轨。实施智慧监管、信用监管，建立基于大数据分析的食品安全信息平台，推进大数据、云计算、物联网、人工智能、区块链等技术在食品安全监管领域的应用，督促落实企业主体责任，及时发现和消除食品安全隐患，提升监管工作信息化水平。

食品安全不仅关系到各国居民的健康，而且还会影响各国社会经济发展、国际贸易、国家声誉以及政治的稳定。由于全球经济一体化，跨国贸易频繁，交通便利便捷，一个地区或一个国家发生的食品安全问题将会迅速波及其他国家和地区。因此，食品安全问题一直受到国际有关组织和国家的高度重视。而且保障食品安全是建设健康中国、增进人民福祉的重要内容，是以人民为中心的发展思想的具体体现。食品安全学作为一门实践性很强的学科，必将在未来得到更大的发展。

思考题

1. 简述什么是食品安全。
2. 简述食品安全与食品卫生、食品质量之间的关系。
3. 简述什么是食品安全学。
4. 简述食品安全学的主要研究内容。
5. 简述食品安全学未来的研究重点。

第2章

食品生物性污染及预防

 导言

食品的周围环境中，到处都有微生物的活动，食品在生产、加工、贮藏、运输、销售及消费过程中，随时都有被微生物污染的可能。生物性污染是导致食品安全危害的重要因素。因此，食品加工企业必须根据其生产环境、加工设备、产品特性制定标准的卫生操作规范，防止生物性污染。

食品的生物性污染包括微生物、寄生虫及昆虫的污染。微生物污染主要有细菌与细菌毒素、真菌与真菌毒素以及病毒等的污染。出现在食品中的细菌除包括可引起食物中毒、人畜共患传染病等的致病菌外，还包括能引起食品腐败变质并可作为食品受到污染标志的非致病菌。病毒污染主要包括诺如病毒、肝炎病毒和口蹄疫病毒等污染，其中最常见的是诺如病毒和甲型肝炎病毒。寄生虫及其虫卵主要通过病人、病畜的粪便直接污染食品或通过水体和土壤间接污染食品。昆虫污染主要包括粮食中的甲虫、螨类、蛾类以及动物食品和发酵食品中的蝇、蛆等污染。

2.1 食品的细菌污染

细菌污染是评价食品质量安全的重要指标，细菌污染也是导致食品腐败变质的主要原因。按照食品中细菌的来源，细菌污染可以分为内源性和外源性污染两类；按照食品中细菌的致病性，细菌污染可以分为致病菌、机会致病菌和非致病菌污染三类。

2.1.1 常见的食品细菌

常见于食品的细菌称为食品细菌。污染食品并可引起食品腐败变质或造成食物中毒的常见食品细菌主要包括以下几种。

（1）弯曲杆菌属

弯曲杆菌属是革兰氏阴性、微需氧的螺旋状细菌，大多数菌种为病原体，可以感染人和其他动物，其中家禽最易受到感染。弯曲杆菌属可引起急性胃肠炎，通常导致出血性腹泻。

（2）假单胞菌属

假单胞菌属是食品腐败性细菌的代表，为革兰氏阴性无芽孢杆菌，需氧，嗜冷，嗜盐，并产生各种色素。该属细菌的营养要求简单，多分布于土壤、水及各种植物体上，它们大多具有分解蛋白质和脂肪的能力，增殖速度快，具有很强的产氨等腐败产物的能力。假单胞菌广泛分布于食品中，是导致新鲜冷藏食物腐败的重要细菌，污染肉及肉制品、新鲜鱼、贝类、禽蛋类、牛乳和蔬菜等食品后可引起它们腐败变质。

（3）盐杆菌属和盐球菌属

盐杆菌属为革兰氏阴性菌，生活在盐湖、盐场及腐败的盐制品等中性盐环境中。盐球菌属革兰氏染色不定，生活在中性盐湖、盐场和含盐土壤等中，海水中也可分离到。盐杆菌属和盐球菌属对高渗具有较强的耐受能力，可在咸肉和盐渍食品上生长，引起食物腐败变质。

（4）肠杆菌科

肠杆菌科细菌为革兰氏阴性杆菌，能发酵糖类，大部分能发酵糖产酸产气，对热抵抗能力较差，巴氏杀菌即可将其杀死。肠杆菌科的细菌大多存在于人和动物的肠道内，是肠道菌群的一部分，可随着粪便污染土壤、水，进而污染食品。一些菌种是人和动物的致病菌，一些则为引起食品腐败变质的腐败菌。该科中的主要菌属包括沙门菌属、埃希菌属、志贺菌属、肠杆菌属、克雷伯菌属和欧文氏菌属等。

（5）弧菌属和气单胞菌属

弧菌属为革兰氏阴性弯曲或直杆菌，发酵糖类产酸不产气，不产生水溶性色素，广泛分布于淡水、海水和鱼贝中，海产动物死亡后，在低温或中温保藏时，该菌可在其中增殖，引起腐败。若污染食品，可引起食用者感染型食物中毒，发生腹痛、呕吐等典型的急性肠胃炎。该属中重要的菌种有副溶血性弧菌、霍乱弧菌等，它们都是人和动物的病原菌。

气单胞菌属发酵糖类产气或不产气，一些菌株可产生褐色水溶性色素，主要分布在海水和淡水中，可引起鱼类、蛙类和禽类疾病，还可引起海产食品的腐败变质及食用者的肠胃炎。

（6）微球菌属和葡萄球菌属

微球菌属的细菌对干燥和高渗有较强抵抗力，可在 5% NaCl 环境中生长，该属菌广泛存在于人和动物的皮肤上，也广泛分布于土壤、水、植物和食品上，是重要的食品腐败性细菌。该菌有耐热性和较高的耐盐性，部分菌可在低温下生长引起冷藏食品的腐败变质。

葡萄球菌属具有很强的耐高渗透压能力，可在 7.5%～15% NaCl 环境中生长，本属中与食品关系最为密切的是金黄色葡萄球菌。

（7）链球菌属

链球菌属中许多种为共栖菌或寄生菌，多见于人和动物的口腔、上呼吸道、肠道等处，其中有少数致病菌，少数为腐生菌，存在于自然界，污染食品后可引起腐败变质。

（8）芽孢杆菌属和梭菌属

芽孢杆菌属可形成芽孢，对不良环境条件有很强的抵抗力，该菌广泛分布于土壤、植物、腐殖质及食品上。梭菌属多分布于土壤、腐败植物、食品、人和其他哺乳动物肠道内，部分具有致病性，如肉毒梭菌可产生肉毒毒素，引起毒素型食物中毒，严重者可导致死亡。

2.1.2 食品细菌污染的途径

（1）食品原料污染

食品原料主要包括植物性原料和动物性原料，它们在种植或饲养环节中可能受到周围环境（如土壤、水和空气）中微生物的污染。

土壤是适合微生物生存的"天然培养基"，因其具备了微生物生长所需的营养、空气、温度、酸碱度等条件。与水、空气等自然环境相比，土壤中微生物的种类和数量最多；其中，细菌所占比例最大，可达微生物总量的 70%～90%。水是微生物栖息的第二个天然场所，在江、河、湖、海、地下水中均有微生物存在。一般将水中的微生物分为淡水微生物和海洋微生物。淡水水体因容易受到生活污物、人畜排泄物、工业废水等的污染，常出现肠道菌群激增，如大肠埃希菌、产气肠杆菌。海洋中的微生物耐渗透压能力较强，也有较强耐静水压的能力。近海中常见的细菌有假单胞菌、微球菌属、芽孢杆菌属等，它们能引起海产动植物腐败。空气不具备微生物生长繁殖所需的营养和充足水分，且日照对细菌等微生物的生命活动有较大影响，所以空气不是微生物生存和繁殖的良好场所。但是空气中含有一定量的微生物，主要是各种球菌、芽孢杆菌和对射线有一定耐受性的真菌孢子等。它们多来自土壤、人和动植物上的微生物，以颗粒、尘埃等方式传播到空气中。

植物在生长过程中，与自然环境广泛接触，会带有大量微生物，如一些蔬菜、水果的表面可能污染食源性致病菌，导致食源性疾病。畜禽等动物性原料的肌肉、肝脏等组织和器官一般是无菌的，但是在屠宰过程中可能接触到畜禽体表、肠道、呼吸道等，出现微生物交叉污染。健康乳畜的乳房可能存在细菌或乳畜患病等导致刚挤出的鲜乳含有一定量的病原菌。水体里含有大量微生物，可能导致鱼的体表、消化道等部位存在一定量的微生物，近海海域可能受到人和动物排泄物的影响，带有病原菌。

（2）食品生产过程污染

食品生产过程中的污染主要来自两方面：食品生产环境不卫生，空气、水中的微生物污染食品或者食品从业人员、食品加工设备污染食品；原料和半成品、成品堆放管理不严格，造成交叉污染。

食品从业人员的皮肤、毛发、口腔、呼吸道等部位带有大量的细菌，这些细菌可以经过直接（双手接触）或间接（打喷嚏）方式污染食品。尤其是从业人员带有细菌性病原菌时，可能将该病原菌引入食品，造成污染。食品生产加工过程中，由于机械设备的清洁不彻底，细菌可以大量繁殖，污染后续生产的食品。

（3）食品贮藏过程污染

食品包装材料不洁净，包装材料上可能带有的细菌与食品的直接接触会使得微生物在食品上生长和繁殖；食品包装破损，导致环境中的细菌进入食品；贮藏环境不佳，微生物可能通过空气、昆虫或鼠类等途径进入食品并造成污染。

（4）食品运输过程污染

在运输过程中，食品运输工具、包装材料或容器等不符合相应的卫生标准，导致微生物的交叉污染；由于运输环境控制不合理，导致微生物的快速生长和繁殖。

（5）食品加工烹调过程污染

在食品加工烹调过程中，由于生食和熟食没有分开易造成交叉污染；由于食品没有彻底煮熟，已经存在的微生物没能被彻底杀灭，降低食品安全性。

2.1.3　食品卫生与细菌污染指标

反映食品卫生质量的细菌污染指标主要包括菌落总数和大肠菌群。

（1）菌落总数

菌落总数是指食品检样经过处理，在一定条件下（如培养基、培养温度和培养时间等）培养后，所得每克（毫升）检样中形成的微生物菌落总数。菌落计数以菌落形成单位（colony forming unit，CFU）表示。

菌落总数的食品卫生学意义主要在于：①将其作为食品清洁状态的标志，包括我国在内的许多国家的食品安全卫生标准中都将食品菌落总数作为控制食品污染的容许限度指标；②菌落总数还可用来预测食品的贮藏期，即利用食品中细菌数量作为评定食品腐败变质程度（或新鲜度）的指标。一般而言，食品中细菌数量越多，食品的腐败变质速度越快。但是，目前在食品菌落总数和腐败变质之间难以找出适用于任何情况的对应关系，且用于判定食品腐败变质的界限数值不统一。

（2）大肠菌群

大肠菌群指在一定培养条件下能发酵乳糖、产酸产气的需氧和兼性厌氧革兰氏阴性无芽孢杆菌，包括肠杆菌科的埃希菌属、柠檬酸杆菌属、肠杆菌属和克雷伯菌属。这些菌属中的细菌，均来自人和温血动物的肠道。食品中大肠菌群的数量是采用相当于每克或每毫升食品中的最可能数来表示，简称为大肠菌群最大概率数（most probable number，MPN）。

大肠菌群的食品卫生学意义主要在于：①作为食品受到人与温血动物粪便污染的指示菌；②作为肠道致病菌污染食品的指示菌，因为大肠菌群与肠道致病菌来源相同，而且一般条件下大肠菌群在外界环境中的生存时间与主要肠道致病菌一致。

2.2　食品中的非致病菌

食品腐败变质是指食品受到各种内外因素的影响，其原有化学性质或物理性质发生变化，降低或失去其营养和商品价值的过程。食品腐败变质是食品生产与经营中常见的卫生问题之一。食品的腐败变质与食品本身的性质、微生物的种类和数量以及所处的环境条件都有着密切的关系，相关因素的综合作用决定食品是否发生腐败变质以及腐败变质的程度。

食品中的非致病菌虽对人畜无致病作用，但可以在食品中生长繁殖，导致食品出现特殊的色、味、形，并与其相对致病性有关。食品中的非致病菌是研究食品腐败变质原因、过程和控制方法的主要对象。

2.2.1　食品腐败变质的影响因素

造成食品腐败变质的原因很多，物理性因素如高温、高压等，化学性因素如重金属污染、农药或兽药残留等，生物性因素如微生物、动植物本身含有的酶类等，都可以引起食品腐败变质。

（1）微生物因素

微生物是引起食品腐败变质的主要因素，微生物主要通过产酶对食品成分进行分解，发生具有一定特点的腐败变质。

① 细菌　细菌所引起的食品腐败变质占主要比例。一些细菌能分泌胞外蛋白酶分解蛋白质，如芽孢杆菌属、变形杆菌属、假单胞菌属等；一些微生物能分解碳水化合物，如芽孢杆菌属的枯草芽孢杆菌；一些微生物能分解脂肪，如黄杆菌属、芽孢杆菌属的某些菌株。

② 霉菌　霉菌生长所需要的水分活度（A_w）较细菌低，所以在 A_w 较低的食品中霉菌比细菌更易引起食品腐败。霉菌分解利用有机物的能力很强，无论是蛋白质、脂肪还是糖类，都有很多种霉菌能将其分解利用，如毛霉、根霉、青霉、曲霉等霉菌既能分解蛋白质，又能分解脂肪或糖类。也有些霉菌只对某些物质分解能力较强，例如绿色木霉分解纤维素的能力特别强。

③ 酵母菌　酵母菌一般适合生活在含糖量较高或含一定盐分的食品上，但不能利用淀粉。大多数酵母菌具有利用有机酸的能力，但是分解利用蛋白质、脂肪的能力很弱，只有少数较强。例如解脂假丝酵母的蛋白酶、脂肪酶活性较强。酵母菌可耐高浓度的糖，可使糖浆、蜂蜜和蜜饯等食品腐败变质并产生色素，形成红斑。

食品中的优势微生物能产生选择性分解食品中特定成分的酶，从而使食品发生带有一定特点的腐败变质。

（2）食品组成及性质

食品的营养成分对食品中微生物的生长繁殖速度、优势微生物数量和种类有较大程度的影响。

食品中所含有的蛋白酶类可催化食品组分的生化反应，加速食品腐败变质。食品的 pH 是制约微生物生长繁殖的因素之一，pH 4.5 以下的酸性食品可以抑制多种微生物的生长，当 pH 接近中性，则利于一些腐败细菌的生长。食品的 A_w 是影响食品腐败变质的重要因素之一，当 A_w 在 0.99 以上，首先是细菌引起变质；当 A_w 在 0.8~0.9，霉菌和酵母才能生长旺盛；当 A_w 在 0.65 以下，能生长的微生物种类极少。食品渗透压也能影响食品腐败变质，绝大多数微生物在低渗透压的食品中能够生长，在高渗透压的食品中，各种微生物的适应状况不同。多数霉菌和少数酵母菌能耐受较高的渗透压，绝大多数细菌不能在较高渗透压的食品中生长繁殖。此外，食品的完整性好，则不易发生腐败变质。如果食品组织破溃或细胞膜碎裂，则易受到微生物的污染，发生腐败变质。

（3）外界环境因素

外界环境因素，如温度、相对湿度、光线、氧气等，对食品腐败变质都有一定的影响。食品处于温度和湿度较高的环境中，可加速微生物的生长繁殖。尤其在温度为 25~40℃，且相对湿度超过 70％时，最适宜大多数嗜温型微生物的生长繁殖；如果富含蛋白质的食品处于该环境，则很快产生发黏、发霉、变色、发臭等现象。氧气可促进好氧性腐败菌的生长繁殖，加速食品的腐败变质；而紫外线、氧的作用可促进油脂氧化和酸败。

2.2.2　食品腐败变质的化学过程

食品腐败变质过程的实质是食品中糖类、蛋白质和脂肪在污染微生物的作用下发生分解或自身组织酶引起的生化过程。不同性质的食品腐败变质可能由不同的微生物引起，细菌、酵母和霉菌这三大类微生物对不同营养物质的分解均显示了一定的选择性。

（1）糖类的变化

食品中糖类包括单糖类、寡糖、多糖、淀粉和纤维素等。含糖类较多的食品，主要是粮食、蔬菜、水果以及这些食品的制品。在微生物及动植物组织中的各种酶及其他因素作用下，糖类被分解为单糖、醇类、羧酸、醛、酮、二氧化碳和水。

一般而言，由微生物引起糖类的变质常称为酵解或发酵，其变质特征主要包括酸度增高、产气和稍带有甜味、醇类气味等。分解糖类的微生物主要是酵母菌，其次是霉菌和细菌。绝大多数酵母菌不能直接分解淀粉、纤维素之类的大分子糖类，然而多数能利用有机酸、二糖、单糖等。大多数霉菌能分解含简单糖类多的食品，几乎所有霉菌都有分解淀粉的能力，但能分解大分子纤维素、果胶的霉菌较少。

（2）蛋白质的变化

含蛋白质的食品被微生物分解，会产生难闻的气味，一般而言这种变质常称为腐败。难闻气味的产生，主要是动植物组织酶以及微生物酶的作用，蛋白质经逐级分解生成氨基酸。氨基酸经脱羧酶作用生成组胺、尸胺、甲胺、腐胺等毒性胺类，经过脱氨反应则生成各类有机酸。

分解蛋白质的微生物主要是细菌，其次是霉菌和酵母菌。使食品蛋白质分解变质的主要是产生胞外酶的细菌，包括芽孢杆菌属、变形杆菌属和梭状芽孢杆菌属等。这些属中的蛋白质分解菌，在以蛋白质为主体的食品上能良好生长，即使在无糖分存在的情况下也能较好生长。

（3）脂肪的变化

食品中的脂肪和食用油脂被微生物分解变质主要产生酸败气味，因此这种变质常被称为酸败。油脂酸败的化学反应主要是油脂自身氧化过程，其次是加水水解。油脂的自身氧化，基本经过三个阶段：起始反应、传播反应和终结反应。起始反应脂肪酸在能量作用下产生自由基；传播反应是自由基使其他基团氧化生成新的自由基，循环往复，不断氧化；第三阶段在抗氧化物作用下，自由基消失，氧化过程终结，产生一些相应产物，主要分解产物是氢过氧化物、醛类、酮类、低分子脂肪酸和醇类等。此外，脂肪在细菌脂肪酶的作用下，加水生成游离脂肪酸、甘油单酸酯和甘油二酸酯等。

分解脂肪的微生物主要是霉菌，其次是细菌和酵母菌。能分解脂肪的霉菌种类较多，最常见能分解脂肪的霉菌有黄曲霉、黑曲霉、灰绿曲霉、烟曲霉、娄地青霉、脂解毛霉、白地霉等。分解脂肪能力强的细菌并不多，常见的有假单胞菌属、黄杆菌属、小球菌属、葡萄球菌属和芽孢杆菌属中的一些种。能分解脂肪的酵母菌也不多，常见的有解脂假丝酵母，这种酵母不发酵糖类，但分解脂肪和蛋白质的能力很强。

2.2.3　食品腐败变质的鉴定

（1）糖类食品

含糖类较多的食品主要包括粮食、蔬菜、水果及其制品。这类食品在细菌、酵母菌和霉菌所产生的相应酶的作用下发生分解或酵解，生成各种糖类的低级产物，如醇、醛、酮、酸等。由于酸度升高，产生甜味物质、醇类、醛类等，食品原有的风味会发生一定程度变化。

（2）脂类食品

脂肪自身氧化以及加水分解所产生的复杂分解产物，使食品油脂或食品中脂肪带有若干明显特征。首先是过氧化值上升，其次是酸度上升。在油脂腐败过程中，脂肪酸的分解必然影响其固有的碘价（值）、凝固点（熔点）、相对密度、折射率、皂价等。此外，脂肪酸败会生成特有的哈喇味。

（3）蛋白质类食品

蛋白质类食品可以从感官、理化和微生物指标进行鉴定。

① 感官鉴定　蛋白质类食品初期腐败时会产生类似氨臭等腐败臭味，变色，出现变软、

变黏等现象。

② 理化鉴定　物理鉴定主要是根据蛋白质分解时低分子物质增多这一现象，测定食品浸出物量、浸出液电导率、折射率、冰点、黏度等指标。化学鉴定主要是对食品腐败时产生的氨、胺类等腐败生成物、pH 等指标进行检测。

a. 挥发性盐基总氮：肉、鱼类样品浸出液在弱碱性条件下与水蒸气一起蒸馏出来的总氮量，该指标被列入我国食品安全标准。

b. 三甲胺：构成挥发性盐基总氮的主要胺类之一，是鱼、虾等水产品腐败时的常见产物，是季铵类含氮物经微生物还原产生的。

c. 组胺：在鱼贝类的腐败过程中，通过细菌的组氨酸脱羧酶使组氨酸脱羧生成组胺。鱼肉中的组胺达到 $4 \sim 10 \text{mg}/100 \text{g}$，就会发生变态反应性的食物中毒。

d. K 值：ATP 分解的低级产物肌苷（HxR）和次黄嘌呤（Hx）占 ATP 系列分解产物 ATP＋ADP＋AMP＋IMP＋HxR＋Hx 的比例，主要适用于鉴定鱼类早期腐败。若 $K \geqslant 40\%$ 则表明鱼体开始有腐败变质迹象。

e. pH：随着食品的腐败，其 pH 发生变化。由于食品的种类、加工方法、微生物不同，pH 的变动可能会有较大差别，故一般不以 pH 作为初期腐败变质的指标。

③ 微生物鉴定　检测食品中的活菌数是判定食品腐败变质的有效方法，但发酵食品本身含大量微生物，不能仅凭活菌数判断腐败程度。一般食品中的活菌数达到 $10^8 \text{CFU}/\text{g}$ 时，可认为已处于初期腐败阶段。

2.2.4　食品腐败变质的卫生学意义与处理原则

食品腐败变质是以食品本身的组成和性质为基础，在环境因素的影响下，主要由微生物的作用而引起的。大多腐败具有明显的感官性质的改变，如刺激性气味、异常颜色、酸臭味、组织溃烂、液体浑浊、变黏等。有些芽孢杆菌引起的腐败变质感官性质的变化不明显，主要发生在发酵制品和罐头食品中。其次是食品成分被微生物分解，使食品营养价值降低。不仅是糖类、蛋白质和脂类，维生素和无机盐也被大量破坏。此外，腐败变质具有中毒或潜在危害，腐败变质的食物一般微生物污染严重，活菌量增加，使致病菌和产毒真菌的存在机会增多。食品腐败变质的产物也可对人造成直接的损害，如鱼类腐败可产生引起人中毒的组胺；腐败形成的胺类物质是形成亚硝胺的前体物质。

因食品腐败变质造成的食品废弃或是人类疾病都会伴随着一定的经济损失，据 WHO 统计，每年全球仅因食品腐败变质而造成的经济损失就达数百亿美元。但是目前无法直接将食品腐败变质和食物中毒联系起来，因此，对于食品腐败变质虽然要及时准确鉴定，并严加控制，但是这类食品的处理仍要考虑具体情况。例如，轻微腐败的肉类可以通过煮沸消除异味，部分轻微腐烂的水果可以通过分拣分类处理。尽管如此，一切处理的底线是必须确保人体健康安全。

2.3　食品中的致病菌

食品中的致病菌主要包括金黄色葡萄球菌、致病性大肠埃希菌、沙门菌、肉毒梭菌、副溶血性弧菌和单核细胞增生李斯特菌等。

2.3.1　金黄色葡萄球菌

金黄色葡萄球菌为革兰氏阳性需氧或兼性厌氧球菌，无动力、不产芽孢，典型的金黄色葡萄球菌呈球形，排列呈葡萄串状。金黄色葡萄球菌对营养要求不高，在普通培养基上生长良好。金黄色葡萄球菌最适生长温度为 37℃，可在 7～47.8℃ 范围内生长。最适生长 pH 7.4，可在 pH 4.0～9.8 范围内生长。金黄色葡萄球菌比其他任何非嗜盐细菌都能耐受较低的水分活度，A_w 0.86 是它生长所需的最低水分活度。

金黄色葡萄球菌具有较强的抵抗力，在不形成芽孢的细菌中抵抗力最强。在干燥的脓汁或血液中它可存活数月。80℃ 加热 30min 才能杀死，煮沸可迅速使它死亡。金黄色葡萄球菌对磺胺类药物敏感性低，但对青霉素、红霉素等高度敏感。

金黄色葡萄球菌本身不会对人体健康产生危害，其繁殖过程中产生的肠毒素是主要的致病因子。目前，已经发现 20 多种金黄色葡萄球菌产生的肠毒素，其中最常见的导致食物中毒的肠毒素是 A 型和 B 型。金黄色葡萄球菌产生的肠毒素具有极强的耐热性，100℃ 加热 30min 仍然不失去活性，可存在于已经煮熟的食物中，导致食物中毒。但是食用金黄色葡萄球菌污染的食物是否会对人体产生危害，主要取决于污染食物中肠毒素的残留量。肠毒素对人体的中毒剂量存在明显的人群差异，一般认为是 20～25μg。一般情况下，人体摄入带有达到致病量肠毒素的食物 2～6h 后，出现恶心、呕吐和腹泻、腹痛、绞痛等急性胃肠炎症状，无发热，没有传染性，中毒症状通常会持续 1～2d，轻度患者可以自愈，较严重者经治疗后可以较快恢复，愈后一般良好。但儿童对肠毒素比成人敏感，发病率高、病情重，需特别关注。

金黄色葡萄球菌常寄生于人和动物的皮肤、鼻腔、咽喉、肠胃、化脓性病灶；空气、污水等环境中也常有金黄色葡萄球菌存在。常见的金黄色葡萄球菌中毒食品主要是乳及乳制品、奶油糕点、蛋及蛋制品、熟肉制品、鸡肉、鱼及其制品、蛋类沙拉、含有乳制品的冷冻食品及个别淀粉类食品等。此外，剩饭、油煎蛋、糯米糕及凉粉等食品中金黄色葡萄球菌污染引起的中毒事件也有报道。

2.3.2　致病性大肠埃希菌

大肠埃希菌，又称大肠杆菌，在相当长的一段时间内，都被当作正常肠道菌群的组成部分，直到 20 世纪中叶，人们才认识到一些特殊血清型的大肠埃希菌对人和动物有致病性。根据不同的生物学特性将致病性大肠埃希菌分为 5 类：肠产毒性大肠埃希菌（ETEC）、肠侵袭性大肠埃希菌（EIEC）、肠致病性大肠埃希菌（EPEC）、肠集聚性大肠埃希菌（EAEC）和肠出血性大肠埃希菌（EHEC）。

肠产毒性大肠埃希菌：主要引起婴幼儿腹泻以及成人旅行者腹泻，出现轻度水泻，也可呈严重的霍乱样症状，感染多因为摄食被污染的食物和水。

肠侵袭性大肠埃希菌：感染后主要表现为水泄，继之出现痢疾。

肠致病性大肠埃希菌：婴儿腹泻的主要病原菌，有高度传染性，严重者可致死；成人少见。

肠集聚性大肠埃希菌：引起婴幼儿和儿童的急性腹泻和持续性腹泻。

肠出血性大肠埃希菌：大肠埃希菌 O_{157}：H_7 是引起人类疾病的最常见肠出血性大肠埃希菌血清型，已成为引起急性感染性腹泻的重要病原。

大肠埃希菌是两端钝圆的短小杆菌，革兰氏阴性，周身鞭毛，能运动，无芽孢。大肠埃希菌是需氧或兼性厌氧菌，对营养要求不高，最适生长温度为37℃，在15~45℃均能繁殖；最适生长pH 7.4~7.6，在pH 4.3~9.5之间也可生长。

大肠埃希菌对各种理化条件的耐受性在无芽孢杆菌中最强，室温下可存活数周，耐寒能力强。60℃加热30min可被灭活，同时，该菌对漂白粉、酚、甲醛等敏感。

致病性大肠埃希菌引起食物中毒一般与人体摄入的活菌量有关，当活菌数多于10^7CFU/g时（O_{157}：H_7型大肠埃希菌除外），即可致病。致病性大肠埃希菌主要寄居在人和动物肠道，随粪便污染水源和土壤使其成为次级污染源。致病性大肠埃希菌主要污染肉类、乳与乳制品、水产品、豆制品和蔬菜。

2.3.3 沙门菌

沙门菌属于肠杆菌科沙门菌属，是一类兼性厌氧革兰氏阴性杆菌，无芽孢，一般无荚膜，绝大部分具有周生鞭毛，能运动。沙门菌是一种分布广泛的食源性致病菌，其血清型已超过2500种，其中许多血清型能够感染人和动物。引起人类食物中毒的主要有鼠伤寒沙门菌、猪霍乱沙门菌、肠炎沙门菌、德尔卑沙门菌、鸭沙门菌等，前三者引起的食物中毒最常见。

沙门菌是需氧或兼性厌氧菌，在10~42℃均能繁殖，最适生长温度为37℃，最适生长pH 7.2~7.4，在普通营养培养基上即可生长良好。沙门菌属对外界环境的抵抗力不强，在水中存活2~3周，粪便中可存活1~2个月，在冷冻、脱水、烘烤食品中存活时间更长，在冻肉中可存活6个月以上；pH 9.0以上或4.5以下可抑制其生长；水经过氯处理，5min可将其杀灭。沙门菌属不耐热，60℃时20~30min即可被杀死，100℃则立即致死。

与致病性人肠埃希菌类似，沙门菌引起食物中毒也与人体摄入的活菌量有关。致病力强的沙门菌，活菌数多于$2×10^5$CFU/g即可发病；致病力弱的则需达到10^8CFU/g。人类摄入被沙门菌污染的食品可患慢性肠炎、肠壁出现溃疡等，患者伴有发热、腹泻、腹痛、呕吐、头痛、乏力等临床症状。沙门菌致病力强弱与菌型有关，致病能力越强的菌越易致病。动物性食品是引起中毒的主要食品，沙门菌污染肉类有两种途径：一是内源性污染，即畜禽等屠宰前已经感染沙门菌；二是外源性污染，即畜禽在屠宰、加工、运输、贮藏、销售等环节被污染。

2.3.4 肉毒梭菌

肉毒梭菌是革兰氏阳性、厌氧芽孢杆菌，具有4~8根周生鞭毛，运动迟缓，没有荚膜。肉毒梭菌营养要求不高，在普通琼脂培养基上生长良好，最适生长温度28~37℃，最适生长pH 7.8~8.2。肉毒梭菌繁殖体抵抗力一般，80℃、30min或100℃、10min即可杀死，但其芽孢抵抗力强，如A型、B型芽孢须经干热180℃、5~15min，或高压蒸汽121℃、30min，或湿热100℃、5h方可被杀死。

肉毒梭菌食物中毒是肉毒毒素引起。肉毒毒素是一种神经毒素，是目前已知的化学毒物和生物毒素中毒性最强的一种，对人的致死量为10^{-9}mg/kg体重。肉毒毒素分为A、B、$C_α$、$C_β$、D、E、F、G共8型，各型肉毒梭菌可产生相应型的毒素。其中A、B、E、F 4型毒素对人有不同程度的致病性，可引起食物中毒。C、D型对人不致病，仅引起禽畜中毒。

我国报道的肉毒梭菌食物中毒多为 A 型，B、E 型次之，F 型较为少见。肉毒梭菌中毒潜伏期为 12～48h，潜伏期越短，病死率越高，主要中毒症状表现为对称性颅神经损害。食盐能抑制肉毒梭菌芽孢的形成和毒素的产生，但不能破坏已形成的毒素；提高食品酸度也可抑制肉毒梭菌的生长和毒素的形成。

肉毒梭菌在自然界广泛分布于土壤、水、海洋、腐败变质的有机物、霉干草、畜禽粪便中。中毒食品的种类往往同饮食习惯有关，在美国主要以家庭制作的水果、罐头发生中毒较多，日本以鱼制品较多，我国多为蔬菜、鱼类、乳类等含蛋白质的食品和发酵食品，因肉类制品或罐头食品引起中毒的较少。

2.3.5　副溶血性弧菌

副溶血性弧菌是革兰氏阴性杆菌，呈弧状、杆状、丝状等多种形状，无芽孢，兼性厌氧。副溶血性弧菌是一种嗜盐性细菌，最适宜的培养条件为温度 30～37℃，含盐 2.5%～3%（若盐浓度低于 0.5% 则不生长），pH 8.0～8.5。副溶血性弧菌存活能力强，在抹布和砧板上能生存 1 个月以上。副溶血性弧菌对酸较敏感，当 pH 6 以下即不能生长，在普通食醋中 1～3min 即死亡。在 3%～3.5% 含盐水中繁殖迅速，每 8～9min 为一周期。对高温抵抗力小，50℃ 20min、65℃ 5min 或 80℃ 1min 即可被杀死。副溶血性弧菌对常用消毒剂抵抗力很弱，可被低浓度的酚和煤酚皂溶液杀灭。

发生副溶血性弧菌食物中毒主要是因食用了含 10^6 CFU/g 以上的致病活菌和一定量溶血毒素的食品。该菌食物中毒临床上以急性起病、腹痛、呕吐、腹泻及水样便为主要症状。

引起副溶血性弧菌食物中毒的食品主要是海产品，如海鱼、海虾、海蟹、海蜇，以及含盐分较高的腌制食品，如咸菜、腌肉等。副溶血性弧菌引起的食源性疾病多发生在夏秋季沿海地区，常造成集体发病，由于海鲜空运，内地城市病例也逐渐增多。

2.3.6　单核细胞增生李斯特菌

单核细胞增生李斯特菌，简称单增李斯特菌，为革兰氏阳性短杆菌，直或稍弯，两端钝圆，兼性厌氧、无芽孢，一般不形成荚膜，但在营养丰富的环境中可形成荚膜。

单增李斯特菌对营养要求不高，生长温度 3～45℃，最适生长温度 30～37℃，生长 pH 范围 4.5～9.6，最适生长 pH 7.0～8.0，20% CO_2 环境中培养有助于增加其动力。单增李斯特菌耐酸不耐碱，不耐热；能耐受较高的渗透压，在 10% NaCl 中可生长。55℃ 30min 或 60～70℃ 10～20min 可被杀死；对化学杀菌剂和紫外线照射敏感。

单增李斯特菌广泛存在于自然界中，在土壤、地表水、污水、青贮饲料中均有该菌存在，所以动物很容易食入该菌，并通过口腔-粪便的途径进行传播。该菌在 4℃ 的环境中仍可生长繁殖，是冷藏食品威胁人类健康的主要病原菌之一。

单增李斯特菌食物中毒可导致李斯特菌病，其临床表现除单核细胞增多以外，还常见败血症、脑膜炎。李斯特菌病以发病率低、致死率高为特征，对成年人的致死率为 20%～60%，主要感染中枢神经系统，而对婴儿的致死率可达 54%～90%。患病风险最大的人群包括孕妇、新生儿、60 岁以上的老年人和细胞免疫功能低下的人群。人主要通过食入软奶酪、鲜牛奶、巴氏杀菌奶、野甘蓝（卷心菜）色拉、番茄等食品而感染。

2.4 食品中的真菌毒素

2.4.1 真菌毒素概述

（1）真菌和真菌毒素

真菌种类繁多，广泛分布于自然界，有些真菌是有益的，已被用于食品工业生产；而有些真菌是有害的，会对消费者身体健康造成危害。真菌污染食品后可造成腐败变质，同时部分真菌可能产生毒素，引起食物中毒。

真菌毒素是真菌在生长繁殖过程中产生的有毒次级代谢产物，它们可以通过食品或饲料进入人和动物体内，引起人和动物的急性或慢性毒性，损害机体的肝脏、肾脏、神经组织、造血组织及皮肤组织等。

（2）真菌产毒特点

产毒真菌菌种仅占真菌很少一部分，真菌产毒素一般有如下特征：同一产毒菌株的产毒能力有一定的可变性，如产毒菌株在培养过程中失去产毒能力，非产毒菌株在培养过程中出现产毒能力；一种真菌可以产生多种毒素，如岛青霉可以产生岛青霉毒素、环氯素等几种毒素；一种毒素可由多种真菌产生，如杂色曲霉毒素可以由黄曲霉、构巢曲霉、杂色曲霉产生；产毒真菌污染食品后是否产毒具有一定的环境依赖性。真菌污染食品并且在食品上繁殖是产毒的先决条件，而真菌能否产毒受到一系列环境因素的影响。

（3）真菌产毒素的条件

影响产毒真菌产毒素的因素较多，与食品相关的因素有食品基质种类、水分活度（A_w）、湿度和氧气等条件。

a. 食品基质种类　营养丰富的食品，真菌生长的可能性就大，天然基质比人工培养基更易于产毒素。不同的真菌常在特定的食品中繁殖，如花生和玉米中黄曲霉及其毒素检出率高，小麦中镰刀菌及其毒素检出率高。

b. A_w　食品的 A_w 越小，食品保持水分的能力越强，能提供给微生物利用的水分越少，对微生物的繁殖越不利。当 A_w 小于 0.7 时，真菌的繁殖受到抑制。

c. 温度　不同真菌的最适生长温度不一样，大多数真菌繁殖的最适温度为 25～30℃，在 0℃ 以下或 30℃ 以上，产毒素能力下降或不产毒素。

d. 湿度　不同的相对湿度环境对于优势真菌菌群有较大影响，相对湿度低于 80% 时，主要是干生性真菌（灰绿曲霉、白曲霉）繁殖；相对湿度为 80%～90% 时，主要是中生性真菌（多数曲霉、青霉）繁殖；相对湿度在 90% 以上时，主要为湿生性真菌（毛霉）繁殖。

e. 氧气　大部分真菌繁殖和产毒需要有氧条件。

（4）真菌和真菌毒素的食品卫生学意义

① 真菌污染引起食品变质　真菌污染食品使食品发生腐败变质、呈现出异样颜色、产生霉味等异味，还使食品食用价值降低，甚至完全不能食用。真菌污染食品原料，使食品原料的加工品质下降，如出粉率降低、出米率下降以及黏度降低等。粮食类及其制品被真菌污染而造成的损失最为严重。据估算，全世界每年平均至少有 2% 的粮食因污染真菌发生霉变而不能食用。真菌污染食品的程度以及被污染食品卫生质量的认定，可以从真菌的污染度和真菌菌相构成两方面进行。

② 真菌毒素引起人畜中毒　真菌毒素是农产品的主要污染物之一，人畜进食被污染的粮食和饲料可导致真菌毒素中毒。如早在 18 世纪就有人类食用面粉引起麦角中毒的报道；在世界很多地方也发生过赤霉病麦中毒。真菌毒素中毒没有传染性，可与传染病相区别。真菌的大量生长繁殖与产生毒素是真菌毒素中毒的前提，这需要一定的条件，特别是温度、湿度、易于引起中毒的食品在人群中被食用情况以及饮食习惯等。所以，真菌毒素中毒可表现出较为明显的地方性和季节性，甚至有些中毒具有地方病的特征。真菌毒素中毒的临床症状表现多种多样，较为复杂，有因短时间内摄入大量真菌毒素引起的急性中毒，也有因长期少量摄入含有真菌毒素的食品而引起的慢性中毒，可表现为诱发肿瘤、肝脏受损和引起体内遗传物质发生突变等。

2.4.2 黄曲霉毒素

(1) 化学结构及性质

黄曲霉毒素（aflatoxin，AF）是一类化合物的总称，至少已发现 20 种其衍生物，AF 的基本结构为双呋喃环和氧杂萘邻酮，主要包括 AFB_1、AFB_2、AFG_1、AFG_2、AFM_1、AFM_2 等。在自然污染的食品中，以 AFB_1 污染最为多见，其毒性及致癌性也最强。AFB_1 是二氢呋喃氧杂萘邻酮的衍生物，它含有 1 个双呋喃环和 1 个氧杂萘邻酮（香豆素）。前者是基本毒性结构，后者与致癌性相关。图 2-1 为 AF 主要衍生物的化学结构式，其理化参数见表 2-1。

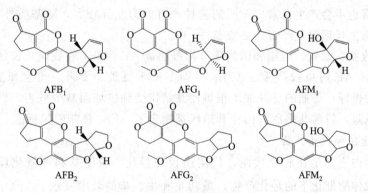

图 2-1　AF 主要衍生物的化学结构式

表 2-1　几种主要 AF 的理化性质

AF	分子式	分子量	颜色	熔点/℃	紫外吸收		荧光发射波长/nm
					λ_{max}/nm	ε/[L/(mol·cm)]	
AFB_1	$C_{17}H_{12}O_6$	312	淡黄	268	223	20800	425
					266	12960	
					363	20150	
AFB_2	$C_{17}H_{14}O_6$	314	白色针状	303	223	18120	425
					266	12320	
					363	23100	
AFG_1	$C_{17}H_{12}O_7$	328	无色针状	257	226	15730	450
					243	11070	
					264	10670	
					363	17760	

AF	分子式	分子量	颜色	熔点/℃	紫外吸收		荧光发射波长/nm
					λ_{max}/nm	ε/[L/(mol·cm)]	
AFG_2	$C_{17}H_{14}O_7$	330	无色针状	237	220	21090	450
					245	12400	
					265	10020	
					363	17760	
AFM_1	$C_{17}H_{12}O_7$	328	无色长方状	299	225	21000	425
					265	11000	
					360	19300	
AFM_2	$C_{17}H_{14}O_7$	330	无色长方状	293	222	19800	—
					264	10000	
					358	21400	

AF 耐热,裂解温度为280℃;不溶于水,易溶于油和甲醇、丙酮、三氯甲烷等部分有机溶剂,但不溶于石油醚、乙醚和己烷;在 pH 为 9~10 的强碱溶液中,AF 的内酯环被破坏形成香豆素钠盐,可溶于水被洗脱掉。

（2）产毒菌株和对食品的污染

AF 产毒菌株有黄曲霉、寄生曲霉以及集峰曲霉。黄曲霉生长产毒的温度范围是 12~42℃,最适产毒温度为 25~33℃,最适 A_w 值为 0.93~0.98。黄曲霉在水分为 18.5% 的玉米、稻谷、小麦上生长时,第 3 天开始产生 AF,第 10 天产毒量达到最高峰,以后逐渐减少。黄曲霉产毒具有迟滞现象,意味着高水分粮食若在 2d 内干燥,将水分降至 13% 以下,即使污染黄曲霉也不会产生毒素。不同的菌株产毒能力差异较大,除基质外,温度、湿度、空气均是黄曲霉生长繁殖及产毒的必要条件。

农产品在收获、贮藏、运输和销售环节都可能被 AF 污染,在我国,长江沿岸及其以南等高温高湿地区 AF 污染较严重。AFB_1 污染多见于豆类、干果、花生和玉米等农产品。AFB_1 热稳定性极好,普通的烹饪加工很难使其结构受到破坏而减少危害。因此,为了避免 AFB_1 的污染风险,目前几乎所有国家和地区都制定了 AFB_1 强制限量标准。

（3）代谢途径和代谢产物

AFB_1 在体内主要是在肝脏代谢,代谢途径为羟化、脱甲基和环氧化反应。AFM_1 是 AFB_1 在肝微粒体酶催化下的羟化产物,最初是在牛、羊的乳中发现。AFQ_1 是 AFB_1 经羟化后的代谢产物,其羟基在环戊烷 β 碳原子上,有强的黄绿色荧光。AFB_1 转变为 AFQ_1 可能是一种解毒过程。AFB_1 的另一代谢产物是二呋喃环末端双键的环氧化物。该环氧化物一部分可与谷胱甘肽硫转移酶、尿苷二磷酸-葡萄糖醛基转移酶或磺基转移酶结合形成大分子,经环氧化酶催化水解而被解毒;另一部分则与生物大分子 DNA、RNA 以及蛋白质结合发挥其毒性。有学者认为 AFB_1、AFG_1、AFM_1 二呋喃环上的双键极易发生环氧化反应,因此毒性很强;而不具有二呋喃环双键的 AFB_2 和 AFG_2 毒性较低。许多研究还表明,AFB_1 的经代谢活化的产物与 DNA 形成的加合物,具有器官特异性和剂量依赖关系,且与动物对 AFB_1 致癌的敏感性密切相关。AF 的代谢产物除 AFM_1 大部分从乳中排出以外,其余可经尿、粪及呼出的 CO_2 排泄。动物摄入 AF 后肝脏中含量最多,在肾、脾、肾上腺中也可检出,有极微量存在于血液中,肌肉中一般不能检出。

（4）毒性

黄曲霉毒素的毒性主要表现在五个方面。

① 急性毒性　AFB$_1$ 被国际癌症研究机构（International Agency for Research on Cancer，IARC）列为 I 类致癌物质。各种动物对 AFB$_1$ 的敏感性不同，因动物的种类、年龄、性别、营养状况等不同敏感性有很大差别。雏鸭对 AFB$_1$ 最敏感，LD$_{50}$ 为 0.24 ～ 0.56mg/kg。

动物的 AF 急性中毒表现主要包括：肝实质细胞坏死，接触 24h 后出现，48～72h 明显；胆管增生；肝细胞脂质消失延迟，形成脂肪肝，正常雏鸭孵出后肝脏有较大量脂肪，但在孵出后 4～5d 可逐渐消失，AFB$_1$ 中毒时，脂质消失延迟；出血，中毒者肝出血，中毒致死者更为严重。AF 对肝脏的损伤，如一次小剂量摄入则为可逆的，肝细胞可以恢复，但如剂量过大或多次重复，病变不能恢复，可造成慢性损害。

② 慢性毒性　慢性中毒的主要表现是动物生长障碍，肝脏出现亚急性或慢性损伤，具体表现如下：肝功能变化，血液中磷酸肌酸激酶、异柠檬酸脱氢酶的活性和球蛋白、白蛋白、非蛋白氮、肝糖原及维生素 A 含量降低；肝脏组织学变化，肝实质细胞变性、坏死，胆管上皮及纤维细胞增生，形成再生结节；食物利用率下降，体重减轻，生长发育缓慢，母畜不孕或产仔少。

③ 生殖毒性　每日经饲料给妊娠小鼠 0.8ng/kg（体重）AFB$_1$ 和 4.8ng/kg AFG$_1$ 或同时给予 AFB$_1$ 和 AFG$_1$，出生后的仔鼠继续给予相同剂量的毒素至 6 月龄。AFG$_1$ 实验组动物肝脏甘油三酯显著蓄积，血清甘油三酯稍升高，肝和肾出现严重炎症、坏死和胆管增生。AFB$_1$ 可引起肝脏甘油三酯和脂肪酸蓄积，显示 AFB$_1$ 对肝和肾细胞具有毒性作用。虽然 AFG$_1$ 的水平是 AFB$_1$ 的 6 倍，但可观察到 AFB$_1$ 对肝肾的毒性作用比 AFG$_1$ 严重得多。

④ 致突变性　黄曲霉毒素主要通过干扰细胞 DNA、RNA 及蛋白质的合成而引起细胞的突变。分别给大鼠和小鼠一次剂量为 0.01～1.0μg/kg（体重）的 AFB$_1$，结果显示，给予 AFB$_1$＞0.1μg/kg 的大鼠骨髓染色体畸变率和微核率明显升高。而小鼠仅最高剂量组（即 1.0μg/kg 组）染色体畸变率稍有升高。在 AFB$_1$ 最高剂量中，大鼠染色体畸变率比小鼠高 10 倍，说明大鼠对 AFB$_1$ 明显比小鼠敏感。

⑤ 致癌性　AF 是目前已知最强的致癌物之一，流行病学研究显示人群长期暴露于 AFB$_1$ 环境中容易诱发肝癌，尤其是乙型肝炎抗原的携带者。诱发肝癌成功的动物有大鼠、小鼠、豚鼠、雪貂、雏鸭、狗、猫、兔、猴、鳟鱼等，其中以大鼠和鳟鱼最敏感。用含 15μg/kg AFB$_1$ 的饲料饲喂雄性大鼠，经 68 周，12 只大鼠都出现肝癌。

（5）预防措施

① 食品防霉　预防食品被 AF 污染的最根本措施是食品防霉。要利用良好的农业生产工艺，从田间开始防霉。首先要防虫、防倒伏；在收获时要及时排除霉变玉米；脱粒后的玉米要及时晾晒。要控制谷粒的水分在 13% 以下，玉米在 12.5% 以下，花生仁在 8% 以下。还要注意低温保藏，保持粮库内干燥，注意通风。选用和培育抗霉粮豆新品种将是今后防霉工作的重要方面。

② 去除毒素　主要是用物理、化学或生物学方法将毒素去除、破坏毒素，如挑选霉粒法、碾轧加工法、植物油加碱去毒法、物理去除法、加水搓洗法、微生物去毒法等。

③ 制定食品中　AF 最高允许量标准 GB 2761—2017《食品安全国家标准　食品中真菌毒素限量》对主要食品中 AFB$_1$ 限量如下：玉米、玉米面（渣、片）及玉米制品、花生及其制品、花生油、玉米油限量为 20μg/kg；糙米、大米、植物油脂（花生油、玉米油除外）限量为 10μg/kg；其他粮食、调味品、发酵豆制品限量为 5μg/kg；特殊膳食用食品限量为

$0.5\mu g/kg$。此外，我国还规定在乳及乳制品、特殊膳食用食品中 AFM_1 含量不得超过 $0.5\mu g/kg$。

2.4.3 赭曲霉毒素

（1）化学结构及性质

赭曲霉毒素是曲霉和青霉产生的一组次级代谢产物，共含有 7 种结构类似的化合物，其中，赭曲霉毒素 A 的毒性最强（图 2-2），它是一种稳定的无色结晶化合物，因含有羧基而呈弱酸性，微溶于水，极易溶于极性有机溶剂和碳酸氢钠溶液，并且它在甲醇中的稳定性较好。

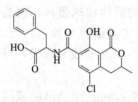

图 2-2 赭曲霉毒素 A 的化学结构

（2）产毒菌株和对食品的污染

产赭曲霉毒素的曲霉菌株主要有赭曲霉、蜂蜜曲霉、洋葱曲霉、孔曲霉、菌核曲霉、佩特曲霉、炭黑曲霉等。而人们对产赭曲霉毒素的青霉菌的分类仍有不同的见解。在众多的产毒菌中，通常认为赭曲霉、炭黑曲霉以及纯绿青霉为最主要的产毒菌。赭曲霉毒素常存在于玉米、小麦、大麦、燕麦、花生和豆类等农作物中。动物摄入霉变的饲料后，在其肌肉、脂肪、肝脏和肾脏中均可检出残留毒素。

（3）毒性

赭曲霉毒素的毒性主要表现在六个方面。

① 肾脏毒性　短期试验结果显示，赭曲霉毒素对所有的单胃哺乳类动物均能产生肾毒性，可引起实验动物肾小球变性退化，严重者甚至出现肾小球坏死、皮质纤维化、肾小球透明变性以及各种肾脏功能损伤等。

② 肝毒性　赭曲霉毒素也具有很强的肝细胞系细胞毒性，连续在食物中添加赭曲霉毒素饲喂小鸡会发现肝糖原分解减少，以致体内肝糖原聚集，并且该现象与赭曲霉毒素的剂量成正比。

③ 致癌性　国际癌症研究机构已经确认赭曲霉毒素对实验动物有致癌性，并将其定为2B 类致癌物（即可能引起人类癌症的物质），给大鼠喂食赭曲霉毒素 A 时，大鼠出现了肾小管细胞腺瘤，并呈现剂量-效应关系。

④ 免疫毒性　在研究赭曲霉毒素及其代谢物对人单核细胞/巨噬细胞系 TPH-1 的免疫毒性时发现，当赭曲霉毒素浓度在 $10\sim1000ng/mL$ 时，巨噬细胞的吞噬能力、TPH-1 的代谢能力、细胞膜的完整性、细胞的增殖能力、细胞的分化、细胞表面标志物的形成以及氧化氮的合成等均被不同程度地抑制。

⑤ 致畸性　目前已有实验证实赭曲霉毒素对实验动物有致畸作用，可引发黏膜和骨骼的显著畸变。1986 年 Kane 等也证实当细胞反复暴露于赭曲霉毒素时，可导致不再修复的DNA 损伤。

⑥ 胚胎毒性　通过老鼠和兔子实验已经证实了赭曲霉毒素在子宫内的转移，而在人类中，赭曲霉毒素在脐带血中的浓度与母体血液中是基本一致的，由此证明它确实能通过人体胎盘而产生胚胎毒性。

（4）预防措施

对赭曲霉毒素污染食品的预防除对食品采取防霉去毒措施外，还要限制食品中赭曲霉毒素 A 的含量。GB 2761—2017《食品安全国家标准　食品中真菌毒素限量》对主要食品中赭曲霉毒素 A 限量如下：谷物、谷物碾磨加工品、豆类、烘焙咖啡豆、研磨咖啡（烘焙咖啡）限量为 5.0μg/kg，葡萄酒限量为 2.0μg/kg，速溶咖啡限量为 10.0μg/kg。

2.4.4　玉米赤霉烯酮

（1）化学结构及性质

玉米赤霉烯酮又称 F-2 毒素，是广泛存在于粮谷类作物中的一种类雌激素真菌毒素，其化学结构如图 2-3 所示，纯品为白色晶体，分子式为 $C_{18}H_{22}O_5$，分子量为 318.4，熔点 161～163℃。玉米赤霉烯酮不溶于水、二硫化碳和四氯化碳，溶于碱性水溶液、二甲基甲酰胺、吡啶、氯仿、甲醇、乙醇、苯等，微溶于石油、醚等。玉米赤霉烯酮的甲醇溶液在紫外条件下呈现明亮的蓝绿色荧光，紫外光谱最大吸收波长有 3 个，分别为：236nm、274nm、316nm。玉米赤霉烯酮化学性质稳定，碱性条件下玉米赤霉烯酮的酮环会发生水解，酯键断开进而导致其被破坏，毒性降低，水溶性增加，当碱性下降时酯键可以恢复。

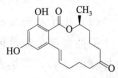

图 2-3　玉米赤霉烯酮的化学结构

（2）产毒菌株和对食品的污染

玉米赤霉烯酮是由镰孢属的菌种产生的有毒代谢产物，主要包括禾谷镰孢、黄色镰孢、木贼镰孢、半裸镰孢、茄病镰孢等。镰孢属菌种在玉米上生长繁殖一般需要 22%～25% 的湿度，且大部分菌种在较低温度下培养可产生高产量玉米赤霉烯酮。玉米赤霉烯酮主要污染玉米、大麦、小麦、高粱、小米和大米，在面粉、麦芽、啤酒和大豆及其制品中也可检出，以玉米最普遍。

（3）毒性

玉米赤霉烯酮的毒性主要表现在五个方面。

① 生殖毒性　玉米赤霉烯酮可以引起哺乳动物生殖系统紊乱，进而对生殖系统造成严重影响。在所有动物中猪对玉米赤霉烯酮最为敏感。发育还未成熟的小猪连续 8d 口服 1mg 玉米赤霉烯酮，会产生明显的雌性激素过多的症状（包括直肠脱垂、子宫扩大和扭曲、卵巢萎缩等）。玉米赤霉烯酮还可以引起奶牛不育，降低牛奶的产量和导致雌性激素过多综合征。

② 免疫毒性　玉米赤霉烯酮对脂多糖活化的小鼠脾淋巴细胞和胸腺细胞的增殖具有显著抑制作用和凋亡作用。玉米赤霉烯酮还可直接作用于小鼠 T 淋巴细胞，降低细胞的活性，诱导其凋亡，进而影响机体免疫功能。

③ 对肿瘤发生的影响　玉米赤霉烯酮可上调激素依赖性乳腺癌细胞 MCF-7 肿瘤基因的表达，对相关肿瘤的发生发展具有促进作用，且能增加雌性小鼠肝细胞腺瘤及垂体腺瘤的发生率，并具有剂量效应关系。

④ 肝毒性　肝脏是玉米赤霉烯酮代谢的主要器官，也是重要的靶器官之一，玉米赤霉烯酮对肝脏及肝细胞具有很强的损害作用。在断奶仔猪日粮中添加 1mg/kg 玉米赤霉烯酮时发现其对猪的肝脏、肺、肾脏、心脏、脾脏和胃肠道等器官指数没有显著影响，而组织病理学表明猪的肾脏和肝脏受到严重的损伤。玉米赤霉烯酮可以抑制肝细胞中白蛋白和 DNA 合成，对体外培养的大鼠肝细胞具有损伤作用。

⑤ 细胞毒性　研究表明，玉米赤霉烯酮作用于非洲绿猴肾细胞（Vero）、人结肠腺癌细胞（Caco-2）和发育不良口腔角化细胞（DOK）三种细胞株时，可以诱导细胞 DNA 断裂导

致细胞凋亡。玉米赤霉烯酮能干扰 Vero 和 Caco-2 细胞周期、抑制蛋白质和 DNA 的合成以及增加丙二醛的生成，进而降低 Vero 和 Caco-2 细胞活力。

（4）预防措施

对玉米赤霉烯酮污染食品的预防除对食品采取防霉去毒措施外，还要限制食品中玉米赤霉烯酮的含量。GB 2761—2017《食品安全国家标准 食品中真菌毒素限量》对小麦、小麦粉、玉米、玉米面（渣、片）中玉米赤霉烯酮限量为 $60\mu g/kg$。

2.4.5 柄曲毒素

（1）化学结构及性质

柄曲毒素为淡黄色结晶，是一组化学结构近似的有毒化合物，目前已确定结构的有 10 余种（图 2-4），其熔点为 246～248℃，耐高温，不溶于水及强碱性溶液，难溶于多种有机溶剂，但易溶于氯仿、乙腈、吡啶和二甲基亚砜等有机溶剂。

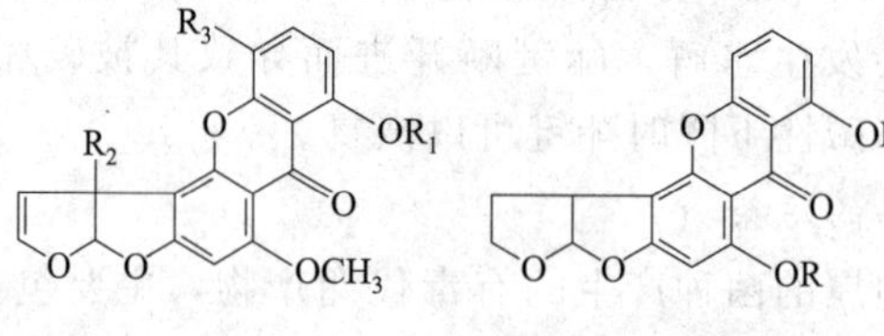

图 2-4 部分柄曲毒素的化学结构

柄曲毒素（R_1，H；R_2，H；R_3，H）；5-甲氧基柄曲毒素（R_1，H；R_2，H；R_3，OCH_3）；
O-甲基柄曲毒素（R_1，CH_3；R_2，H；R_3，H）；双氢柄曲毒素（R，CH_3；R_1，H）；
双氢-O-甲基柄曲毒素（R，CH_3；R_1，CH_3）；双氢脱甲氧基柄曲毒素（R，H；R_1，H）

（2）产毒菌株和对食品的污染

柄曲毒素主要是杂色曲霉和构巢曲霉的最终代谢产物，同时又是黄曲霉和寄生曲霉合成黄曲霉毒素过程后期的中间产物。自然界中能够产生柄曲毒素的菌株很多，除杂色曲霉、构巢曲霉、黄曲霉和寄生曲霉外，焦曲霉、阿姆斯特丹曲霉等均可产生，其中产毒量最高的是杂色曲霉和构巢曲霉。柄曲毒素广泛分布于自然界，主要污染小麦、玉米、大米、花生、大豆等粮食作物、食品和饲料。

（3）毒性

① 急性毒性 柄曲毒素对动物的急性毒性因动物种类、年龄和染毒途径差异而不同，如 Wistar 大鼠经口染毒的 LD_{50} 为 120～166mg/kg，经腹腔注射染毒的 LD_{50} 为 60mg/kg。急性中毒的病变特征是肝、肾坏死。

② 慢性毒性 大鼠摄食含 100mg/kg 柄曲毒素的饲料，14～21d 后肝脏有点状坏死和灶状坏死；28d 后有明显的肝小叶周围性坏死；56d 后坏死发展至整个肝小叶。

③ 遗传毒性 柄曲毒素具有较强的遗传毒性，同时也具有一定的细胞毒性。如柄曲毒素可引起大鼠骨髓细胞染色体畸变。

④ 致癌性 Ohtsubo 等用含 5～10mg/kg 柄曲毒素的饲料喂养大鼠 100 周，5mg/kg 组的 13 只大鼠中有 11 只出现肝癌，10mg/kg 组的 12 只动物全部出现肝癌。

（4）预防措施

对柄曲毒素污染食品的预防主要是采取防霉去毒措施，我国目前制定的食品安全国家标准未规定食品中柄曲毒素的限量值。

2.4.6　展青霉素

（1）化学结构及性质

展青霉素为无色的结晶，其化学结构见图 2-5，分子式为 $C_7H_6O_4$，分子量为 154，熔点为 110℃。展青霉素是一种中性物质，溶于水、乙醇、丙酮、乙酸乙酯和三氯甲烷，微溶于乙醚和苯，不溶于石油醚。在酸性溶液中展青霉素较稳定，而在碱性条件下则丧失活性。

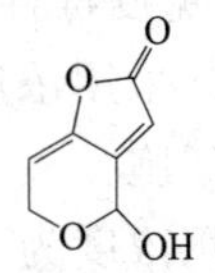

图 2-5　展青霉素
的化学结构

（2）产毒菌株和对食品的污染

展青霉素又名棒曲霉素，产生展青霉素的真菌有十余种，主要包括青霉属和曲霉属的若干菌种。展青霉是产生展青霉素的主要真菌，此外，扩展青霉、圆弧青霉、土曲霉、棒曲霉、巨大曲霉及主要污染水果的雪白丝衣霉等真菌也可产生展青霉素。展青霉素可污染水果、谷物和其他食物，主要存在于霉烂苹果和用霉变苹果加工的苹果汁中。

（3）毒性

展青霉素中毒以神经中毒症状为主要特征，表现为全身肌肉震颤般痉挛、狂躁、跛行、心跳加快、粪便较稀、溶血检查阳性等。展青霉素还能产生急性毒性、亚急性毒性以及致畸、致癌和致突变性。

（4）预防措施

对展青霉素污染食品的首要预防措施仍然是防霉，并制定食品中的限量标准。我国食品安全标准中规定水果及其制品（果丹皮除外）、饮料类、酒类限量均为 $50\mu g/kg$。

2.4.7　其他真菌毒素的污染

（1）脱氧雪腐镰刀菌烯醇

脱氧雪腐镰刀菌烯醇，又称呕吐毒素，是单端孢霉烯族化合物家族中的一种，属于 B 型单端孢霉烯族化合物。脱氧雪腐镰刀菌烯醇的结晶为无色针状，化学结构如图 2-6 所示，分子式为 $C_{15}H_{20}O_6$，分子量为 296.3，熔点为 151～153℃，α，β-不饱和酮基使脱氧雪腐镰刀菌烯醇在 218nm 有吸收峰，但与其他许多物质的紫外吸收相重叠，因此该吸收峰是非特征性的。脱氧雪腐镰刀菌烯醇易溶于水和极性溶剂，如乙醇、甲醇、丙酮、乙腈和乙酸乙酯，但不溶于正己烷和乙醚。脱氧雪腐镰刀菌烯醇在有机溶剂中性质较为稳定，在乙腈中更适于长期储存。

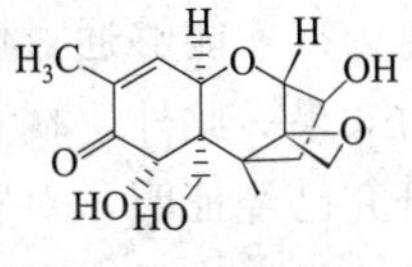

图 2-6　脱氧雪腐镰刀
菌烯醇的化学结构

脱氧雪腐镰刀菌烯醇主要由禾谷镰刀菌和黄色镰刀菌等产生，在小麦、大麦、燕麦、玉米等谷物中含量较高。

脱氧雪腐镰刀菌烯醇的毒性主要表现在生殖毒性、细胞毒性和免疫毒性三个方面。

① 生殖毒性　受孕 6～19d 的孕鼠给予 5.0mg/(kg·d)，并在小鼠妊娠的 20d 采用剖宫产，测定生殖和发育的参数。结果发现小鼠受孕期间饲料消耗和平均体重增加显著减少，宰后胴体质量和妊娠子宫质量显著降低，且有 52% 在胎鼠体内被吸收，早死亡和晚死亡的平均数目显著增加，平均胎体重和坐高显著降低，新生小鼠的发病率明显增加，胎儿胸骨节、

中枢、背侧弓形、椎骨、跖骨、掌骨的骨化作用显著降低；给予 2.5mg/kg 脱氧雪腐镰刀菌烯醇时，可以显著降低平均胎儿体重、坐高和脊椎的骨化作用。

② 细胞毒性 脱氧雪腐镰刀菌烯醇具有很强的细胞毒性，研究脱氧雪腐镰刀菌烯醇对培养兔关节软骨细胞生长代谢的影响时发现，脱氧雪腐镰刀菌烯醇对刚开始生长发育的兔软骨细胞有致命的损害作用。随着兔软骨细胞生长趋于成熟，脱氧雪腐镰刀菌烯醇浓度越高对软骨细胞的损伤就越严重。

③ 免疫毒性 脱氧雪腐镰刀菌烯醇浓度为 216ng/mL 时，50% 人淋巴细胞增殖可以受到抑制。采用浓度为 200ng/mL 和 400ng/mL 脱氧雪腐镰刀菌烯醇对人淋巴细胞处理 72h后，白细胞介素-2（IL-2）的水平比对照组高 12 倍，IL-4 水平轻微升高，而 IL-6 水平则被抑制；用浓度为 200ng/mL 和 400ng/mL 脱氧雪腐镰刀菌烯醇分别对人淋巴细胞处理 8~9d后，200ng/mL 脱氧雪腐镰刀菌烯醇组的 IL-2 水平升高了 17~25 倍，同时 γ 干扰素（IFN-γ）水平轻微升高，IL-6 水平被抑制；而采用 400ng/mL 脱氧雪腐镰刀菌烯醇处理人淋巴细胞 6d 后发现 IL-2 水平显著提升，而 IL-4 和 IL-6 变化不显著，这些表明脱氧雪腐镰刀菌烯醇对人淋巴细胞细胞因子的产生有潜在的危害作用。

我国食品安全标准中规定玉米、玉米面（渣、片）、大麦、小麦、麦片、小麦粉中脱氧雪腐镰刀菌烯醇的限量为 1000μg/kg。

（2）橘青霉素

橘青霉素也称为橘霉素，其分子式为 $C_{13}H_{14}O_5$，分子量为 250.3，其化学结构见图 2-7。常温下，橘青霉素是一种柠檬黄结晶。在长波紫外灯的激发下能发出黄色荧光，其最大紫外吸收在 253nm（ε = 8279）和 319nm（ε = 4710）处，熔点为 172℃。溶于甲醇、乙酸乙酯、苯、丙酮、氯仿、乙腈，微溶于乙醚、乙醇，难溶于水，但是可以溶解于稀氢氧化钠、碳酸钠和醋酸钠溶液中。

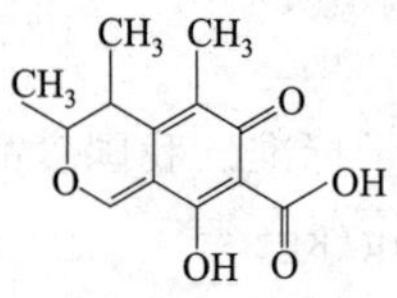

图 2-7 橘青霉素的化学结构

橘青霉素最早从丝状真菌橘青霉中分离得到，而青霉、曲霉及红曲霉中也可代谢产生橘青霉素。橘青霉素广泛存在于大米、玉米、小麦、米醋、苹果、果汁等农产品和食品中。在我国，被橘青霉素污染的食物主要是发霉的谷物、饲料及相关产品。

橘青霉素具有一定的抗菌作用，最初被作为一种抗生素使用。随后的毒理学研究表明，橘青霉素能够通过影响动物体内肾脏线粒体功能、影响体内大分子的合成，达到使细胞死亡的效果。此外，橘青霉素还能导致动物肾小管扩张、肾脏肿大、上皮细胞坏死等病变。相关研究已经证明，对肾脏的毒害是橘青霉素直接作用导致的，并且还伴随有糖尿或蛋白尿等症状。经口途径喂食小鼠橘青霉素，其半数致死剂量为 110mg/kg。当橘青霉素与诸如赭曲霉毒素等毒素同时存在于动物体内时，会产生协同作用，增强其对 DNA 的损伤。

我国食品安全国家标准规定红曲红中橘青霉素的限量值为 ≤0.04mg/kg。

2.5 食品中的寄生虫

寄生虫指专营寄生生活的生物，种类繁多，主要是原虫和蠕虫。一种寄生虫可以有多个寄主，以人和动物为寄主的寄生虫可诱发人畜共患病，损害人体健康。

2.5.1　寄生虫对食品的污染

寄生虫可以通过多种途径污染食品，通过食品感染人体的寄生虫称为食源性寄生虫。食源性寄生虫的传染源可以是感染了寄生虫的人和动物，寄生虫通过粪便排出，污染水体、土壤等环境，并进一步污染食品。人体感染多因生食含感染性虫卵的蔬菜或未洗净的蔬菜和水果所致，或因生食或半生食含感染期幼虫的畜肉、水产品受到感染。

2.5.2　食品中常见的寄生虫

食品中常见的寄生虫主要包括猪囊尾蚴、旋毛虫、广州管圆线虫、蛔虫、肝片吸虫和弓形虫。

（1）猪囊尾蚴

囊尾蚴是绦虫的幼虫，寄生在宿主的横纹肌和结缔组织中，呈包囊状，俗称囊虫。在动物体内寄生的囊尾蚴有多种，如猪囊尾蚴、羊囊尾蚴、牛囊尾蚴等，以猪囊尾蚴最常见。猪囊尾蚴发育形成的成虫为绦虫，是常见的人畜共患寄生虫。

猪囊尾蚴是猪带绦虫的幼虫，带囊尾蚴的猪肉常被称为"米猪肉"、"豆猪肉"或"珠仔肉"。猪带绦虫呈链形带状，长度可达 2～8m，有 700～1000 个节片。虫体分头节、颈部和节片 3 个部分。头节圆球形，直径约为 1mm，头节前端中央为顶突，顶突上有 25～50 个小钩，大小相间或内外两圈排列，顶突下有 4 个圆形的吸盘，这些都是适应寄生生活的附着器官。绦虫以吸盘和小钩附着于肠黏膜上。头节之后为颈部，颈部纤细不分节片，与头节间无明显的界线，能连续不断地以横分裂方法产生节片，所以也是绦虫的生长区。

人是猪带绦虫的终末宿主，中间宿主除了猪，还有犬、猫。人也可作为猪带绦虫的中间宿主。成虫寄生于人的小肠，头节深埋于肠黏膜内，孕节可随着粪便排出体外。破裂后，虫卵散出，可污染地面、食物，被中间宿主吞食后，虫卵在其十二指肠内经消化液作用，24～72h 胚膜破裂，六钩蚴逸出，钻入肠壁，经血液循环或淋巴系统而达宿主全身各处。到达寄主部位后，虫体逐渐长大。60d 后头节出现小钩和吸盘，约经过 10 周囊尾蚴发育成熟。

猪囊尾蚴的预防措施主要包括：①加强养殖场管理，开展定期检查；②严格实施疫苗接种；③实施粪污无害化管理；④重视肉品检疫与检验。

（2）旋毛虫

旋毛虫是一种人畜共患寄生虫，可以致人死亡。几乎所有哺乳动物对旋毛虫易感，旋毛虫病呈世界性广泛分布，尤其是欧洲及北美流行较为严重。国内旋毛虫病呈现局部与暴发感染流行的特点。

旋毛虫的成虫呈微小线状，肉眼不易看出。雌雄异体，雌虫较长，大小为（3～4）mm×0.06mm；雄虫较短，大小为（1.4～1.6）mm×（0.04～0.05）mm。成虫寄生在寄主的小肠内，幼虫寄生在寄主的横纹肌内，卷曲呈螺旋形，外面有一层包囊，呈柠檬状。

含有旋毛虫的动物肉或被旋毛虫污染的食物为主要传染源。旋毛虫的成虫和幼虫寄生于同一宿主体内，不需要在外界环境中发育。人发生感染主要是因为摄入了含旋毛虫包囊的生猪肉或半生猪肉、狗肉等。此外，切生肉的刀或器具等污染了旋毛虫后，也可以成为传染源。当人食用含有旋毛虫的食品后，经过胃液和肠液的消化作用，包囊被消化，幼虫在十二指肠由包囊逸出，进入十二指肠或空肠，在 48h 内发育为成虫。在此交配繁殖，每条雌虫可产 1500 条以上幼虫。旋毛虫的主要致病阶段是幼虫，轻者没有症状，重者可在发病后 3～7 周死亡。

旋毛虫的预防措施主要包括：①重视养殖管理；②开展粪污无害化处理；③加强肉品卫生检疫。

（3）广州管圆线虫

广州管圆线虫多存在于陆地螺、淡水虾、蟾蜍、蛙、蛇等动物体内，中间宿主包括褐云玛瑙螺、皱疤坚螺、中国圆田螺、东风螺等，一只螺中可能潜伏 1600 多条幼虫。

广州管圆线虫会引起广州管圆线虫病（又名嗜酸性粒细胞增多性脑脊髓膜炎），它是一种人畜共患的寄生虫病，人主要因为生食或半生食中间宿主和转续宿主、生吃被幼虫污染的蔬菜水果或饮用含幼虫的生水而感染。广州管圆线虫幼虫可进入人脑等器官，使人发生急剧的头痛，甚至不能受到任何震动，走路、坐下、翻身时头痛都会加剧，伴有恶心呕吐、颈项强直、活动受限、抽搐等症状，重者可导致瘫痪、死亡。诊断治疗及时的情况下，绝大多数病人预后良好。极个别感染虫体数量多者，病情严重可致死亡，或留有后遗症。2006 年，北京爆发了广州管圆线虫病，住院患者 140 余例，在全国引起轰动。

广州管圆线虫的预防措施主要包括：①开展卫生宣教；②开展终末宿主鼠的杀灭工作；③不生食蔬菜、螺肉等食品；④加强螺肉等高风险食品的监测和安全管理。

（4）蛔虫

蛔虫是无脊椎动物，线虫动物门，线虫纲，蛔目，蛔科。蛔虫是人体肠道内最大的寄生线虫，也是人体最常见的寄生虫，感染率可达 70％以上。

蛔虫成虫呈圆柱形，似蚯蚓状，成体略带粉红色或微黄色，体表有横纹，雄虫尾部常卷曲。雌虫长 20～35cm，尾端直，雄虫长 15～30cm，尾端向腹面卷曲。虫卵为椭圆形，卵壳表面常附有一层粗糙不平的蛋白膜，被胆汁染色而呈现棕黄色。

蛔虫的发育不需要中间宿主，其成虫寄生于宿主的小肠内，虫卵随粪便排出体外。外界环境适宜时，单细胞卵发育为多细胞卵，再发育成为第一期幼虫，经过一段时间的生长和蜕皮，成为第二期幼虫。此时虫卵无感染性，需 3～5 周发育为感染性虫卵。当感染性虫卵与食品、水等经口被人体摄入，可在小肠内孵育出第二期幼虫，通过小肠黏膜进入淋巴管或微血管，经胸导管或门静脉到达心脏，随血液到达肝脏、肺，然后经过支气管、气管、咽喉返回小肠内寄生，并逐渐长大为成虫。成虫在小肠里能存活 1～2 年，有的甚至长达 4 年以上。

蛔虫的预防措施主要包括：①加强动物饲养卫生管理；②开展粪污无害化处理；③做好定期驱虫。

（5）肝片吸虫

肝片吸虫寄生在牛、羊及其他草食动物和人的肝脏胆管内，有时在猪和牛的肺内也可找到。人和动物是肝片吸虫的终末宿主，中间宿主为耳萝卜螺。在胆管内成虫排出的虫卵随胆汁排在肠道内，再和寄主的粪便一起排出体外，在适宜的条件下经过 2～3 周发育成毛蚴。毛蚴从卵内出来遇到中间寄主耳萝卜螺，即迅速地穿过其体内进入肝脏。毛蚴脱去纤毛变成囊状的胞蚴。胞蚴的胚细胞发育为雷蚴。雷蚴长圆形，有口、咽和肠。雷蚴刺破胞蚴皮膜出来，仍在螺体内继续发育，每个雷蚴再产生子雷蚴，然后形成尾蚴，尾蚴有口吸盘、腹吸盘和长的尾巴。尾蚴成熟后即离开耳萝卜螺在水中游泳若干时间，尾部脱落成为囊蚴，固着在水草上和其他物体上，或者在水中保持游离状态。牲畜饮水或吃草时吞进囊蚴即可感染。人体感染可能是食用被囊蚴污染的肉类和蔬菜所引起。

肝片吸虫的预防措施主要包括：①加强动物饲养卫生管理，注重免疫；②开展粪污无害化处理；③做好预防性驱虫；④消灭中间宿主；⑤加强肉品卫生检疫。

（6）弓形虫

弓形虫是一种原虫，属于机会性致病寄生原虫，整个生活史需两个宿主和猫科动物，若家猫为终末宿主，哺乳类或鸟类是中间宿主。弓形虫生活史中的包囊（内含缓殖子）、假包囊（含速殖子）、滋养体和卵囊等发育阶段均可感染人体，人如果摄入含有上述各个发育阶段弓形虫的生肉、生奶等动物源性食品即会被感染。除消化道感染外，直接与宠物猫亲密接触，输血或器官移植也可感染，妊娠妇女感染后可通过胎盘垂直传播给胎儿。

虫体在人体内可寄生于各种有核细胞，并随血液循环系统移行于体内各器官，引起相应的组织器官发生病变，临床上表现为发热、夜间出汗、肌肉疼痛、咽部疼痛、皮疹，部分患者出现淋巴结肿大、肝炎、心肌炎、肾炎和脑病等。孕妇感染后严重危害胎儿的健康，可引起孕妇死产或怪胎、流产，亦可引发脑弓形体病。

弓形虫的预防措施主要包括：①重视动物养殖卫生管理；②做好预防性驱虫；③养成良好的饮食习惯和卫生习惯；④加强动物源食品卫生检疫。

 思考题

1. 细菌污染食品的途径有哪些？
2. 食品卫生的细菌污染指标是什么？
3. 食品腐败变质的影响因素有哪些？如何鉴定食品腐败变质？
4. 食品中常见的致病菌有哪些？其危害是什么？
5. 简述真菌产毒的条件。
6. 食品中常见的真菌毒素有哪些？其危害是什么？
7. 食品中常见的寄生虫有哪些？其危害是什么？

第3章
食品化学性污染及预防

 导言

食品化学性污染物种类较多，来源广泛，可能是生产、生活和环境中的污染物，也可能是食品容器、包装材料等接触食品时迁移到食品中的有害物，以及食品加工、贮藏过程中产生的有害物。食品安全源头在农产品，要高度重视农产品在种植和养殖环节的环境污染问题，牢固树立和践行绿水青山就是金山银山的理念。

食品化学性污染是由有毒有害的化学物质污染食品所引起。食品中常见的化学污染物有残留农药、残留兽药、有毒金属、N-亚硝基类化合物、多环芳烃类化合物、杂环胺类化合物、氯丙醇及其酯类、丙烯酰胺以及二噁英等。食品化学性污染的特点包括：①污染物除了直接污染食品原料和制品外，多数是通过食物链逐级富集；②被污染食品除少数表现出感官变化外，多数不能被感官所识别；③常规的冷热处理不能达到绝对无害；④除了造成急性损伤外，还可蓄积或残留在体内，造成慢性损伤和"三致（致畸、致癌、致突变）"威胁。有些化学性污染物化学性质稳定，在自然条件下难以降解，可通过大气、水等远距离迁移并长期存在于环境中，通过食物链累积，并对人类健康造成危害，这些化学物质被称为持久性有机污染物（persistent organic pollutants，POPs），如有机氯杀虫剂、二噁英等。

3.1 农药残留污染及预防

农药是农业领域的重要生产资料，使用农药防治农作物病虫害，对于促进农业生产、提高作物产量具有重要作用。我国是受农业病虫害危害较严重的国家之一，使用农药防治病虫害依然是目前的主要手段，其作用不可完全被替代。但农药使用不合理就容易产生农药残留，给农产品和动物饲料等带来危害。

3.1.1 概述

3.1.1.1 基本概念

按照我国《农药管理条例》的定义，农药（pesticide）是指用于预防、控制危害农业、林业的病、虫、草、鼠和其他有害生物以及有目的地调节植物、昆虫生长的化学合成或者来源于生物、其他天然物质的一种物质或者几种物质的混合物及其制剂。农药的用途主要包括：预防、控制危害农业、林业的病、虫（包括昆虫、蜱、螨）、草、鼠、软体动物和其他有害生物；预防、控制仓储以及加工场所的病、虫、鼠和其他有害生物；调节植物、昆虫生长；农业、林业产品防腐或者保鲜；预防、控制蚊、蝇、蜚蠊、鼠和其他有害生物；预防、控制危害河流堤坝、铁路、码头、机场、建筑物和其他场所的有害生物。农药残留物（pesticide residue）指由于使用农药而在食品、农产品和动物饲料中出现的任何特定物质，包括被认为具有毒理学意义的农药衍生物，如农药转化物、代谢物、反应产物以及杂质等。最大残留限量（maximum residue limit，MRL）是指在食品或农产品内部或表面法定允许的农药最大浓度，以每千克食品或农产品中农药残留的质量表示（mg/kg）。一些持久性农药虽已禁用（如有机氯农药），但还长期存在环境中，可以再次在食品中形成残留。为控制这类农药残留物对食品的污染，我国还制定了其在食品中的再残留限量（extraneous maximum residue limit，EMRL），以每千克食品或农产品中农药残留的质量表示（mg/kg）。每日允许摄入量（acceptable daily intake，ADI）指人类终生每日摄入某物质，而不产生可检测到危害健康的估计量，以每千克体重可摄入的量表示（mg/kg）。农药使用安全间隔期是指最后一次施用农药到农作物收获之间的时间。经过安全间隔期，农药残留量应低于国家规定的最大允许残留限量，以确保农产品安全。安全间隔期的设定与农药品种、施用剂量、使用次数及作物种类有关。各种药剂因其分解、消失的速度不同，加之各种作物的生长趋势和季节不同，其施用农药后的安全间隔期也不同。

3.1.1.2　农药分类

农药按用途不同可分为杀（昆）虫剂、杀（真）菌剂、除草剂、杀线虫剂、杀螨剂、杀鼠剂、落叶剂和植物生长调节剂等类型。其中使用最多的是杀虫剂、杀菌剂、除草剂三大类。按化学组成及结构不同可分为有机磷类、氨基甲酸酯类、拟除虫菊酯类、有机氯类、有机砷类、有机汞类、有机硫类、有机杂环类等类型。按急性毒性大小不同分为剧毒类、高毒类、中等毒类、低毒类。按残留特性不同分为高残留、中等残留、低残留。

3.1.1.3　使用农药的利与弊

农药在工农业生产中起着重要作用，农药的合理使用可以减少农作物损失、提高产量，增加农业生产的经济效益；减少虫媒传染病的发生；提高绿化效率，改善人类和动物的生活居住环境。但是农药不合理使用可能带来不良后果，如农药残留物引起急性、慢性中毒，甚至"三致"性损伤；使有害生物产生抗药性，导致用药量和用药次数增加；害虫的天敌被农药毒死，使得更加依赖农药杀虫；使环境恶化、物种减少、生态平衡被破坏。农药使用对我国食品增产起着重要作用，但如果使用不当或滥用，将对人类健康和生存环境造成重要威胁。因此，必须坚定不移贯彻总体国家安全观，加强食品中农药残留有效监测及监管，确保国家食物安全和社会稳定。

3.1.1.4　食品中农药残留的来源

（1）施用农药对农作物的直接污染

施用农药对农作物的直接污染，包括表面黏附污染和内吸污染，影响污染程度的因素主要有农药的性质、剂型、施用方法、施药浓度、时间、次数和气象条件（如气温、降雨、风速、日照等）；此外还与农作物品种、生长发育阶段以及可食用部分不同等有关。内吸式农药（如内吸磷、对硫磷），易造成内吸式污染，残留量高；而触杀性农药（如拟除虫菊酯类）主要残留在农作物的外表，形成表面黏附污染，残留量较少。稳定的品种（如有机氯类、有机汞类）比易降解的品种（如有机磷类）残留的时间更长。

（2）农作物从污染环境中吸收农药

在农田施药过程中，直接降落在作物上的药量只占较小部分，大部分进入空气、水和土壤中，造成环境污染。农作物会长期从污染的环境中吸收农药，尤其是从土壤和灌溉水中吸收农药，其吸收量与植物种类、根系情况、可食用部分、农药剂型、施用方法和使用量有关，也与土壤种类、结构、酸碱度、有机物和微生物种类及含量等因素有关。

（3）通过食物链污染食品

如饲料被农药污染而使肉、蛋、乳受到污染；含农药的工业废水污染江河湖海，进而污染水产品；某些稳定性较强的农药，与机体某些组织器官有高度亲和力的农药，可长期贮存于脂肪组织的农药（如有机氯、有机汞等），能够通过食物链的生物富集作用逐级浓缩，最终在人体内达到较高浓度。

（4）其他来源污染

包括粮库内使用熏蒸剂等对粮食造成的污染；在禽畜饲养场所及禽畜体表施用农药可使动物性食品受到污染；食品在加工、贮运、销售过程中和农药混装、混放造成污染以及事故性污染等。

3.1.2 食品中常见的农药残留及毒性

3.1.2.1 有机磷农药

有机磷农药是指含磷元素的有机化合物农药，多为油状液体，有大蒜味，挥发性强，微溶于水，遇碱破坏。此类农药是目前使用范围最广、使用量最大的农药，主要是用作杀虫剂，常用的品种有敌百虫、敌敌畏、马拉硫磷等。部分品种可用作杀菌剂（如稻瘟灵、稻瘟酰胺）或杀线虫剂（如苯线磷）。因其在农业生产中的广泛使用，导致农作物中发生不同程度的残留。此类农药化学性质不稳定，大部分品种易于降解而失去毒性，不易长期残留，在生物体蓄积性也较低。但个别品种除外，如二嗪磷。我国从2007年1月1日起禁止在农业上使用5种毒性较大的有机磷农药，如甲胺磷、对硫磷、甲基对硫磷、久效磷和磷胺。从2019年8月1日起，禁止乙酰甲胺磷和乐果在蔬菜、瓜果、茶叶、菌类等作物上使用。

有机磷农药对人体的危害以急性毒性为主，多发生于大剂量或反复接触之后，出现一系列神经中毒症状，如出汗、震颤、精神错乱、语言失常，严重者会出现呼吸麻痹，甚至死亡。它的急性毒性主要是抑制体内胆碱酯酶活性，导致乙酰胆碱在体内堆积，使神经传导功能紊乱而出现相应中毒症状。部分品种有迟发性神经毒作用，即在急性中毒后的第二周才出现神经异常症状。因此，有机磷中毒者血胆碱酯酶活性降低。慢性中毒主要是神经系统、血液系统和视觉损伤的表现。多数有机磷农药无明显"三致"作用。

3.1.2.2 氨基甲酸酯类农药

此类农药可用作杀虫剂（如西维因、克百威、灭多威等）或除草剂（如丁草特、野麦畏等），某些品种（如涕灭威、克百威）还兼有杀线虫活性。氨基甲酸酯类农药的优点是药效快，选择性较高，对温血动物、鱼类和人毒性较低，不易在生物体内蓄积；且易被土壤微生物分解，不易在环境中残留。其毒性作用机制与有机磷类似，也是胆碱酯酶抑制剂，但其抑制作用有较大可逆性，并且无迟发性神经毒性作用。有些品种如甲萘威的代谢产物可使染色体断裂，致使该类农药有"三致"的可能。在弱酸条件下该类农药可与亚硝酸盐生成亚硝胺，故可能有一定的潜在致癌作用。部分品种如丁硫克百威在使用后容易分解成高毒物质克百威和三羟基克百威，目前被禁止在蔬菜、瓜果、茶叶、菌类等作物上使用。

3.1.2.3　拟除虫菊酯类农药

拟除虫菊酯类农药是一类模拟天然除虫菊酯化学结构合成的仿生农药，主要可作为杀虫剂和杀螨剂。常用的品种有溴氰菊酯、苯氰菊酯、三氟氯氰菊酯等。该类农药具有高效、杀虫谱广、毒性较低、在环境中半衰期短、对人畜较安全等特点。但是该类农药容易产生抗性使其杀虫效果降低。通过多种农药复配使用可延缓其抗药性发生。该类农药多属中等毒或低毒，对胆碱酯酶无抑制作用，主要通过影响神经轴突的传导而导致肌肉痉挛等。急性中毒表现为神经系统症状，如流涎、多汗、意识障碍等；重者可致昏迷、大小便失禁，可因心衰和呼吸困难而死亡。该类农药对皮肤有刺激和致敏作用，可致感觉异常（麻木、瘙痒）和迟发型超敏反应。因其蓄积性及残留量低，慢性中毒较少见。个别品种（如氰戊菊酯）大剂量使用时有一定的致突变性和胚胎毒性。

3.1.2.4　有机氯农药

此类农药曾经是全世界使用最广泛的杀虫剂，主要品种有双对氯苯基三氯乙烷（DDT）、六氯环己烷（六六六）。其在环境中很稳定，不易降解（如 DDT 在土壤中的半衰期长达 3～30 年，平均为 10 年）；脂溶性强，在生物体内主要蓄积于脂肪组织。该农药的急性毒属于低毒或中等毒。急性中毒主要是神经系统和肝、肾损害的表现。慢性中毒主要表现为肝脏病变、血液和神经系统损害。某些品种会干扰体内激素的分泌，具有一定的雌激素活性。部分品种可通过胎盘屏障进入胎儿体内，具有一定致畸性。动物实验证实 DDT 在较大剂量时具有一定致癌作用。

DDT 和六六六自 20 世纪 40 年代开始作为杀虫药使用，它们防治范围广、药效好、价格低廉、急性毒性低，而且残留毒性尚未被发现，因而被广泛用于防治作物、森林和牲畜的害虫。大量使用以后，有机氯农药对环境的污染不断加剧。历经 20 年调查研究，该类农药对生态环境与人体健康的影响逐渐被人们所认识。1963 年 5 月，美国建议该类农药应在短期内禁止使用。1972 年 6 月，美国环保署宣告该类农药在农业领域全面禁用。目前世界上几乎任何地区的环境中均可检出有机氯农药，甚至在从未使用过的地区（如南北极）也可检出。由于有机氯农药易在环境中长期蓄积，并可通过食物链而逐级浓缩，还有一定的慢性毒性和"三致"作用，故在许多国家已禁止使用。我国于 1983 年停止生产，1984 年停止使有机氯农药。

3.1.2.5　杀菌剂

杀菌剂是一类用于防治由各种病原微生物所引起的农作物病害的农药，一般是指杀真菌剂，但通常用于减少或消灭农作物及其生长环境中各类病原微生物或改变农作物代谢过程，提高农作物抗病能力，以预防或阻止病害发生和发展，包括杀细菌剂和杀病毒剂。其品种主要有有机汞、有机砷、有机硫、有机锡、苯并咪唑、抗生素类等。其中有机汞类如西力生（氯化乙基汞）、赛力散（醋酸苯汞）等，因其毒性大且不易降解，我国于1972年起已停止使用。有机砷类（如稻脚青、福美砷、田安等）可导致中毒和易发肿瘤，我国已禁止生产、销售和使用。有机硫类如乙撑双二硫代氨基甲酸酯类（代森锌、代森铵、代森锰锌等）在环境中和生物体内可转变为致癌物乙撑硫脲。有机锡类用于杀菌和杀螨，属于毒性较大的神经毒物，而且有的品种有致癌性，因此在很多国家已被禁用。苯并咪唑类（如多菌灵、噻菌灵等）对小麦赤霉病、水稻纹枯病和稻瘟病等多种农作物病害有较好防治效果。但此类农药在高剂量下可致大鼠生殖功能异常，并有一定致畸、致癌作用。

3.1.2.6 除草剂

除草剂又称除莠剂，是指可使田间杂草彻底或选择性地发生枯死，而不影响农作物正常生长的化学药剂。杂草同农作物竞争阳光、水分及土壤中的养分，严重影响了农作物的生长发育，降低了农作物的产量和质量。因此，除草剂清除田间杂草在农业生产中起到重要作用。大多数除草剂对动物和人的毒性较低，且由于多在农作物生长早期使用，故收获后残留量很低，其危害性相对较小。但部分品种有不同程度的"三致"作用，应给予足够的重视。如莠去津有一定的致突变、致癌作用；2,4,5-三氯苯氧乙酸所含的杂质2,3,7,8-四氯代二苯并-对-二噁英有较强的毒性，并有致畸、致癌作用。

3.1.2.7 农药混配制剂

农药混配制剂是将两种或两种以上的农药和各种助剂等按照一定比例混配在一起加工而成的物理性状稳定的某种剂型，可以直接使用。农药混剂不包括农药有效成分与基本不具生物活性的助剂或其他成分之间的混配，也不包括农药有效成分同系物、类似物、异构物的混合物。多种农药合理混配后使用可提高作用效果，并可延缓昆虫和杂草对其产生的抗性，故近年来混配农药的生产和使用品种日益增多。但有时多种农药混合或复配使用可加重其毒性（包括相加及协同作用），如有机磷可增强拟除虫菊酯类农药的毒性；氨基甲酸酯和有机磷农药混配使用则对胆碱酯酶的抑制作用显著增强；有些有机磷农药混配使用也可使毒性增强。农药混配制剂的名称应符合《农药管理条例》规定，尚未列入名称目录的农药混配制剂，应报农业农村部核准，并作为新制剂首先进行登记试验才可使用。

3.1.3 预防控制措施

(1) 加强农药生产和经营管理

国家实行农药登记制度，凡是生产（包括原药生产、制剂加工和分装）农药和进口农药，必须登记；国务院农业行政主管部门下属的农药鉴定机构负责全国的农药具体登记工作。国家实行农药生产许可制度。农药生产企业应当具备相关条件，并按照国务院农业主管部门的规定向省、自治区、直辖市人民政府农业主管部门申请农药生产许可证。农药生产许可证有效期为5年。委托加工、分装农药的，委托人应当取得相应的农药登记证，受托人应当取得农药生产许可证。国家实行农药经营许可制度，但经营卫生用农药的除外。农药经营者应当具备相关条件，并按照国务院农业主管部门的规定向县级以上地方人民政府农业主管部门申请农药经营许可证后方可经营。农药经营许可证有效期为 5 年。农药经营者不得加工、分装农药，不得在农药中添加任何物质，不得采购、销售包装和标签不符合规定，未附具产品质量检验合格证，未取得有关许可证明文件的农药。境外企业不得直接在中国销售农药。境外企业在中国销售农药的，应当依法在中国设立销售机构或者委托符合条件的中国代理机构销售。

（2）安全合理使用农药

农药在使用过程中要严格遵循农药合理使用准则，按照农药标签标注的使用范围、方法技术要求和注意事项使用，选用高效、低毒、低残留农药，禁止使用剧毒、高残留农药。严格遵守安全间隔期。在农业生产中，最后一次喷药至收获之间的时间必须大于安全间隔期，不允许在安全间隔期内收获作物。农产品生产企业、食品和食用农产品仓储企业、专业化病虫害防治服务组织和从事农产品生产的农民专业合作社等应当建立农药使用记录，如实记录使用农药的时间、地点、对象以及农药名称、用量、生产企业等。农药使用记录应当保存 2 年以上。此外，还要注意对农民进行宣传和指导，加强安全防护工作，防止农药污染环境和农药中毒事故的发生。国家鼓励通过推广生物防治、物理防治、先进施药器械等措施，逐步减少农药使用量。

（3）加强对农药残留的监控与检测

加大对农药残留的监控力度，严把检验检疫关，严防农药残留超标的产品进入市场。在食品的农残检测过程中，必须严格执行《食品安全国家标准　食品中农药最大残留限量》（GB 2763—2021）和《食品安全国家标准　食品中 2,4-滴丁酸钠盐等 112 种农药最大残留限量》（GB 2763.1—2022），以保障食品的食用安全性。此外，还要制定适合我国的农药政策，开发高效、低毒、低残留的新品种，及时淘汰或停用高毒、高残留、长期污染环境的品种，大力提倡作物病虫害的综合防治。

3.2　兽药残留污染及预防

现代畜牧业日益趋向于规模化和集约化生产，兽药在防治动物疾病、提高生产效率、改善畜产品质量等方面起着十分重要的作用。然而，由于某些养殖人员对科学知识的缺乏以及一味地追求经济利益，致使滥用兽药现象在当前畜牧业中经常发生。滥用兽药极易造成动物源食品中有害物质残留，这不仅对人体健康造成直接危害，而且对畜牧业的发展和生态环境也造成极大危害。

3.2.1　概述

3.2.1.1　基本概念

按照我国《兽药管理条例》，兽药（veterinary drugs）是指用于预防、治疗、诊断动物疾病或者有目的地调节动物生理机能的物质（含药物饲料添加剂），主要包括：血清制品、疫苗、诊断制品、微生态制品、中药材、中成药、化学药品、抗生素、生化药品、放射性药品及外用杀虫剂、消毒剂等。食品动物（food producing animal）是指各种供人食用或其产品供人食用的动物。兽药残留（veterinary drug residue）是指食品动物用药后，动物产品的任何可食用部分中所有与药物有关的物质的残留，包括药物原型或/和其代谢产物。总残留

（total residue）指对食品动物用药后，动物产品的任何可食用部分中药物原型或/和其所有代谢产物的总和。最大残留限量（MRL）是指对食品动物用药后，允许存在于食品表面或内部的该兽药残留的最高量浓度（以鲜重计，单位 μg/kg）。休药期，也叫消除期，是指动物停止给药到动物性食品（包括可食性组织、蛋、奶等）中药物残留浓度下降至最高残留限量所需的时间，也即动物停止给药到允许屠宰上市的间隔时间。饲料药物添加剂是指为了预防、治疗动物疾病而掺入载体或者稀释剂的兽药预混物，包括抗球虫药类、驱虫剂类、抑菌促生长类等。

3.2.1.2 兽药分类

兽药品种繁多，根据不同方式可以分成不同的种类。按成分不同可分为血清、菌（疫）苗、诊断液等生物制品；兽用的中药材、中成药、化学药品；抗生素、生化药品、放射性药品、外用杀虫剂及消毒剂。按性质不同可分为兽药（除兽用生物制品外）和兽用生物制品。按用途不同可分为预防性、治疗性、诊断性和保健性（促生长）兽药。按管理类别不同可分为兽用处方药和兽用非处方药。按剂型不同分为液体或半液体制剂、固体剂型、半固体剂型、气体剂型。按使用动物不同划分为畜用药、禽用药、蜂药、渔药、蚕药等。

3.2.1.3 使用兽药的利弊

动物养殖过程中合理使用兽药可以有效控制畜禽疾病，减少畜禽损失，提高畜产品产量以及提高畜牧业和养殖业生产的经济效益。但如果兽药不合理使用，会使兽药残留在食品中，被人摄入后引起急性、慢性中毒，甚至"三致"的损伤；还会使有害生物、人产生抗药性，使得用药剂量和用药次数增加，导致生态环境质量恶化，影响畜牧业发展。

3.2.1.4 食品中兽药残留的来源

（1）滥用药物

长期或超标准使用、滥用药物，在饲料中大量使用各种抗菌抗虫药物，同时由于缺乏相应的兽药使用知识，不能严格遵守兽药的使用对象、使用期限、使用剂量、给药途径、用药部位和用药动物种类等规定。所有这些因素都能造成药物在体内过量积累，导致兽药残留。

（2）使用违禁药物或淘汰药物

为了增加肉品瘦肉率，减少脂肪含量，而在动物饲料中加入禁用的盐酸克伦特罗；在防治动物疾病时，使用禁用的氯霉素、呋喃唑酮等；为了使鳖和鳗鱼长得肥壮，在水中使用禁用的己烯雌酚；为防治鱼病，在水中使用禁用的孔雀石绿；为减少畜禽活动，达到增加质量的目的而使用安眠镇静类药物等；都带来严重的兽药残留隐患。

（3）违规使用饲料药物添加剂

《饲料药物添加剂使用规范》中明确规定了可用于制成饲料药物添加剂的兽药品种及相应的休药期。但有些饲料生产企业和养殖户，超量添加药物，甚至添加禁用激素类、抗生素类、人工合成化学药品等，这也是兽药残留的重要原因。

（4）其他

凡应用于食品动物的药物或其他化学物都需规定休药期，畜禽在休药期可通过新陈代谢将大多数残留的药物排出体外，使药物的残留量低于最大残留限量从而达到安全浓度。未能严格遵守休药期是导致食品兽药残留超标最主要原因。屠宰前用药以掩饰患病畜禽的临床症状，以逃避宰前检验，也是造成畜产品兽药残留的重要原因。

3.2.2　食品中常见的兽药残留及毒性

3.2.2.1　食品中常见的兽药残留

（1）抗生素类药物

抗生素类多为天然发酵产物，如青霉素类、氨基糖苷类、大环内酯类、四环素类等，临床上广泛应用于治疗动物的细菌性感染。作为临床治疗用药的抗生素类，常在短期内使用，主要是通过注射、饮水等方式进入动物体内。如在治疗动物乳腺炎、细菌性腹泻、呼吸道感染等疾病时，经常给动物肌内注射青霉素类抗生素。治疗奶牛或奶山羊乳腺炎时，常把青霉素类抗生素直接注入乳房。如果在休药期结束前将动物屠宰或将所产乳供人饮用，则注射部位的肌肉、乳中青霉素残留超量。此外，兽医临床用药时还常将不同的抗生素联合使用（如青霉素与链霉素联合使用），更容易造成抗生素类药物在动物体内残留，导致动物性食品污染。有些抗生素还被作为饲料药物添加剂，长时间给动物使用，可预防动物细菌性疾病和促进动物生长。这类抗生素主要通过添加在饲料中进入动物体内，如土霉素添加剂、金霉素添加剂等。此类抗生素在动物体内需要一定的时间才能完全排出体外。由于长期使用，容易在动物体内蓄积，造成动物性食品中的兽药残留。

（2）磺胺类药物

磺胺类药物广泛应用于防治人和动物的多种细菌性疾病。临床上常用磺胺类药物有：磺胺嘧啶、磺胺二甲嘧啶、磺胺异唑等。此外，磺胺药与抗菌增效剂合用，如复方新诺明。磺胺类药物主要作为临床治疗用药，常在短期内使用。用于全身感染的磺胺药主要通过口服、注射等方式进入动物体内；用于肠道感染的磺胺药主要以口服的方式进入动物肠道；用于局部抗感染的磺胺药主要在体表局部使用。磺胺类药物还常被用作药物添加剂或饮水剂，以小剂量方式，连续或间断地进入动物体内，主要用于防治动物的细菌和球虫感染。通过不同给药途径进入动物体内的各种磺胺类药物，经过机体的吸收、分布和代谢转化，大部分以原型形式随粪便、尿液等排出体外，还有部分以原型或降解产物的形式残留于肉、蛋和乳中。磺胺类药物短期大剂量或长期小剂量使用，很容易造成其在动物各组织中蓄积。当饲料或饮水被磺胺类药物污染，也可能导致动物性食品中磺胺类药物残留超标。

（3）硝基呋喃类药物

硝基呋喃类药物是一种广谱抗生素，对大多数革兰氏阳性菌和革兰氏阴性菌、真菌和原虫等病原体均有杀灭作用。由于这类药物具有抗菌谱广、不易产生耐药性、口服吸收迅速等特点，曾经在兽医临床上被广泛使用。硝基呋喃类主要用作临床治疗药物，短期使用，常通过口服进入动物体内。硝基呋喃类药物常见的品种有呋喃妥因、呋喃唑酮、呋喃西林。呋喃妥因口服后吸收迅速，尿中有效浓度高，主要用于治疗敏感菌引起的泌尿系统感染；呋喃唑酮口服后吸收较少，肠道浓度高，主要用于敏感菌引起的肠道感染；呋喃西林毒性大，主要作为外用药抗局部感染。由于该类药以小剂量长期给药或短期内大剂量给药，均可能造成动物组织中的药物残留，导致动物性食品污染。早在 2002 年 12 月发布的农业部公告第 235 号及 2005 年 10 月发布的农业部公告第 560 号就指出硝基呋喃类药物为在饲养过程中禁止使用的药物，在动物性食品中不得检出。

（4）苯并咪唑类药物

该类药物是在兽医临床上广泛应用的一类广谱抗蠕虫药，对人和动物体内的多种蠕虫（如蛔虫、吸虫和绦虫等）均具有良好的驱杀作用。动物养殖业中常用的苯并咪唑类药物有丙硫苯咪唑、甲苯咪唑等。在放牧地区，以粉剂或片剂的形式每年定期给牛、羊等短期投药，以驱逐其体内的寄生虫，促进动物生长。该药物残留过多对动物和人都有毒性作用。动物经口摄入该类药物以后，通过血液循环将药物运送到机体的各器官组织，其中以肝脏中的药物浓度最高。若在动物尚未完全排出体外之前将动物宰杀，则可能在动物各组织中存在大量药物残留。这类动物性食品被食用后，残留的苯并咪唑类药物会进入人体而产生毒性作用，其潜在危害主要是致畸和致突变作用。

（5）激素类药物

在畜牧业生产中使用激素主要是用来防治疾病、调整繁殖和加快生长发育。常用于动物的激素有性激素和糖皮质激素，以性激素最常用，包括雌激素、孕激素和雄激素。动物性食品中残留的激素类药物主要是己烯雌酚、己烷雌酚、双烯雌酚和雌二醇等，这些激素残留可能对消费者（尤其儿童）健康产生深远影响。

3.2.2.2　常见兽药残留的毒性

（1）毒性反应

食用兽药残留超标的食品，当体内蓄积的药物浓度达到一定量时，会使人体产生多种急、慢性中毒。例如磺胺类药物可引起人体肾脏的损伤；孕妇体内氯霉素过高可引起新生儿出现致命的"灰婴综合征"反应，严重时还会造成人体的再生障碍性贫血；四环素类药物能够与骨骼中的钙结合，抑制骨骼和牙齿的发育等。

（2）"三致"作用

研究发现许多药物具有"三致"作用，如丁苯咪唑、丙硫咪唑和苯硫苯氨酯具有致畸作用；雌激素、氯羟吡啶、砷制剂、喹啉类、硝基呋喃类等已被证明具有致癌作用；喹诺酮类药物的个别品种已在真核细胞内发现有致突变作用；链霉素具有潜在的致畸作用；孔雀石绿也具有潜在的"三致"作用；己烯雌酚在2017年10月被世界卫生组织国际癌症研究机构列为一类致癌物。这些药物的残留超标将对人类产生潜在的危害。

（3）过敏反应

许多抗菌药物如青霉素、四环素类、磺胺类和氨基糖苷类等能使部分人群发生过敏反应甚至休克，并在短时间内出现血压下降、皮疹、喉头水肿、呼吸困难等严重症状。

（4）产生耐药菌株和影响肠道菌群平衡

动物在经常反复接触某种药物后，其体内敏感菌株将受到选择性抑制，细菌产生耐药性，耐药菌株大量繁殖，使得一些常用药物的疗效下降甚至丧失，如青霉素等药物在畜禽中已产生大量抗药性，临床效果下降，使疾病治疗更加困难。人类常食用含有药物残留的动物性食品，动物体内的耐药菌株可传递给人类，当人体发生疾病时，治疗更加困难。此外，抗菌药物残留的动物源食品可对人类胃肠的正常菌群产生不良影响，使一些非致病菌被抑制或死亡，造成人体内菌群的平衡失调。菌群失调还容易造成病原菌的交替感染，使得具有选择性作用的抗生素及其他化学药物失去疗效。

3.2.3　预防控制措施

（1）加强对兽药和饲料添加剂生产和经营的管理

研制用于食品动物的新兽药，应当按照国务院兽医行政管理部门的规定进行兽药残留试验并提供休药期、最高残留限量标准、残留检测方法及其制定依据等资料。对于兽药的生产、经营和使用要严格监督，禁止不明成分的兽药进入市场，加大对违禁兽药的查处力度；加大对饲料生产企业的监控，严禁使用农业农村部规定以外的兽药作为饲料添加剂。

（2）合理使用兽药和饲料添加剂

加强饲养管理，严格执行《兽药管理条例》，科学合理使用兽药和饲料添加剂，从畜牧生产环节控制兽药残留量。严格规定和遵守兽药的使用对象、使用期限、使用剂量，以及休药期等，严禁使用违禁药物和未被批准的药物；限制使用人畜共用的抗菌药物或可能具有"三致"作用和过敏反应的药物，尤其是禁止将它们作为饲料添加剂使用。

（3）加强对兽药残留的监控与检测

建立药物残留分析方法是有效控制动物性食品中药物残留的关键措施，要完善兽药残留的检测方法，特别是快速筛选和确认的方法。加大对兽药和饲料添加剂残留的监控力度，严把检验检疫关，严防兽药残留超标的产品进入市场，对超标产品予以销毁，严格执行《食品安全国家标准　食品中兽药最大残留限量》（GB 31650—2019）和《食品安全国家标准　食品中 41 种兽药最大残留限量》（GB 31650.1—2022），以保障动物性食品的食用安全性。

3.3　有毒金属污染及预防

自然界中多种金属元素可通过食物和饮水的方式进入人体，其中部分金属元素是人体必需的营养元素，如铁、铜、锌等，在过量摄入时可对人体产生危害。而某些金属元素即使在较低摄入量情况下，也可干扰人体正常生理功能，并产生明显毒性作用，如汞、镉、铅、砷等，这些金属元素常称为有毒金属（toxic metals）。

3.3.1　概述

3.3.1.1　有毒金属污染食品的途径

（1）某些地区特殊自然环境中的高本底含量

由于不同地区环境中元素分布的不均一性，可造成某些地区有毒金属元素的本底值相对高于其他地区，如矿区、火山活动的地区，而使这些地区生产的食品中有毒金属元素含量较高。如新疆奎屯地区是我国首次发现的地方性砷中毒病区，受危害的居民超过十万人。该地区是新疆地势最低的洼地，天山山脉富含的氟砷矿物提供了氟砷的来源。

（2）人为的环境污染

农业生产中重金属农药的使用，工业生产中"三废"的排放，其中含有的有毒金属元素都对环境造成了污染，也可对食品造成直接或间接的污染。某些兽药如对氨基苯砷酸既可用于畜禽驱虫和疾病防治，也可用于促进家畜的生长，而这些兽药中的砷残留对动物机体同样会带来健康的危害。

（3）食品加工、储存、运输和销售过程中的污染

食品加工使用或接触的金属机械、管道、容器以及添加剂中含有的有毒金属元素导致食品污染。如 1956 年日本在生产酱油过程中，由于使用含砷较高的碳酸氢钠而导致砷污染酱油的事件。

3.3.1.2 食品中有毒金属污染的毒作用特点

（1）蓄积毒性强

大多数情况下，有毒金属低剂量长期摄入后在体内产生强蓄积毒性，进入人体后排出缓慢，生物半衰期较长。

（2）生物富集作用

有毒金属可通过食物链的生物富集作用在生物体及人体内达到很高的浓度，如鱼、虾等水产品中汞和镉等金属毒物的含量，可能高于其生存环境浓度的数百甚至数千倍。

（3）对人体造成的危害常以慢性危害和远期效应为主

由于食品中有毒金属的污染量通常较低，急性中毒相对少见，常导致不易及时发现的大范围慢性中毒，以及对健康的远期或潜在危害。

3.3.1.3 影响有毒金属毒性作用强度的因素

（1）金属元素的存在形式

以有机形式存在的金属及水溶性较大的金属盐类，因其被消化道吸收较多，通常毒性较大。如氯化汞消化道的吸收率仅为 2% 左右，而甲基汞的吸收率可达 90% 以上（但也有例外，如有机砷的毒性低于无机砷）。易溶于水的氯化镉和硝酸镉，比难溶于水的硫化镉、碳酸镉毒性更强。

（2）年龄、机体营养状况以及食物中某些营养素的含量

婴幼儿胃肠黏膜发育未成熟，胞饮作用大于成人，对铅、镉等金属的吸收率较高。膳食营养成分可以影响有毒金属的毒性，如食物蛋白质与有毒金属结合，延缓有毒金属在肠道吸收。有些氨基酸对有毒金属有拮抗毒性的作用，如胱氨酸可以提供巯基（—SH）结合部位，以便让汞与之结合，从而降低汞的毒性。维生素 C 与铅结合形成溶解度较低的抗坏血酸铅，使铅的吸收率下降。维生素 C 还可以使六价铬还原成三价铬，降低其毒性。

（3）金属元素间或金属与非金属元素间的相互作用

铁可拮抗铅的毒性作用，其原因是铁与铅竞争肠黏膜载体蛋白和其他相关的吸收及转运载体，从而减少铅的吸收；锌可拮抗镉的毒作用，因锌可与镉竞争含锌金属酶类。此外，某些有毒金属元素间也可产生协同作用，如砷和镉的协同作用可造成对巯基酶的严重抑制而增加其毒性，汞和铅可联合作用于神经系统，从而加重其毒性。

3.3.2 常见有毒金属对食品的污染及危害

3.3.2.1 汞

（1）理化特性

汞（mercury，Hg）又称水银，为银白色液体金属，原子量 200.59，密度 13.59g/

cm^3，熔点－38.87℃，沸点 356.58℃。汞具有易蒸发特性，常温下可以形成汞蒸气。汞在自然界中有单质汞（水银）、无机汞和有机汞等几种形式，无机汞在环境中可以被微生物作用转化成甲基汞等有机汞。汞蒸气和汞的化合物均有毒性。

（2）食物中汞污染来源

汞及其化合物广泛应用于工农业生产和医药卫生行业，可通过废水、废气、废渣等污染环境，进而污染食物，其中又以鱼贝类食品的甲基汞污染最为重要。含汞的废水排入江河湖海后，其所含的金属汞或无机汞可以在水体中某些微生物的作用下转变为毒性更大的有机汞（主要是甲基汞），并可通过食物链的生物富集作用而在鱼体内达到很高的浓度，如 20 世纪 50 年代，日本水俣湾的鱼、贝内汞含量高达 20～40mg/kg，为其生活水域汞浓度的数万倍。除水产品外，汞也可通过含汞农药的使用和废水灌溉农田等途径污染农作物和饲料，造成谷类、果蔬和动物性食品的汞污染。

（3）体内代谢和毒性

人体对元素汞、无机汞和有机汞的吸收明显不同。由于汞在常温下容易蒸发，因此食品中几乎不存在元素汞；而食品中的无机汞在人体的吸收率也相对较低，有 90％以上随粪便排出；而有机汞消化道吸收率很高，如甲基汞可达 90％以上。吸收的汞迅速分布到全身组织和器官，但以肝、肾、脑等器官含量最高。甲基汞的亲脂性和与巯基的亲和力很强，可通过血脑屏障、血胎屏障和血睾屏障。尤其大脑对汞的亲和力很强，汞进入后导致脑和神经系统损伤。甲基汞可导致胎儿和新生儿的汞中毒。汞是强蓄积性毒物，在人体内的生物半衰期为 70d 左右，在脑内的滞留时间更长，其半衰期为 180～250d。体内的汞可通过尿、粪和毛发排出，故毛发中的汞含量可反映体内汞储留的情况。

甲基汞中毒的主要表现是神经系统损害的症状。如运动失调、语言障碍、听力障碍等，严重者可致瘫痪、肢体变形、吞咽困难甚至死亡。甲基汞还有致畸作用和胚胎毒性。此外，甲基汞还可引起肝、肾的损害。与汞毒性关系最大的是汞与器官内组织蛋白的结合，与蛋白质结合的汞大量沉积在肝、肾等代谢器官，由此造成功能障碍。肾功能障碍是有机汞和无机汞中毒的首要标志。一般急性汞中毒首先导致肾组织坏死与尿毒症，严重时导致患者死亡。长期摄入被甲基汞污染的食品可致甲基汞中毒。20 世纪 50 年代日本发生的典型公害病——水俣病，就是由于含汞工业废水严重污染了水俣湾，当地居民长期食用该水域捕获的鱼类而引起慢性甲基汞中毒。

（4）食品中汞的允许限量标准

《食品安全国家标准　食品中污染物限量》（GB 2762—2022）中规定，水产动物及其制品（肉食性鱼类及其制品除外）、肉食性鱼类及其制品（金枪鱼、金目鲷、枪鱼、鲨鱼及以上鱼类的制品除外）中甲基汞限量分别为 0.5mg/kg 和 1.0mg/kg；谷物及其制品、蔬菜及其制品总汞限量分别为 0.02mg/kg 和 0.01mg/kg。

3.3.2.2　镉

（1）理化特性

镉（cadmium，Cd）是银白色金属，略带淡蓝色光泽，质软、富延展性。原子量 112.41，密度 8.64g/cm^3，熔点 320.9℃，沸点 765℃。镉可与硫酸、盐酸、硝酸作用生成相应的镉盐。在自然界中，多以硫镉矿的形式存在，常与锌、铅、铜、锰等金属共存。金属镉基本无毒，镉化合物尤其氧化镉毒性较强。

（2）食物中镉污染来源

镉广泛用于电镀和电池、颜料等工业生产中，故由于工业"三废"，尤其是含镉废水的排放可对环境和食品造成严重污染。镉在环境中浓度较低，但通过食物链的富集作用在某些食品中达到很高浓度。如20世纪50年代，日本镉污染区稻米平均镉含量为1.41mg/kg（非污染区为0.08mg/kg）；污染区的贝类含镉量可高达420mg/kg（非污染区为0.05mg/kg）。海产食品、动物性食品（尤其是肾脏）含镉量通常高于植物性食品。许多食品包装材料和容器都含有镉，因镉盐有鲜艳的颜色且耐高热，故常用作玻璃、陶瓷类容器的上色颜料、金属合金和镀层的成分以及塑料稳定剂等。因此，使用这类食品容器和包装材料容易对食品造成镉污染。

（3）体内代谢和毒性

镉主要通过消化道进入人体。镉在消化道吸收率为1%～12%，进入人体的镉大部分与低分子硫蛋白结合，形成金属硫蛋白，主要蓄积于肾脏，其次是肝脏。体内的镉可通过粪、尿和毛发等途径排出，半衰期为15～30年。食物中镉的存在形式以及膳食中蛋白质、维生素D和钙、锌等元素的含量均可影响镉的吸收。

镉对体内巯基酶有较强的抑制作用。镉中毒主要损害肾脏、骨骼和消化系统，尤其是损害肾近曲小管上皮细胞，使其重吸收功能产生障碍，临床上出现蛋白尿、氨基酸尿、糖尿和高钙尿，导致体内出现负钙平衡，并由于骨钙析出而发生骨质疏松和病理性骨折。此外，镉及镉化合物能干扰膳食中铁的吸收，可引起贫血。20世纪50年代发生在日本的公害病"骨痛病"（又称痛痛病），就是由于环境中的镉污染通过食物链引起人体的慢性镉中毒。此外，镉可抑制机体免疫功能，干扰免疫球蛋白的生成与正常的排列结构；还使红细胞渗透脆性增加，大量破坏红细胞而引起贫血。

（4）食品中镉的允许限量标准

《食品安全国家标准　食品中污染物限量》（GB 2762—2022）中规定，谷物及其制品中镉限量0.1mg/kg，新鲜蔬菜水果中镉限量0.05mg/kg。

3.3.2.3　铅

（1）理化特性

铅（lead，Pb）为银白色重金属，略带蓝色，质柔软。原子量207.2，密度11.34g/cm³，熔点327.5℃，沸点1620℃。其氧化态为+2或+4价。金属铅不溶于水，除乙酸铅、氯酸铅、亚硝酸铅和氯化铅外，大多数铅盐不溶于水或难溶于水。

（2）食物中铅污染来源

生产和使用铅及含铅化合物的工厂排放的"三废"可造成环境铅污染，进而造成食品的铅污染。环境中某些微生物可将无机铅转变为毒性更大的有机铅。过去汽油中常加入有机铅作为防爆剂，故汽车等交通工具排放的废气中含有一定量的铅，可造成公路干线附近农作物的铅污染。以铅合金、马口铁、陶瓷及搪瓷等材料制成的食品器具常含有较多的铅。印制食品包装的油墨和颜料等常含有铅，也可能污染食品。此外，食品加工机械、管道和聚氯乙烯塑料中的含铅稳定剂等可导致食品的铅污染。含铅农药（如砷酸铅等）的使用可造成农作物的铅污染。含铅的食品添加剂或某些劣质食品添加剂等也是造成食品铅污染的重要原因。

（3）体内代谢和毒性

非职业性接触人群体内的铅主要来自食物。进入消化道的铅5%～10%被吸收，吸收率受膳食中蛋白质、钙和植酸等因素的影响。吸收入血的铅大部分（90%以上）与红细胞结合，随后逐渐以磷酸铅盐形式沉积于骨骼。在肝、肾、脑等组织中也有一定的铅分布并产生毒性作用。体内铅的半衰期为 4 年，骨骼为 10 年，故可长期在体内（尤其骨骼）蓄积。铅主要经尿和粪排出，尿铅、血铅和发铅含量是反映体内铅负荷的常用指标。

铅对生物体内许多器官组织都具有不同程度的损害作用，尤其是对造血系统、神经系统和肾脏的损害更为明显。食品中铅污染所致的危害主要是慢性中毒，常见症状是贫血、神经衰弱、腹泻或便秘、头昏、肌肉关节疼痛等，严重者可致铅中毒性脑病。慢性铅中毒还可导致凝血过程延长，免疫系统损伤。儿童对铅较成人更敏感，当血铅水平超过 $100\mu g/L$ 时，就可能对儿童的生长发育产生不利影响。铅中毒被视为当今儿童智力发育的"第一杀手"，铅中毒的最大威胁是造成大脑不可逆的永久性损害，引起儿童生长发育迟缓和智力低下。其次铅可干扰人体钙、铁、锌等微量元素和维生素的正常代谢，使人体组织器官受损，造成人体免疫力低下和维生素、微量元素缺乏。

（4）食品中铅的允许限量标准

《食品安全国家标准　食品中污染物限量》（GB 2762—2022）中规定，谷物及其制品［麦片、面筋、粥类罐头、带馅（料）面米制品除外］中铅限量 0.2mg/kg；新鲜蔬菜（芸薹类蔬菜、叶菜蔬菜、豆类蔬菜、生姜、薯类除外）、新鲜水果（蔓越莓、醋栗除外）中限量 0.1mg/kg。

3.3.2.4　砷

（1）理化特性

砷（arsenic，As）是一种非金属元素，但由于其许多理化性质类似于金属，故常将其归为"类金属"之列。砷的原子量为 74.92，密度 $5.73g/cm^3$，熔点 81.4℃。砷化合物分为无机砷和有机砷。无机砷包括剧毒的三氧化二砷（As_2O_3，俗称砒霜）、砷酸钠、砷酸钙和强毒的砷酸铅；有机砷包括一甲基砷、二甲基砷和农业用制剂甲基砷酸锌、甲基砷酸钙。

（2）食物中砷污染来源

含砷农药的使用造成了农产品的污染，如无机砷农药砷酸铅、亚砷酸钠等毒性大，已被禁用。有机砷类杀菌剂甲基砷酸锌、甲基砷酸钙等用于防治水稻纹枯病有较好效果，但由于使用过量或使用时间距收获期太近等原因，可致农作物中砷含量明显增加。其次，工业"三废"造成的污染，尤其是含砷废水对江河湖海的污染以及灌溉农田后对土壤的污染，均可造成对水生生物和农作物的砷污染。水生生物，尤其是甲壳类和某些鱼类对砷有很强的富集能力，其体内砷含量可高出生活水体数千倍。此外，由于食品加工过程中使用的原料、化学物和添加剂以及误用等原因也可造成食品的砷污染。如生产酱油时用盐酸水解豆粕，并用碱中和，如果使用含砷量高的工业盐酸，制成的酱油砷含量较高。在生产过程中使用含砷过高的酸和碱，以及被砷污染的容器或包装材料等也可造成食品的砷污染。

（3）体内代谢和毒性

食品中砷的毒性与其存在的形式和价态有关。元素砷几乎无毒，砷的硫化物毒性也很低，而砷的氧化物和盐类毒性较大。As^{3+} 的毒性大于 As^{5+}，无机砷的毒性大于有机砷。食品和饮水中的砷经消化道吸收入血后主要与血红蛋白中的球蛋白结合后分布于全身组织，在肝、肾、脾、肺、皮肤、毛发、指甲和骨骼等器官和组织中含量较多。砷的半衰期为 80～90d，主要经粪和尿排出。砷与头发和指甲中角蛋白的巯基有很强的结合力，故测定发砷和指甲砷可反映体内砷负荷水平。As^{3+} 与巯基有较强的亲和力，尤其对含双巯基结构的酶，如胃蛋白酶、胰蛋白酶、丙酮酸氧化酶、α-酮戊二酸氧化酶、ATP 酶等有很强的抑制能力，可导致体内物质代谢的异常。同时砷也是一种毛细血管毒物，可致毛细血管通透性增高，引起多器官的广泛病变。急性砷中毒主要是胃肠炎症状，严重者可致中枢神经系统麻痹而死亡，并可出现口、眼、耳等部位出血的现象。慢性中毒主要表现为神经衰弱综合征、皮肤色素异常、皮肤过度角化等症状。研究表明，多种砷化物具有致突变性、致畸性。流行病学调查亦表明，无机砷化合物与人类皮肤癌和肺癌的发生可能密切相关。

（4）食品中砷的允许限量标准

《食品安全国家标准　食品中污染物限量》（GB 2762—2022）中规定，谷物（稻谷除外）、新鲜蔬菜、肉及肉制品中总砷限量 0.5mg/kg。

3.3.3　预防控制措施

（1）消除污染源

消除污染源是降低有毒有害金属元素对食品污染的主要措施。如控制工业"三废"排放，加强污水处理和水质检验，农田灌溉用水、渔业养殖用水要符合《农田灌溉水质标准》（GB 5084—2021）和《渔业水质标准》（GB 11607—1989）要求；禁用含汞、砷、铅的农药和劣质食品添加剂；金属和陶瓷管道、容器表面应做必要的处理；发展并推广使用无毒或低毒食品包装材料等。

（2）加强监督管理

不断完善各类食品中有毒金属的最高允许限量标准，并加强食品安全卫生监督管理，加强经常性的监督检测工作，保证有毒金属含量不得超过食品安全国家标准。妥善保管有毒金属及化合物，防止误食、误用以及意外或人为污染食品等。

3.4　N-亚硝基化合物污染及其预防

N-亚硝基化合物（N-nitroso compound）是一类对动物有较强致癌作用的化学物质，它们在生产和生活中的应用不多，但它的前体物亚硝酸盐和胺类广泛存在于环境中，可在生物体外或体内形成 N-亚硝基化合物。迄今已研究过的 300 多种亚硝基化合物中，90%以上对动物有不同程度的致癌性。

3.4.1　结构及理化特性

N-亚硝基化合物种类很多，基本结构为＝N—N＝O，根据分子结构不同可分成 N-亚硝胺和 N-亚硝酰胺两大类。

3.4.1.1　N-亚硝胺

N-亚硝胺（N-nitrosamine）的基本结构见图 3-1。

图 3-1 中 R_1、R_2 可以是烷基或环烷基，也可以是芳香环或杂环化合物。若 R_1 和 R_2 相同，称为对称性亚硝胺，如二甲基亚硝胺；而 R_1 与 R_2 不同，则称为非对称性亚硝胺，如甲基苯基亚硝胺。低分子量的亚硝胺（如二甲基亚硝胺）在常温下

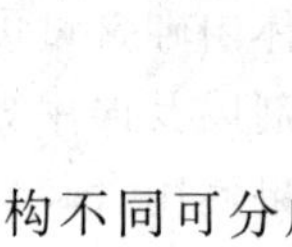

图 3-1　N-亚硝胺的基本结构

为黄色油状液体，而高分子量的亚硝胺多为固体。二甲基亚硝胺可溶于水和有机溶剂，其他亚硝胺不溶于水，只溶于有机溶剂。N-亚硝胺在中性和碱性环境中较稳定，在一般条件下不易发生水解，在特殊条件下可发生水解、加成、转硝基、氧化还原和光化学反应。

3.4.1.2　N-亚硝酰胺

N-亚硝酰胺（N-nitrosamide）的基本结构见图 3-2。

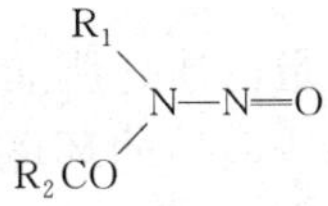

图 3-2　N-亚硝酰胺的基本结构

图 3-2 中 R_1 和 R_2 可以是烷基或芳基，R_2 也可以是 NH_2、NHR、NR_2（称为 N-亚硝基脲）或 RO 基团（即亚硝基氨基甲酸酯）。亚硝酰胺化学性质活泼，在酸性或碱性条件下均不稳定。在酸性条件下可分解为相应的酰胺和亚硝酸，在碱性条件下亚硝酰胺可迅速分解为重氮烷，在紫外线作用下也可发生分解反应。

3.4.2　污染来源

3.4.2.1　N-亚硝基化合物的前体物

自然界中存在的 N-亚硝基化合物很少，它们主要通过两类前体物合成。N-亚硝基化合物的前体物包括硝酸盐、亚硝酸盐和胺类物质，广泛存在于环境和食品中。在适宜条件下，亚硝酸盐和胺类可通过化学或生物学途径合成各种 N-亚硝基化合物。

（1）蔬菜中的硝酸盐和亚硝酸盐

土壤、肥料中的氮在微生物作用下可转化为硝酸盐。蔬菜等农作物在生长过程中，从土壤中吸收硝酸盐等营养成分，在植物体内酶的作用下硝酸盐还原为氨，并进一步与光合作用合成的有机酸生成氨基酸和蛋白质。当光合作用不充分时，植物体内可蓄积较多的硝酸盐。新鲜蔬菜中硝酸盐含量主要与作物种类、栽培条件以及环境因素有关。新鲜蔬菜中亚硝酸盐含量通常远低于其硝酸盐含量。腌制、不新鲜的蔬菜中亚硝酸盐含量明显增高。

（2）动物性食品中的硝酸盐和亚硝酸盐

硝酸盐和亚硝酸盐作为食品防腐剂和发色剂用于生产腌制鱼肉类食品，其作用机制是通过细菌将硝酸盐还原为亚硝酸盐，亚硝酸盐与肌肉中的乳酸作用生成游离的亚硝酸，亚硝酸能抑制许多腐败菌（尤其肉毒梭菌）的生长，从而可达到防腐目的。此外，亚硝酸分解产生的—NO 可与肌红蛋白结合，形成亚硝基肌红蛋白，可使腌肉、腌鱼等保持稳定的红色，从而改善此类食品的感官形状。后来人们发现只需用很少量的亚硝酸盐处理食品，就能达到较大量硝酸盐的效果，于是亚硝酸盐逐步取代硝酸盐用作防腐剂和护色剂。由于目前尚无更好的替代品，故允许限量使用。

（3）环境和食品中的胺类

有机胺类化合物是 N-亚硝基化合物的另一类前体物，广泛存在于环境和食品中。胺类化合物是蛋白质、氨基酸、磷脂等生物大分子合成的前体物，肉、鱼等动物性食品在其腌制、烘烤等加工处理过程中，尤其是在油煎、油炸等烹调过程中可产生较多的胺类化合物。此外，大量的胺类物质也是药物、农药和许多化工产品的原料。在有机胺类化合物中，以仲胺（即二级胺）合成 N-亚硝基化合物的能力为最强。鱼和某些蔬菜中的胺类和二级胺类物质含量较高，且鱼、肉及其产品中二级胺的含量随其新鲜程度、加工过程和储存条件的不同而有很大差异，晒干、烟熏、装罐等加工过程均可致二级胺含量明显增加。

3.4.2.2　食品中的 N-亚硝基化合物

肉、鱼等动物性食品中含有丰富的蛋白质、脂肪和少量的胺类物质，尤其这些食品腐败变质时，仲胺等可大量增加。在弱酸性或酸性的环境中，能与亚硝酸盐反应生成亚硝胺。蔬菜和水果中含有的硝酸盐、亚硝酸盐和胺类在长期储存和加工过程中，可生成微量的亚硝胺，其含量在 $0.01\sim6.0\mu g/kg$ 范围内。某些乳制品如奶酪、奶粉含有微量的挥发性亚硝胺，含量多在 $0.5\sim6.0\mu g/kg$ 范围内。传统的啤酒生产过程中，大麦芽在窑内加热干燥时，其所含大麦芽碱和仲胺等能与空气中的氮氧化物（NO_x）发生反应，生成微量的二甲基亚硝胺。但近年来由于生产工艺的改进，大多数酒企生产的啤酒已经很难检测出亚硝胺类化合物。

3.4.2.3　亚硝基类化合物的体内合成

除食品中所含有的 N-亚硝基化合物外，人体内也能合成一定量的 N-亚硝基化合物。机体在特殊情况下，可在胃内合成少量亚硝胺。如胃酸缺乏时，胃液 pH 升高，细菌繁殖，硝酸还原菌将硝酸盐还原为亚硝酸盐；腐败菌等杂菌将蛋白质分解为胺类，使得前体物增加，有利于胃内 N-亚硝基化合物的合成。此外，在唾液中及膀胱内（尤其是尿路感染时）也可能合成微量的亚硝胺。

3.4.3　体内代谢和毒性

已有大量研究证实，N-亚硝基化合物对多种实验动物有致癌作用。

3.4.3.1　急性毒性

各种 N-亚硝基化合物的急性毒性有较大差异，对于对称性烷基亚硝胺而言，其碳链越长，急性毒性越低。肝脏是急性中毒主要的靶器官，也可损伤骨髓与淋巴系统。

3.4.3.2　致癌作用

N-亚硝基化合物具有很强的致癌和致突变活性。亚硝酰胺类化合物为直接致癌物和致突变物，进入机体后不需要体内代谢活化就能水解直接生成重氮化合物，与 DNA 分子上的碱基形成加合物，对接触部位有直接致癌作用。而亚硝胺为间接致癌物，进入体内后，主要经肝微粒体细胞色素 P450 酶代谢活化，生成烷基偶氮羟基化合物才有致突变、致癌性。动物注射亚硝胺后通常并不在注射部位引起肿瘤，而是经体内代谢活化后对肝脏等器官有致癌作用。

流行病学调查显示，某些地区癌症的发生可能与食物中 N-亚硝基化合物或其前体物有关。哥伦比亚胃癌高发区井水中亚硝酸盐含量高达 $300mg/L$。18 世纪美国习惯用硝酸盐、亚硝酸盐处理鱼肉，1925～1981 年用亚硝酸盐类物质处理的食品量下降了 75%，此期间胃癌死亡率下降了 2/3。日本胃癌发病率较高，主要原因是当地人喜欢食用腌肉、熏鱼等，而这些加工肉制品中含有大量亚硝酸盐，极易形成亚硝胺，在胃中直接诱发肿瘤。近年来，日本人减少了腌、熏鱼肉的食用量。

3.4.3.3 致畸作用

对动物有一定的致畸性，如甲基（或乙基）亚硝基脲可诱发胎鼠的脑、眼、肋骨和脊柱等畸形，并存在剂量-效应关系，而亚硝胺的致畸作用相对较弱。

3.4.3.4 致突变作用

亚硝酰胺也是直接致突变物，能引起细菌、真菌、果蝇和哺乳类动物细胞发生突变。目前虽然还缺乏 N-亚硝基化合物对人类直接致癌的资料，但许多国家和地区的流行病学调查显示，某些地区癌症的发生可能与 N-亚硝基化合物或其前体物摄入有关。

3.4.4 预防控制措施

（1）防止食物霉变或被微生物污染

由于某些细菌或真菌等微生物可还原硝酸盐为亚硝酸盐，而且许多微生物可分解蛋白质生成胺类化合物，或有酶促亚硝基化作用。因此，防止食品霉变或被细菌污染对降低食物中亚硝基化合物含量至关重要。

（2）控制食品加工中硝酸盐或亚硝酸盐用量

可减少亚硝基化前体物的量，从而减少亚硝胺的合成；在加工工艺可行条件下，尽可能使用亚硝酸盐的替代品。

（3）施用钼肥

农业用肥及用水与蔬菜中亚硝酸盐和硝酸盐含量密切相关。钼是硝酸还原酶的必要组分，植物体内的硝酸盐在硝酸还原酶作用下，通过代谢途径转化为氨，最后被用于合成蛋白质。植物缺钼时，植株内硝酸盐积累，使用钼肥有利于降低蔬菜中硝酸盐和亚硝酸盐含量。

（4）增加维生素 C 等亚硝基化阻断剂的摄入量

维生素 C、维生素 E、黄酮类物质有较强的阻断亚硝基化反应的作用，故对防止亚硝基化合物的危害有一定作用。茶叶和茶多酚、猕猴桃、沙棘果汁等对亚硝胺的生成也有较强阻断作用。大蒜和大蒜素可抑制胃内硝酸盐还原菌的活性，使胃内亚硝酸盐含量明显降低。

（5）制定标准并加强监测

《食品安全全国家标准 食品中污染物限量》（GB 2762—2022）中以 N-二甲基亚硝胺为检测指标，要求其在肉制品（肉类罐头除外）中限量 $3.0\mu g/kg$，水产制品（水产品罐头除外）限量 $4.0\mu g/kg$。

3.5 多环芳烃化合物污染及预防

多环芳烃化合物（polycyclic aromatic hydrocarbon，PAH）是煤、石油、木材、烟草、

高分子有机化合物等不完全燃烧时产生的挥发性碳氢化合物，这类物质具有较强的致癌性，是重要的食品和环境污染物。早在 1775 年，英国医生波特就确认烟囱清洁工阴囊癌的高发病率与他们频繁接触烟灰（煤焦油）有关。然而直到 1932 年，最重要的多环芳烃——苯并芘{benzo pyrene, B[a]P}才从煤矿焦油和矿物油中被分离出来，并在实验动物中发现有高度致癌性。目前已鉴定出数百种多环芳烃，其中苯并[a]芘是发现较早、存在广泛、致癌性强、研究较深入的一种。1976 年，国际癌症研究机构曾经列举 94 种对实验动物致癌的化合物，其中 15 种属于多环芳烃类，其中苯并芘分布广泛，致癌性最强。由于 PAH 种类繁多、分析检测复杂，因此常以检测 B[a]P 作为食品受 PAH 污染的指标，故在此以其为代表重点阐述。

3.5.1　结构及理化特性

PAH 是一类由两个或三个以上苯环以线状、角状或簇状排列的一类化合物。包括萘、芘、苯并蒽、B[a]P 等在内的 100 多种物质。可分为：①芳香稠环形，两个碳原子为两个苯环所共有，如萘、蒽等；②芳香非稠环形，苯环与苯环之间各由一个碳原子相连，如联苯、联三苯。B[a]P 是由 5 个苯环构成的多环芳烃，分子式 $C_{20}H_{12}$，分子量 252。在常温下为浅黄色的针状结晶，沸点 310～312℃，熔点 178℃，在水中溶解度仅为 0.5～6μg/L，稍溶于甲醇和乙醇，易溶于脂肪、丙酮、苯、甲苯、二甲苯及环己烷等有机溶剂。B[a]P 性质较稳定，在阳光和荧光下可发生光氧化反应，臭氧也可使其氧化，与 NO 或 NO_2 作用则可发生硝基化反应。

3.5.2　污染来源

食品中 B[a]P 主要来源包括：①食品成分在高温烹调加工时发生热分解或热聚合反应所形成，这是食品中多环芳烃的主要来源。食品中脂质一直被认为是影响 B[a]P 生成的重要因素，高脂肪含量可以促进食品中 B[a]P 的生成；②食品在用煤、炭和植物燃料烘烤或熏制时直接受到污染，尤其熏制时木材的类型、氧气的供应、燃烧温度、与热源的距离、烟熏时间等都会影响烟熏食品中 B[a]P 的含量；③植物性食品吸收土壤、水和大气中污染的多环芳烃；④食品加工中受机油和食品包装材料等的污染，以及在柏油路上晒粮食使粮食受到污染；⑤污染的水可使水产品受到污染。

由于食品种类、生产加工、烹调方法的差异以及距离污染源的远近等因素的不同，食品中 B[a]P 的含量相差很大。其中含量较高者主要是烘烤和熏制食品。烤肉、烤香肠中 B[a]P 含量一般为 0.68～0.7μg/kg，炭火烤的肉可达 2.6～11.2μg/kg。一项在新疆进行的调查表明，烤羊肉时滴落油着火燃烧时，其烤肉中 B[a]P 含量为 100μg/kg。冰岛家庭自制熏肉中 B[a]P 含量为 23μg/kg，如将熏肉挂于厨房，则可高达 107μg/kg。俄罗斯科学家的研究表明，在城市及大型工厂附近生长的谷物、水果和蔬菜中的 B[a]P 含量明显高于农村和偏远山区的谷物、水果和蔬菜，用这一地区的谷物制成的植物油和用这一地区谷物喂养的食用动物的肉及奶制品中都有明显较高的 B[a]P 含量。

3.5.3　体内代谢和毒性

通过食物或水进入机体的 PAH 在肠道被吸收入血后很快全身分布，乳腺及脂肪组织中可大量蓄积。动物实验发现 PAH 可通过胎盘进入胎儿体内，产生毒性和致癌作用。PAH 经过肝脏代谢后，代谢产物与谷胱甘肽、硫酸盐、葡萄糖醛酸结合后，经尿和粪便排出。胆汁中排出的结合物可被肠道中酶水解而重吸收。

PAH 急性毒性为中等或低毒性，有的 PAH 对血液系统有毒性。B[a]P 对小鼠和大鼠有胚胎毒、致畸和生殖毒性，B[a]P 在小鼠和兔中能通过血-胎屏障发挥致癌作用。PAH 的致癌性在动物实验中已经得到广泛证实，其中 26 个 PAH 具有致癌性或可疑致癌性。B[a]P 对多种动物（豚鼠、兔、鸭及猴）有肯定的致癌性，涉及的部位包括皮肤、肺、胃、乳腺等。B[a]P 属于前致癌物，在体内主要通过动物混合功能氧化酶系中的芳烃羟化酶的作用，代谢活化为多环芳烃环氧化物。此类环氧化物能与 DNA、RNA 和蛋白质等生物大分子结合而诱发肿瘤。环氧化物进一步代谢可形成带羟基的化合物，然后与葡萄糖醛酸、硫酸或谷胱甘肽结合，从尿中排出。此外，B[a]P 是间接致突变物，在体外致突变试验中需要加入大鼠肝微粒体酶 S9 混合液代谢活化。

人群流行病学研究表明，食品中 B[a]P 含量与胃癌等多种肿瘤的发生有一定关系。如在匈牙利西部一个胃癌高发地区的调查表明，该地区居民经常食用家庭自制的含 B[a]P 较多的熏肉是胃癌发生的主要危险性因素之一。冰岛胃癌高发，据调查因为当地居民喜欢食用自制的熏肉食品，导致摄入较高量 B[a]P。拉脱维亚某沿海地区胃癌高发，经调查被认为与当地居民喜欢吃 B[a]P 含量较高的熏鱼有关。

3.5.4 预防控制措施

（1）防止污染、改进食品烹调加工方法

通过加强环境治理，减少环境 B[a]P 的污染从而减少其对食品的污染；熏制、烘烤食品及烘干粮食等加工应改进燃烧过程，避免使食品直接接触炭火，使用熏烟洗净器或冷熏液，不在柏油路上晾晒粮食和油料种子，以防沥青污染；食品生产加工过程中要防止润滑油污染食品，或改用食用油作润滑剂；向食品中添加具有抗氧化活性的香辛料和添加剂，可抑制 B[a]P 的生成。

（2）去毒

用吸附法可去除食品中的部分 B[a]P，如用活性炭可从油脂中吸附去除 B[a]P。此外，用日光或紫外线照射食品也能降低其 B[a]P 含量。

（3）制定食品中允许含量标准

《食品安全国家标准 食品中污染物限量》（GB 2762—2022）中以 B[a]P 为检测指标，其在谷物及其制品中的限量为 2.0μg/kg，在肉及肉制品、水产动物及其制品的限量为 5.0μg/kg，乳及乳制品、油脂及其制品的限量为 10.0μg/kg。

3.6 杂环胺类化合物污染及预防

杂环胺类化合物（heterocyclic aromatic amines，HAAs）是在高温及长时间烹调加工畜禽肉、鱼肉等蛋白质含量丰富的食品过程中产生的一类具有致突变、致癌作用的物质。20 世纪 70 年代末，日本学者首先发现直接以明火或炭火烧制的鱼在 Ames 试验中具有强烈致突变性；其后在烧焦的肉中也检出强烈的致突变性物质。由此，人们对蛋白质、氨基酸的热解产物产生了浓厚的研究兴趣。关于烹饪产生致癌物的研究越来越多，先后发现了 20 多种致癌、致突变性的杂环胺。动物实验表明，杂环胺具有较强致突变性，并能促使啮齿动物以及灵长类动物肝脏、乳腺、结肠等多种靶器官产生肿瘤。

3.6.1　结构及理化特性

杂环胺类化合物包括氨基咪唑氮杂芳烃（amino imidazoaza arenes，AIAs）和氨基咔啉（amino carbolines）两类。其中，AIAs 是在 $100 \sim 300 ℃$ 时，前体物质氨基酸、肌酸、葡萄糖等发生脱水、环化缩合反应生成。AIAs 包括喹啉类（IQ）、喹喔啉类（IQx）和吡啶类（IP）。AIAs 咪唑环的 α-氨基在体内可转化为 N-羟基化合物而具有致癌和致突变活性。AIAs 亦称为 IQ 型杂环胺，其胍基上的氨基不易被亚硝酸钠处理而脱去。氨基咔啉类主要是在温度超过 $300 ℃$ 时，氨基酸直接形成咔啉类物质，包括 α-咔啉、γ-咔啉和 δ-咔啉，其吡啶环上的氨基易被亚硝酸钠脱去而丧失活性。

3.6.2　污染来源

食品中的杂环胺类化合物主要产生于高温烹调加工过程，尤其是蛋白质含量丰富的鱼、肉类食品在高温烹调过程中更易产生。影响食品中杂环胺形成的因素主要是烹调方式和食物成分。

3.6.2.1　烹调方式

杂环胺的前体物具有水溶性，加热反应主要产生 AIAs 类杂环胺。温度是杂环胺形成的重要影响因素。当温度从 $200 ℃$ 升至 $300 ℃$ 时，杂环胺的生成量可增加 5 倍。烹调时间也有一定影响，在 $200 ℃$ 油炸温度时，杂环胺主要在前 5min 形成。而食品中的水分是杂环胺形成的抑制因素。因此，加热温度愈高、时间愈长、水分含量愈少，产生的杂环胺愈多。故烧、烤、煎、炸等直接与火接触或与灼热的金属表面接触的烹调方法，产生杂环胺的数量远大于炖、焖、煨、煮及微波炉烹调等温度较低、水分较多的烹调方法。通常温度在 $100 ℃$ 左右的烹调方式如水中的蒸、煮等，杂环胺的生成较少。

3.6.2.2　食物成分

在烹调温度、时间和水分相同的情况下，营养成分不同的食物产生杂环胺种类和数量有很大差异。通常蛋白质含量较高的食物产生杂环胺较多，而蛋白质的氨基酸构成则直接影响所产生杂环胺的种类。肌酸或肌酐是杂环胺中 α-氨基-3-甲基咪唑部分的主要来源，故含有肌肉组织的食品可大量产生 AIAs 类杂环胺。美拉德反应与杂环胺的产生有很大关系，该反应可产生大量杂环物质，其中一些可进一步反应生成杂环胺。

3.6.3　体内代谢和毒性

杂环胺经口摄入后，很快被吸收；通过血液分布于体内的大部分组织。肝脏是杂环胺重要的代谢器官，肠、肺、肾等组织也有一定的代谢能力；杂环胺需经过代谢活化才具有致突变性。在细胞色素 P450 酶的作用下进行 N-氧化，生成活性较强的中间代谢产物 N-羟基衍生物，再经 O-乙酰转移酶、磺基转移酶和氨酰 tRNA 合成酶或磷酸激酶酯化，形成具有高度亲电子活性的最终代谢产物。其代谢解毒主要是经过环的氧化以及与葡萄糖醛酸、硫酸或谷胱甘肽的结合反应。在加入大鼠肝微粒体酶 S9 混合液的 Ames 试验中，杂环胺对鼠伤寒沙门菌 TA98 菌株有很强的致突变性。杂环胺经 S9 菌株活化后诱导哺乳类细胞的 DNA 损伤、染色体畸变、姐妹染色单体交换、DNA 断裂及修复异常等遗传学损伤。杂环胺对啮齿动物有不同程度的致癌性，其主要靶器官为肝脏，其次是血管、肠道、前胃、乳腺、淋巴组织、皮肤和口腔等。

3.6.4　预防控制措施

（1）改变不良烹调方式和饮食习惯

杂环胺的生成与高温烹调加工有关。制作煎炸食品时，应将温度控制在 150℃，且连续煎炸的时间不宜过长。煎炸鱼、肉时要采取间断煎炸的方法，不要连续高温煎炸，低温短时间煎炸是减少食品中杂环胺形成的有效方法。此外，应注意避免烹调温度过高，不要烧焦食品，并应避免过量食用烧烤煎炸的食品。

（2）增加新鲜蔬菜水果的摄入量

蔬菜、水果中的某些成分有抑制杂环胺致突变性和致癌性的作用，如酚类、黄酮类物质。膳食纤维有吸附杂环胺并降低其活性的作用。因此，增加新鲜蔬菜水果的摄入量对防止杂环胺危害有积极作用。

（3）加强监测，为制定食品中允许含量标准提供依据

按照《食品安全国家标准　高温烹调食品中杂环胺类物质的测定》（GB 5009.243—2016）方法，加强食物中杂环胺含量的监测，深入研究杂环胺的生成及其影响条件、体内代谢、毒性作用及其阈剂量等，为制定食品中杂环胺的允许限量标准提供依据。

3.7　二噁英和二噁英类似物污染及预防

二噁英（dioxins）是一类重要的环境污染物，此类化合物既非人为生产，又无任何用途，对环境和人类健康构成了严重威胁，已成为全球普遍关注的环境和公共卫生问题。

3.7.1　结构和理化特性

二噁英是氯代含氧三环芳烃类化合物的总称，由 210 种氯代含氧三环芳烃类化合物组成，包括 75 种氯代二苯并对二噁英（PCDDs）、135 种多氯代二苯并呋喃（PCDFs），缩写为 PCDD/Fs。而多氯联苯（PCBs）、氯代二苯醚等的理化性质和毒性与二噁英相似，亦称为二噁英类似物。其中毒性最大的是 2,3,7,8-四氯二苯并对二噁英（2,3,7,8-TCDD），其急性毒性为氰化钾的 130 倍，砒霜的 900 倍。

PCDD/Fs 为无色针状晶体，水溶性差，易溶于有机溶剂和脂肪，故可蓄积于体内的脂肪组织，并可经食物链发生富集；在强酸、强碱及氧化剂中仍能稳定存在，对热很稳定，在温度超过 800℃时才开始降解，在 1000℃以上才大量破坏；其半衰期约为 9 年，可长期存在于环境中；PCDD/Fs 的蒸气压极低，除了气溶胶颗粒吸附外，在大气中分布极少，因而在地面可以持续存在。

3.7.2　污染来源

植物性食品中的二噁英主要是植物在生长过程中从环境中获得的，如土壤水分中含有二噁英、空气中残留二噁英造成植物体的表面污染。由于二噁英是脂溶性物质，所以在油脂含量较高的油料作物中二噁英残留量通常较高。动物性食品中二噁英的残留主要来源于家畜进食的饲料以及饮水，通过生物富集作用在体内脂肪组织中蓄积。已有检测数据表明，鱼类中二噁英含量最高，蛋类、肉类和乳类次之，动物性食品中二噁英污染水平远高于植物性食品。主要来源有以下三个方面。

① 作为副产物产生于许多含氯的工业处理过程中　在制造包括农药在内的化学物质，尤其是氯系化学物质，如杀虫剂、除草剂、木材防腐剂、落叶剂、多氯联苯等产品的过程中派生；含氯、含碳物质纸张、木制品、食物残渣等经过铜、钴等金属离子的催化作用也可生成二噁英。

② 来自垃圾的不完全燃烧　在对氯乙烯等含氯塑料的垃圾焚烧过程中，焚烧温度低于800℃，含氯垃圾不完全燃烧，极易生成二噁英。1977年，在荷兰的城市垃圾焚烧炉烟道排气及飞灰中首次发现了这种化学物。尤其在许多发展中国家，生物医疗废物的焚烧处理向环境排放了大量的二噁英。

③ 设备事故　在食品加工过程中，加工介质（如溶剂油、传热介质等）的异常泄漏也可造成加工食品中二噁英的污染。如比利时的鸡饲料受到PCDD/Fs污染事件、日本和中国台湾的米糠油受到PCBs污染事件等。

3.7.3　体内代谢和毒性

PCDD/Fs和PCBs在消化道的吸收率很高，主要分布在肝脏和脂肪组织。PCDD/Fs主要在肝脏进行羟化和脱氯，并与葡萄糖醛酸结合，通过胆汁进入肠道。富含纤维素和叶绿素的食物可促使PCDD/Fs以原型的形式经粪便排出。PCDD/Fs也可通过胎盘和乳汁进入胎儿和婴儿体内。PCBs主要借助细胞色素P450被羟化，其代谢速率还取决于所含氯原子的数量和位置。

PCDD/Fs大多具有较强的急性毒性，其中2,3,7,8-TCDD是所有已知化合物中毒性最强的二噁英单体，其对豚鼠的经口LD_{50}仅为$1\mu g/kg$，其他二噁英类化合物的毒性都以TCDD的毒性当量因子（TEF）来表示，其急性中毒主要表现为体重极度减少，并伴有肌肉和脂肪组织急剧减少，其机制可能是通过影响下丘脑和脑垂体而使进食量减少。PCDD/Fs进入人体后，可使男子精子数量减少、睾丸癌和前列腺癌患病率增加、女性子宫内膜瘤患病率增加、引发特异反应性皮炎、破坏甲状腺功能与免疫系统、导致智力低下，严重影响人体健康。PCDD/Fs不仅可以通过皮肤、呼吸道、消化道等途径进入人体，还可以通过母乳传递给下一代，对胚胎和婴儿造成不良影响，如发育受阻、认知能力受损、甲状腺功能紊乱等，其中通过食品特别是含脂量高的食品经消化道进入人体的量占90%以上。PCDD/Fs危害的另一个特点是如果它在食品中有残留，即使人当时食用后无任何反应，也会在人体内形成长期性和隐匿性的潜伏，在表现出明显的症状之前有一个漫长的潜伏过程，它影响的可能是人类的子孙后代。美国国家环境保护局发现，PCDD/Fs具有致癌毒性、生殖毒性、神经毒性、内分泌毒性和免疫毒性效应，被国际社会公认为环境内分泌干扰物。国际癌症研究机构在1997年已将TCDD确定为1类致癌物。如果人体短时间暴露于较高浓度的PCDD/Fs中，就有可能会导致皮肤的损伤，如出现氯痤疮及皮肤黑斑，还出现肝功能的改变。如果长期暴露则会对免疫系统、发育中的神经系统、内分泌系统和生殖功能造成损害。

3.7.4　预防控制措施

（1）控制环境 PCDD/Fs 的污染

控制环境 PCDD/Fs 的污染是预防 PCDD/Fs 污染食品及对人体危害的根本措施。包括减少含 PCDD/Fs 的农药和其他化合物的使用；严格控制有关的农药和工业化合物中杂质（尤其是各种 PCDD/Fs）的含量，控制垃圾燃烧和汽车尾气排放物对环境的污染等；对受污染的土壤、水体采用微生物降解法等进行有效治理。

（2）建立实用、灵敏度高的检测方法

PCDD/Fs 的种类众多，且属于超痕量污染物，定量分析十分困难。应尽快完善 PCDD/Fs 的检测方法，制定食品中的允许限量标准。我国《食品安全国家标准　食品中污染物限量》（GB 2762—2022）中规定了水产动物及其制品中多氯联苯限量 20μg/kg、水产动物油脂 200μg/kg，而对食品中 PCDD/Fs 还没有制定限量。

（3）采取综合预防措施

包括制定相应的法规和标准，如环境 PCDD/Fs 排放标准；对生产 PCDD/Fs 的企业实行登记制度；对 PCDD/Fs 污染源进行追踪调查，掌握来源和迁移途径；建立有效的 PCDD/Fs 健康和生态风险评价方法、环境质量控制系统以及食品污染预警和快速反应系统；广泛开展宣传教育，提高公众对 PCDD/Fs 危害的认识。

3.8　氯丙醇污染及预防

20 世纪 70 年代末，捷克斯洛伐克科学家 Velisek 首先在酸水解植物蛋白（hydrolyzed vegetable protein，HVP）中发现了氯丙醇（chloropropanols），该类物质被认为是食品加工过程的污染物，之后得到世界各国学者的广泛关注和研究。1993 年，WHO 对氯丙醇类物质的毒性提出警告；1995 年，欧共体委员会食品科学分会对氯丙醇类物质的毒性做出评价，认为它是一种致癌物，其最低阈值应为不得检出为宜。

3.8.1　结构及理化特性

氯丙醇是由丙三醇（甘油）上的羟基被 1～2 个氯取代而形成的一系列同系物的总称。它包括单氯取代的 3-氯-1,2-丙二醇（3-MCPD）、2-氯-1,3-丙二醇（2-MCPD），双氯取代的 1,3-二氯-2-丙醇（1,3-DCP）、2,3-二氯-1-丙醇（2,3-DCP），其中毒性最大、含量高的是 3-MCPD。进一步研究表明，在大多数油脂食品中，尤其是精炼植物油及其相关食品中，氯丙醇仅有少量是以游离形式存在，大部分是以氯丙醇酯的形式存在，包括氯丙醇脂肪酸单甘油酯（单氯丙醇酯）和脂肪酸二甘油酯（双氯丙醇酯），它们可转化为 3-MCPD。

氯丙醇的相对密度大于水，沸点高于 100℃。主要同系物 3-MCPD 分子量为 110.54，其沸点为 213℃，密度为 1.322g/mL，在常温下为无色液体，溶于水、丙酮、乙醇、乙醚；1,3-DCP 的分子量为 128.98，沸点 174.3℃，密度 1.363g/mL，也为无色液体，溶于水、乙醇、乙醚。食物中的 3-MCPD 酯可在高温下，或在脂肪酶的水解作用下分解形成 3-

MCPD。

3.8.2 污染来源

氯丙醇主要来自盐酸水解法生产的 HVP 液中，而 HVP 具有鲜度高、成本低的特点，在食品领域应用广泛。工业中采取浓盐酸水解蛋白的方法来生产 HVP，当分解条件恰当，蛋白质可以全部水解为游离氨基酸，其他反应不会发生。但事实上，由于原料中除了蛋白质以外，还有脂质的存在（主要是甘油三酯与甘油磷脂），加工过程中为了确保高效的氨基酸转化，投入大量过剩或高浓度的盐酸，结果引起除蛋白质肽键以外的键也发生了分解，脂肪酸断裂，在生成甘油和游离脂肪酸的同时，甘油的第三位可能被氯离子取代而生成一系列氯丙醇类化合物。所以传统酸水解蛋白质的氯丙醇的形成因素包括：蛋白原料的残留脂肪、高浓度的氯离子、大量过剩的酸、高回流温度以及较长的反应时间。在实际生产中，大量产生的是 3-MCPD，少量产生的是 1,3-DCP 和 2,3-DCP 及 2-MCPD。

此外，用环氧氯丙烷（ECH）作交联剂强化树脂生产的食品包装材料（如茶袋、咖啡滤纸和纤维肠衣等）也是食品中 3-MCPD 来源之一。此外，某些发酵香肠如腊肠中也被发现含有 3-MCPD，其来源目前认为可能是脂肪水解后与食盐反应的产物或肠衣中使用强化树脂的 ECH 溶出。在烘焙等热加工过程中，脂肪高温下释放出游离甘油与氯化钠反应也可生成 3-MCPD。由此，烘焙咖啡中含有 3-MCPD 也与其自身含有的脂质和食盐中的氯离子有关。目前，还有在焦糖色素中检出 3-MCPD 的报道。这可能是焦糖色素生产厂家为了节约成本，采用氨水、碱和铵盐等为催化剂，用红薯淀粉等为原料，加压酸解并经过高温反应制得焦糖色素，这样的工艺与 HVP 的生产工艺有类似之处，故导致 3-MCPD 超标。国外研究表明，很多精炼油脂及含有精炼油脂的婴幼儿配方食品中含有很高的 3-MCPD 酯，其原因是油脂在精炼过程中加入了氯化钠，在高温下就会形成 3-MCPD 酯。

3.8.3 体内代谢和毒性

通过模拟人体肠道对 3-MCPD 酯消化过程的研究表明，在脂肪酶作用下，3-MCPD 单酯生成 3-MCPD 较快，1min 内 3-MCPD 的产率达到 95%。3-MCPD 双酯释放出 3-MCPD 的速度较慢，反应进行到 90min 时 3-MCPD 的产率达到 95%。3-MCPD 被吸收后，广泛分布于各组织和器官，并可通过血睾屏障和血脑屏障。3-MCPD 能与谷胱甘肽结合形成硫醚氨酸而部分解毒，但主要被氧化为 β-氯乳酸，并进一步分解成 CO_2 和草酸，还可形成具有致突变和致癌作用的环氧化合物。尿中 β-氯乳酸可作为 3-MCPD 暴露的生物标志物。

急性毒性实验表明，大鼠经口摄入 3-MCPD 的 LD_{50} 为 150mg/kg，属中等毒性，主要靶器官是肾脏、肝脏。大鼠、小鼠的亚急性和慢性毒性实验表明，3-MCPD 损伤的主要靶器官是肾脏；1,3-DCP 损伤的主要靶器官是肝脏、肾脏。生殖毒性实验表明，3-MCPD 可使实验动物精子数量减少、活性降低，使睾丸和附睾质量减轻。神经毒性实验表明，3-MCPD 可使实验动物脑干对称性损伤。遗传毒性实验表明，1,3-DCP 可损伤 DNA，有致突变作用和遗传毒性。此外，研究发现，高剂量 3-MCPD 与一些器官良性肿瘤的发生率增高有关，属于非遗传毒性致癌物。1,3-DCP 有致癌作用，靶组织为肝脏、肾脏、口腔上皮、舌及甲状腺等。目前对 3-MCPD 酯的毒理学性质了解较少，由于它们是 3-MCPD 的前体物，因此推测其是通过 3-MCPD 发挥作用。对氯丙醇酯的污染和暴露水平的研究多集中在婴儿配方奶粉以及各类油炸和烘焙食品上。

3.8.4　预防控制措施

（1）改进生产工艺

生产 HVP 调味液时，当原料中脂肪含量高、盐酸用量大、回流温度高、反应时间长时，产生的氯丙醇量更多。针对上述因素合理调整生产工艺可使氯丙醇含量下降。在生产焦糖色素时，也需要技术创新来改进原有工艺。

（2）按标准生产

企业要严格按照 GMP 和产品标准生产含 HVP 产品，不得使用动物蛋白氨基酸、味精废液、胱氨酸废液、非食品原料生产的氨基酸液作为原料。

（3）加强监测

加强对 HVP 调味液和添加 HVP 的产品进行监测，我国《食品安全国家标准　食品中污染物限量》（GB 2762—2022）中调味品（固态调味品除外）和固态调味品中 3-MCPD 的限量分别为 0.4mg/kg 和 1.0mg/kg。对于 3-MCPD 酯，更需开展食品污染水平和人体暴露水平的研究。

3.9　丙烯酰胺污染及预防

2002 年 4 月瑞典国家食品管理局和斯德哥尔摩大学研究人员率先报道，在一些油炸和焙烤的富含淀粉类食品（如炸薯条、炸土豆片等）中检出丙烯酰胺（acrylamide，AA），而且含量超过饮水中允许最大限量的 500 多倍，之后英国、瑞士和美国等国家也相继报道了类似结果。2005 年 2 月，联合国粮农组织和世界卫生组织联合食品添加剂专家委员会第 64 次会议根据近两年来新资料，对食品中丙烯酰胺进行系统危险性评估，认为食物是人体丙烯酰胺的主要来源。此后，食品中丙烯酰胺含量的监管及控制问题，日益引起广泛关注。

3.9.1　结构及理化特性

丙烯酰胺是一种不饱和酰胺，分子式为 C_3H_5NO，常温下为白色无味的片状结晶，分子量为 70.08，熔点 84.5℃，沸点 125℃，密度 1.13g/cm³，易溶于水、乙醇、乙醚及三氯甲烷；在室温和弱酸性条件下稳定，受热分解为 CO、CO_2、NO_x。1950 年以来，丙烯酰胺广泛用作生产化工产品聚丙烯酰胺的前体物质，聚丙烯酰胺主要用于水净化处理、纸浆加工及管道内涂层等。丙烯酰胺在食物中较稳定。

3.9.2　污染来源

目前普遍认为，丙烯酰胺主要由天门冬氨酸和还原糖在高温下发生美拉德反应生成。食品种类（原料中天门冬氨酸和还原糖含量）、加工方法、温度、时间以及水分均影响食品中丙烯酰胺的形成。高温加工（尤其油炸）薯类和谷类等淀粉含量较高的食品，丙烯酰胺含量较高，并随油炸时间延长而升高。淀粉类食品加热到 120℃以上，丙烯酰胺开始生成，适宜温度 140~180℃；加工温度较低，如用水煮时，丙烯酰胺生成较少。此外，也有学者认为丙烯酰胺可以通过丙烯醛生成。在丙烯醛途径中,脂肪降解产生甘油并进一步脱水形成丙烯醛和丙烯酸,丙烯酸与天冬酰胺可能在高温条件下与其他氨基酸降解产生的氨反应生成丙烯酰胺。

3.9.3　体内代谢和毒性

人体可通过消化道、呼吸道、皮肤黏膜等多种途径接触丙烯酰胺,其中经消化道吸收最快,吸收以后在体内各组织广泛分布。人体内的丙烯酰胺约 90% 被代谢,仅少量以原型的形式经尿排出。环氧丙酰胺是主要的代谢产物,其与 DNA 上的鸟嘌呤结合形成加合物,导致遗传物质的损伤和基因突变。丙烯酰胺可与神经和睾丸组织中的蛋白发生加成反应,这可能是其对这些组织产生毒性作用的基础。丙烯酰胺和环氧丙酰胺还能与血红蛋白形成加合物,可作为人群丙烯酰胺暴露的生物标志物。体内丙烯酰胺主要与谷胱甘肽结合,并与转化产物 N-甲基丙烯酰胺和 N-异丙基丙烯酰胺一起从尿液排出。丙烯酰胺还可通过血胎屏障和乳汁进入胎儿和婴儿体内。

从大鼠、小鼠的急性毒性实验结果来看,丙烯酰胺属于中等毒性物质。神经毒性实验表明,丙烯酰胺引起实验动物周围神经退行性变化,脑中涉及学习、记忆和其他认知功能的部位也出现退行性变化。生殖毒性实验表明,丙烯酰胺可使实验动物精子数量减少、活力下降、形态改变。体内和体外遗传毒性实验均显示,丙烯酰胺具有致突变性。动物实验还证实,丙烯酰胺可使大鼠的乳腺、甲状腺、肾上腺等组织发生肿瘤。有限的人群流行病学证据表明,通过食物摄入丙烯酰胺与人类某种肿瘤发生有明显相关性。因此,国际癌症研究机构将其列为 2A 类致癌物(即对人很可能致癌)。

3.9.4　预防控制措施

(1)注意烹调加工方法和改善不良饮食习惯

在煎、炸、烘、烤食品时,尽可能避免长时间或高温烹饪淀粉类食品。提倡采用蒸、煮等烹调加工方法,提倡合理营养,平衡膳食,改变油炸和高脂肪食品为主的饮食习惯,多摄入富含纤维素的食物,可减少因丙烯酰胺导致的健康危害。

(2)探索降低加工食品中丙烯酰胺含量的方法和途径

改变食品的配方、加工工艺和条件,如加入柠檬酸、苯甲酸、维生素 C 等可抑制丙烯酰胺生成;加入含硫氨基酸可促进丙烯酰胺降解;加入植酸、氯化钙,降低食品 pH 等,都可降低食品中丙烯酰胺含量。

(3)建立标准,加强监测

加强食品中丙烯酰胺的检测,将其列入食品安全风险监测计划,进行人群暴露水平评估,为制定食品中丙烯酰胺限量提供依据。WHO 规定成年人每日丙烯酰胺摄入不超过 $1\mu g$。

3.10　食品接触材料和制品污染及预防

食品接触材料和制品(food contact materials and articles)是食品安全问题的潜在隐患,一直受到食品安全监管部门和研究者的关注。食品接触材料和制品应当具有耐冷冻、耐高温、耐油脂、防渗漏、抗酸、抗碱、防潮等特性。通过食品接触材料和制品对食品进行包装使其具有保护性，可以隔、防、阻断外界物质对食品的物理性污染，防止食品被氧化、变色、老化、腐蚀以及防止微生物的生长，甚至具有防盗和防伪的作用。食品接触材料及制品在食品的生产加工、输送、包装和盛放过程中与食品接触，其中所含的有毒化学物质可能会向食品迁移，存在对食品造成污染的风险。常见的食品接触材料及制品包括塑料、橡胶、涂料等。

3.10.1 概述

3.10.1.1 基本概念

食品接触材料及制品是指在正常使用条件下，各种已经与食品或食品添加剂接触，或其成分可能转移到食品中的材料和制品，包括食品生产、加工、包装、运输、贮存、销售和使用过程中用于食品的包装材料、容器、工具和设备，及可能直接或间接接触食品的油墨、黏合剂、润滑油等，不包括洗涤剂、消毒剂和公共输水设施。总迁移限量是指从食品接触材料及制品中迁移到与之接触的食品模拟物中的所有非挥发性物质的最大允许量，以每千克食品模拟物中非挥发性迁移物的质量（mg/kg），或每平方分米接触面积迁出的非挥发性迁移物的质量（mg/dm^2）表示。对婴幼儿专用食品接触材料及制品，以 mg/kg 表示。最大使用量是指在生产食品接触材料及制品时所加入的某种或某类物质的最大允许量，以质量分数（%）表示。

3.10.1.2 食品接触材料及制品的基本卫生要求

食品接触材料及制品的基本卫生要求包括：①食品接触材料及制品在推荐的使用条件下与食品接触时，迁移到食品中的物质水平不应危害人体健康。②食品接触材料及制品在推荐的使用条件下与食品接触时，迁移到食品中的物质不应造成食品成分、结构或色香味等性质的改变，不应对食品产生技术功能（有特殊规定的除外）。③食品接触材料及制品中使用的物质在可达到预期效果的前提下应尽可能降低在食品接触材料及制品中的用量。④食品接触材料及制品中使用的物质应符合相应的质量规格要求。⑤食品接触材料及制品生产企业应对产品中的非有意添加物质进行控制，使其迁移到食品中的量不应危害人体健康和不应造成食品成分、结构或色香味等性质的改变，不应对食品产生技术功能。⑥对于不和食品直接接触且与食品之间有有效阻隔层阻隔的、未列入相应食品安全国家标准的物质、食品接触材料及制品，生产企业应对其进行安全性评估和控制，使其迁移到食品中的量不超过 0.01mg/kg。致癌、致畸、致突变物质及纳米物质不适用于以上原则，应按照相关法律法规规定执行。⑦食品接触材料及制品的生产应符合《食品安全国家标准 食品接触材料及制品生产通用卫生规范》（GB 31603—2015）的要求。

此外，食品接触材料及制品的总迁移量、物质的使用量、特定迁移量、特定迁移总量和残留量等应符合相应食品安全国家标准中对于总迁移限量、最大使用量、特定迁移限量、特定迁移总量限量和最大残留量等的规定。对于同时列在《食品安全国家标准 食品接触材料及制品用添加剂使用标准》（GB 9685—2016）和产品标准中的同一（组）物质，食品接触材料及制品的终产品中该（组）物质应符合相应限量的规定，限量值不得累加。复合材料及制品、组合材料及制品和涂层产品中的各类材质材料应符合相应食品安全国家标准的规定。

各类材料有相同项目的限量时，食品接触材料及制品整体应符合相应限量的权重加和值。当无法计算权重加和值时，取该项目的最小限量值。

3.10.2 塑料及制品

塑料是以树脂为主要成分，以增塑剂、填充剂、润滑剂、着色剂等添加剂为辅助成分，在加工过程中一定温度和压力的作用下形成的能流动成型的高分子有机材料。食品接触用塑料材料及制品是指在食品生产、加工、包装、运输、贮存和使用过程中，各种已经或预期与食品接触，或其成分可能转移到食品中的各种塑料材料及制品。

3.10.2.1 塑料的种类

根据受热后性能的变化，可将塑料分为热塑性塑料和热固性塑料两大类。目前我国允许用于食品容器和包装材料的热塑性塑料有聚乙烯（polyethylene，PE）、聚丙烯（polypropylene，PP）、聚苯乙烯（polystyrene，PS）、聚氯乙烯（polyvinyl chloride，PVC）、聚偏二氯乙烯（polyvinylidene chloride，PVDC）、偏氯乙烯-氯乙烯共聚树脂（vinylidene chloride-vinyl chloride copolymer resins，VDC/VC）、聚碳酸酯（polycarbonate，PC）、聚对苯二甲酸乙二醇酯（polyethylene terephthalate，PET）、聚酰胺（polyamide，PA）、丙烯腈-丁二烯-苯乙烯共聚物（acrylonitrile butadiene styrene，ABS）、丙烯腈-苯乙烯共聚物（acrylonitrile styrene copolymer，AS）等，允许用于食品容器和包装材料的热固性塑料有三聚氰胺甲醛（melamine formaldehyde，MF）树脂。

3.10.2.2 塑料的主要安全卫生问题

① 塑料中含有的一些低分子化合物，包括未参与聚合的游离单体、聚合不充分的低聚合度化合物、低分子分解产物，它们易向食品中迁移，可能对人体有一定的毒性作用。

② 使用不符合《食品安全国家标准 食品接触材料及制品用添加剂使用标准》的物质，对食品造成污染。塑料中添加的有些助剂，如增塑剂、稳定剂、着色剂、抗紫外线剂、抗静电剂、填充料等，在一定条件下可向食品中迁移，可对人体产生危害。

③ 印刷油墨和胶黏剂中存在有害物质。如油墨含有铅、镉、汞、铬等重金属，胶黏剂中含有甲苯二胺。这些有害物质可向食品中迁移。

④ 含氯塑料在高温加热和焚烧时有产生二噁英的风险。

3.10.2.3 常用塑料及其安全卫生问题

（1）聚乙烯和聚丙烯

两者均为饱和聚烯烃，故与其他元素的相容性很差，能加入其中的添加剂的种类很少，因而难以印上鲜艳的图案。聚乙烯原料丰富，价格低廉，是世界上产量最大、应用广泛的塑料。PE 和 PP 化学结构稳定，其急性毒性属于低毒类物质。高压聚乙烯质地柔软，多制成薄膜，其特点是具透气性、不耐高温、耐油性较差，故不适宜包装含脂类较多的食品。低压聚乙烯坚硬、耐高温，可以煮沸消毒。聚丙烯透明度好，耐热，且有防潮性（即透气性差），常用于制成薄膜、编织袋和食品周转箱等。

（2）聚苯乙烯

聚苯乙烯亦属于聚烯烃，在每个乙烯单元中有一苯核，因苯的比例较大，燃烧时冒烟。常用品种有透明聚苯乙烯和泡沫聚苯乙烯两类，后者在加工中加入发泡剂，曾用作快餐饭盒，常造成"白色污染"。聚苯乙烯为饱和烃，故相容性较差，不耐煮沸，耐油性有限，不适合盛放含油高、酸性、碱性的食品。聚苯乙烯本身无毒，但其单体苯乙烯及甲苯、乙苯和异丙苯等挥发性成分具有一定的毒性。

（3）聚氯乙烯

聚氯乙烯易分解老化，低温时易脆化，紫外线照射也易降解。因此，成型品中要使用大量的增塑剂、稳定剂等各种添加助剂，有些添加助剂的毒性较大，可以向食品迁移造成污染。聚氯乙烯本身无毒，但氯乙烯单体及其分解产物具有致癌作用。此外，聚氯乙烯在生产过程中也可产生危害物，其生产可分为乙炔法和乙烯法两种，由于合成工艺不同，聚氯乙烯卤代烃也不同。乙炔法聚氯乙烯含有 1,1-二氯乙烷，而乙烯法聚氯乙烯中含有 1,2-二氯乙烷，后者毒性是前者的 10 倍。

（4）三聚氰胺甲醛树脂

三聚氰胺甲醛树脂本身无毒，但其本身含有一定量的游离甲醛，尤其是由苯酚与甲醛缩聚而成的酚醛树脂，以及由尿素与甲醛缩聚而成的脲醛树脂中甲醛含量较高。甲醛是一种细胞的原浆毒，对肝脏有较大损伤。

（5）聚碳酸酯塑料

聚碳酸酯本身无毒，但 2,2-双对酚丙烷（又称双酚 A）与碳酸二苯酯进行酯交换时会产生中间体苯酚，而苯酚具有一定毒性。聚碳酸酯在高浓度乙醇溶液中浸泡后，其质量和抗张强度均有明显下降，故聚碳酸酯容器和包装材料不宜接触高浓度乙醇溶液。

（6）聚对苯二甲酸乙二醇酯塑料

简称聚酯，本身无毒，由于在其自身缩聚过程中要使用锑等作催化剂。因此，树脂中可能有锑的残留。锑为中等急性毒性的金属，对心肌有损害作用。

（7）不饱和聚酯树脂及其玻璃钢制品

不饱和聚酯树脂及其玻璃钢本身无毒，但其在聚合、固化时使用的引发剂和催化剂会残留在制品中。引发剂和催化剂品种较多，有些毒性较大。此外，苯乙烯既是溶剂，又是固化的交联剂，可残留在制品中产生潜在性危害。

（8）苯乙烯-丙烯腈-丁二烯共聚物和苯乙烯-丙烯腈的共聚物

两者是一类含丙烯腈单体的化合物。其主要的安全问题除了苯乙烯外，还有丙烯腈单体的残留问题。丙烯腈是一种带有甜味并有特殊香味的气体，稍溶于水，易溶于大多数有机溶剂。口服丙烯腈可造成肾脏损伤和血液生化指标的改变。

（9）聚酰胺（尼龙）

尼龙本身无毒，但尼龙中含有未聚合的己内酰胺单体，后者长期摄入能引起神经衰弱。

此外，塑料助剂的安全卫生问题应引起重视，因为有些助剂可向食品中迁移对人体有害，如稳定剂大多数为金属盐类，如硬脂酸铅盐、钡盐及镉盐等，这些都对人体危害较大，不得用于作为食品容器和用具的原材料。

3.10.3　橡胶及制品

橡胶（rubber）是一种具有高弹性的高分子化合物，分为天然橡胶和合成橡胶。食品接触用橡胶材料及制品是以天然橡胶、合成橡胶、硅橡胶为主要原料，配以特定的助剂制成，如奶瓶嘴及接触食品的片、圈、管，如瓶盖、高压锅垫圈以及输送食品原料、辅料和水的管道等。橡胶中的毒性物质来源于橡胶基料和添加助剂。

3.10.3.1　橡胶基料

天然橡胶是由橡胶树流出的乳胶，经过凝固、干燥等工艺加工而成的弹性固形物。它是以异戊二烯为主要成分的不饱和高分子化合物，其含烃量达 90% 以上。由于加工工艺不同，天然橡胶基料有乳胶、烟胶片、风干胶片、褐皱片等。天然橡胶因不受消化酶分解，也不被人体吸收，一般认为本身无毒。但褐皱片杂质较多，质量较差；烟胶片经过烟熏可能含有多环芳烃，一般不能用于食品用橡胶制品。

合成橡胶单体因橡胶种类不同而异，大多是由二烯类单体聚合而成，主要有硅橡胶、丁橡胶、乙丙橡胶、丁苯胶、丁腈橡胶、氯丁胶等。硅橡胶、丁橡胶、乙丙橡胶、丁苯胶毒性小且化学性质稳定，可用于食品工业。丁腈橡胶由丁二烯和丙烯腈共聚而成，虽然耐油性较强，但丙烯腈单体的毒性较大。氯丁胶由二氯-1,3-丁二烯聚合而成，一般不得用于制作食品用橡胶制品。

3.10.3.2　橡胶助剂

橡胶加工成型时，需要加入大量加工助剂，食品用橡胶制品中加工助剂占 50% 以上。而添加的助剂一般都不是高分子化合物，有些没有结合到橡胶的高分子化合物结构中，有些则有较大的毒性。促进剂大多数为有机化合物，如硫化促进剂起促进橡胶硫化的作用，提高橡胶硬度、耐热性和耐浸泡性；目前食品用橡胶制品中容许使用的促进剂有二乙基二硫代氨基甲酸锌、N-氧二乙撑-2-苯并噻唑次磺酰胺等。其他的促进剂毒性较大，如乌洛托品能产生甲醛而对肝脏有毒性，二苯胍对肝脏、肾脏有毒性。防老剂具有防止橡胶制品老化的作用，提高橡胶制品的耐热、耐酸、耐曲折龟裂性。食品用橡胶制品中容许使用的防老剂有防老剂 264、防老剂 BLE。一般芳胺类衍生物有明显毒性，如苯基-β-萘胺就禁止用于食品用橡胶制品中。填充剂是橡胶制品中使用量最多的助剂。食品用橡胶制品容许使用的填充剂有碳酸钙、重（轻）质碳酸钙、滑石粉等。一般橡胶制品常使用的炭黑中含有较多的苯并芘，炭黑的提取物有明显的致突变作用。

3.10.4　涂料及制品

为防止食品对食品容器、包装材料内壁的腐蚀，以及食品容器、包装材料中的有害物质向食品中迁移，常常在有些食品容器、包装材料的内壁涂上一层耐酸、耐油、耐碱的防腐蚀涂料（coating）。食品接触用涂料是指涂覆在食品接触材料及制品与食品直接接触面上形成的具有保护和影响技术性能的层或薄膜，经固化成膜后形成涂层。此外，根据有些食品加工工艺的特殊要求，也需要在加工机械、设备上涂有特殊材料。根据涂料使用的对象以及成膜条件，分为非高温成膜涂料和高温固化成膜涂料两大类。

3.10.4.1　非高温成膜涂料

非高温成膜涂料一般用于储存酒、酱、酱油、醋等的大池（罐）的内壁。这类涂料经喷涂后,在自然环境条件下常温固化成膜,成膜后必须用清水冲洗干净后方可使用。常用涂料包括聚酰胺环氧树脂涂料、过氯乙烯涂料、漆酚涂料。聚酰胺环氧树脂涂料属于环氧树脂类涂料。环氧树脂涂料是一种加固化剂固化成膜的涂料,环氧树脂一般由双酚 A 与环氧氯丙烷聚合而成。聚酰胺环氧树脂涂料的主要安全问题是环氧树脂的质量、与固化剂的配比、固化度及环氧树脂中未固化物质向食品的迁移问题。过氯乙烯涂料以过氯乙烯树脂为原料,配以增塑剂、溶剂等助剂,经涂刷或喷涂后自然干燥成膜。过氯乙烯树脂中含有氯乙烯单体,而氯乙烯有致癌性,成膜后的氯乙烯单体残留量必须控制。漆酚涂料是以我国传统天然生漆为主要原料,经精炼加工成清漆,或在清漆中加入一定量的环氧树脂,并以醇、酮为溶剂稀释而成。漆酚涂料含有游离酚、甲醛等杂质,成膜后会向食品迁移。成膜后的游离酚、甲醛的残留量也应加以控制。

3.10.4.2　高温固化成膜涂料

高温固化成膜涂料一般喷涂在罐头、炊具的内壁和食品加工设备的表面,经高温烧结固化成膜。常用涂料包括环氧酚醛涂料、水基改性环氧涂料、氟涂料及有机硅防粘涂料。环氧酚醛涂料为环氧与酚醛树脂的聚合物,常喷涂在食品罐头内壁,经高温烧结成膜,具有抗酸特性。成膜后的聚合物中含有游离酚和甲醛等未聚合的单体和低分子聚合物。水基改性环氧涂料以环氧树脂为主要原料,配以一定助剂,主要喷涂在啤酒、碳酸饮料的全铝易拉罐内壁,经高温烧结成膜。由于水基改性环氧涂料中含有环氧酚醛树脂,故也含有游离酚和甲醛等。氟涂料包括聚氟乙烯、聚四氟乙烯、聚六氟丙烯涂料等,这些涂料以氟乙烯、四氟乙烯、六氟丙烯为主要原料聚合而成,配以一定助剂,喷涂在铝材铁板等金属表面,经高温烧结成膜,具有防粘、耐腐蚀特性,主要用于不粘炊具等有防粘要求物表面,其中以聚四氟乙烯最常用。聚四氟乙烯是一种比较安全的食品容器内壁涂料。但聚四氟乙烯在 280℃ 时会发生裂解,产生挥发性很强的有毒氟化物。因此,聚四氟乙烯涂料的使用温度不得超过 250℃。有机硅防粘涂料是以含羟基的聚甲基硅氧烷或聚甲基苯基硅氧烷为主要原料,配以一定助剂喷涂在铝板、镀锡铁板等食品加工设备的金属表面,经高温烧结固化成膜,具有耐腐蚀、防粘等特性,主要用于面包糕点等具有防粘要求的食品模具表面,是一种较安全的食品容器内壁防粘涂料。

3.10.5　金属及制品

食品接触用金属材料及制品是指在正常使用条件下,预期或与食品接触的各类金属(包括各种金属镀层及合金)材料及制品。金属镀层是指通过镀覆技术在各种固体材料或制品表面形成的金属膜层。基材是指构成金属材料及制品基体的材料,不包括表面涂层和金属镀层。

3.10.5.1　金属涂层和镀层

食品接触用金属材料及制品分为有、无有机涂层两类。无有机涂层的又可分为有、无金属镀层两种。有有机涂层的食品接触用金属材料及制品的主要安全问题来自表面涂覆的涂层和涂层的脱落。无有机涂层的食品接触用金属材料及制品的安全问题主要是有毒金属向食品中的迁移问题。金属镀覆时除使用金属为阳极的材料外,也有可能使用金属盐等化合物提供镀层金属。某些金属镀覆，如镀银、镀锌的工艺，可能使用氰化物为络合剂，或使用铅、镉化合物作为助剂或添加剂。镀铬液的主要成分多为铬酸酐，这样导致镀层可能残留六价铬。此外，铅、铬污染还可能来源于焊料，如铅锡合金焊料。

3.10.5.2 不锈钢

不锈钢具有耐腐蚀、外观洁净、易于清洗消毒的特性。不同型号不锈钢组分和特性不同。例如，奥氏体型不锈钢含有铬、镍、钛等元素，其硬度和耐腐蚀性较好，适合于制作食品加工机械与容器等，但必须控制其中铅、铬、镍、镉、砷的迁移量。马氏体不锈钢含有铬元素，其硬度和耐腐蚀性较差，俗称不锈铁，适合制作刀、叉等餐具，也要控制其中铅、镍、镉、砷迁移量。

3.10.5.3 铝制品

用于制造食品容器和包装材料的铝材分为精铝和回收铝。精铝纯度高，杂质少，但硬度较低，适合于制造各种铝制容器、餐具、铝箔。回收铝来源复杂，杂质含量高，不得用于制造食具和食品容器，只能用于制造菜铲、饭勺等炊具，但要注意回收铝的来源。要注意控制精铝制品和回收铝制品中铅、锌、砷、镉的溶出量。

3.10.6 纸和纸板材料及制品

食品接触用纸和纸板材料及制品是指在正常或不可预见的使用条件下，预期与食品接触的各种纸和纸板材料及制品，包括涂蜡纸、纸浆模塑制品及食品加工烹饪用纸等。纸浆模塑制品是指以纸浆为主要原料，按产品用途所需形状，经模塑等立体造纸技术制作成型的制品。当纸制品的原材料受到污染时，这些残留污染物直接与食品接触，通过吸收、溶解、扩散等过程迁移进入食品中，从而影响食品的安全性，继而危害人体健康。

纸和纸制品的主要安全问题如下。

① 重金属及其化合物　食品接触纸在生产过程中会用到添加剂、油墨等，会导致一定重金属残留，这些重金属进入人体后排出缓慢，且蓄积到一定量后会对人体器官造成危害。

② 荧光增白剂　荧光增白剂属于荧光染料的一种，常在纸张生产过程中被添加到食品包装中，以提高白度和亮度。由于化学稳定性强，人体摄入后代谢缓慢。因此，它们会在人体内产生蓄积性毒性。荧光增白剂在包装一些温度较高的食物时更容易发生迁移。目前我国已不再允许在食品接触纸中添加荧光增白剂等染料物质。

③ 病原微生物　许多厂家为节省成本，循环利用废纸和造纸白水作为造纸原料。如果原料受到致病菌和产毒真菌污染，很有可能会导致纸制品中残留此类污染物。若直接接触食品，很容易污染食品，从而间接地对人体造成危害。

④ 有机挥发性化合物　如芳香胺、醛类、苯乙烯等，这些化合物主要存在于黏合剂和油墨中，纸制品中残留的挥发性有机化合物会迁移到食品中，从而导致食品被污染，对人体造成危害。尤其是芳香胺，是毒性较强的致癌物。

⑤ 有机氯化物残留　五氯苯酚是一种重要的防腐剂，曾用于木材防腐，若用这些木材作为纸浆原料，纸质食品包装材料中可能会有五氯苯酚残留。五氯苯酚毒性很强，可对肝脏、肾脏造成损害。多氯联苯是另一类易残留在纸包装中的化学品。多氯联苯属于重要的内

分泌干扰物，具有"三致"作用。

⑥ 增塑剂　在纸塑复合材料中，使用增塑剂的目的是增加聚合物的塑性。邻苯二甲酸酯被广泛用作增塑剂，但邻苯二甲酸酯是一种内分泌干扰物，长期暴露于邻苯二甲酸酯可能有"三致"风险。

⑦ 全氟/双氟化合物　该类物质因其脂肪排斥特性而广泛用于食品接触材料，它们会通过迁移到食品中与人体接触，从而对人体器官造成损伤。

3.10.7　其他

3.10.7.1　陶瓷制品

陶瓷（ceramics）是陶器和瓷器的统称，以黏土为主要原料，加入长石、石英，经过配料、细碎、除铁、炼泥、成型、干燥、上釉、烧结、彩饰、高温烧结而成。陶器烧结温度为 $1000 \sim 1200 ℃$，瓷器为 $1200 \sim 1500 ℃$。一般的陶瓷器本身无毒性，主要是釉彩的毒性。首先陶瓷器釉彩均为金属性氧化颜料，如硫化镉、氧化铅等，釉彩中加入铅盐可降低釉彩的熔点，从而降低烧釉的温度。因此，应控制陶瓷器食具容器中铅和镉的含量。其次，根据陶瓷器彩饰工艺不同，分为釉上彩、釉下彩和粉彩，其中釉下彩最安全，金属迁移量最少，粉彩的金属迁移最多。最后，瓷器的花饰一般采用花纸印花，应当采用无铅或低铅花纸，接触食品的部位不应有花饰。

3.10.7.2　搪瓷制品

搪瓷（enamel）是以铁皮冲压成铁坯、喷涂搪釉、在 $800 \sim 900 ℃$ 高温烧结而成。搪瓷食品容器具有耐酸、耐高温、易于清洗等特性。搪瓷表面的釉彩成分复杂，为了降低釉彩熔融温度，多加入硼砂、氧化铝等物质，釉彩的颜料采用金属盐类，如氧化钛、硫化镉、氧化铅等。应尽量少用或者不用铅、砷、镉的金属氧化物。陶瓷类容器的上色颜料含有镉，因镉盐有鲜艳的颜色且耐高热，故常用作金属合金和镀层的成分，因此，这类食品容器和包装材料也可对食品造成镉污染。

3.10.7.3　玻璃制品

玻璃（glass）是以二氧化硅为主要原料，配以一定的辅料，经高温熔融制成。二氧化硅的毒性很低，但有些辅料毒性很大，如四氧化三铅、三氧化二砷，其铅和砷的毒性都较大，是玻璃制品的主要安全卫生问题。

3.10.7.4　复合包装材料

复合包装材料品种很多，主要有：①供真空或低温消毒杀菌类，如聚酰胺等；②供高温杀菌类，如高密度聚乙烯层压聚酯或压聚酰胺，以及三层材料（如聚酯-铝箔-高密度聚乙烯）等；③可充气类，如聚乙烯层压聚酯等。

复合材料的安全问题包括如下两个方面：首先是原料的卫生。复合包装材料的塑料薄膜、铝箔、纸等应当符合相应的卫生要求和标准。黏合剂中的聚氨酯型黏合剂，它的中间体（甲苯二异氰酸酯）水解后产生甲苯二胺，易在酸性和高温条件下水解，甲苯二胺是一种致癌物质并会向食品迁移。其次是复合包装袋的卫生。经复合的包装袋各层之间黏合牢固，不能发生剥离，彩色油墨应印刷在两层薄膜之间。复合时，必须待油墨和黏合剂中的溶剂充分干燥后再黏合，防止溶剂向食品迁移。

3.10.8 预防控制措施

① 生产食品接触材料及其制品，原辅料采购、加工、包装、贮存和运输等各个环节的场所、设施、人员的基本卫生要求和管理准则都必须符合相应的国家标准和其他相关安全标准。

② 采用新原料生产食品接触材料及其制品，要注意其安全性；不断开发新型、绿色包装，提高分析检测水平，优化检测方法。

③ 食品容器包装材料设备在生产、运输、贮存过程中，应有效预防有毒有害化学品造成的污染。

④ 建立健全食品接触材料及其制品相关法规制度，加快产品质量和安全标准修订工作，制定与国际接轨的食品接触材料及其制品质量标准体系。

⑤ 食品安全监管部门对生产经营和使用食品接触材料及其制品的单位要加强经常性的安全卫生监管，并根据需要对样品进行检验。

 思考题

1. 简述食品中农药残留的来源及预防控制措施。
2. 简述食品中兽药残留的来源及预防控制措施。
3. 什么是有毒金属？有毒金属污染食品的途径、毒性作用特点和预防控制措施包括哪些方面？
4. 简述食品中 N-亚硝基化合物的来源及预防控制措施。
5. 简述食品中多环芳烃的来源及预防控制措施。
6. 简述食品中杂环胺的来源及预防控制措施。
7. 简述食品中二噁英的污染来源、毒性及预防控制措施。
8. 简述食品中氯丙醇的来源及预防控制措施。
9. 简述食品中丙烯酰胺的来源及预防控制措施。
10. 什么是食品接触材料及制品？它的基本安全卫生要求包括哪些方面？

第4章
食品物理性污染及预防

导言

食品中物理性污染物来源复杂，种类繁多，并且存在偶然性，以至于食品安全标准都无法规定全部物理性污染物。污染物不仅直接威胁消费者的健康，还会影响食品的感官性状，使营养价值下降。有些肉眼可见杂物易引起纠纷，损坏产品和企业形象。

食品的物理性污染通常指食品生产加工过程中混入食品的杂质超过规定的含量，或食品吸附、吸收外来的放射线核素所引起的食品质量安全问题。食品物理性污染根据污染物的性质可分为放射性污染和杂物污染两类。食品的物理性污染同生物性污染和化学性污染一样，是威胁人类健康的重要食品安全问题之一。

4.1 食品放射性污染及预防

食品放射性污染分为天然放射性污染和人工放射性污染两种，一般情况下，食品天然放射性污染更为常见。

4.1.1 放射性核素概述

核素（nuclein）是具有确定质子数和中子数的一类原子或原子核。质子数相同而中子数不同者称为同位素（isotope）。能放出射线的核素叫作放射性核素（radionuclide）或放射性同位素。放射性核素释放射线的现象称作核素的衰变（decay）或蜕变，衰变是一种原子核转变为另一种原子核的过程。特定能态核素的核数目减少一半所需的时间称作该核素的半衰期。不同的放射性核素半衰期不同，如 ^{209}Bi（铋）的半衰期长达 2.7×10^{17} 年，而 ^{135}Cs（铯）的半衰期只有 2.8×10^{-10} s。由于半衰期长的放射性核素在食物和人体内的存在时间长，因此，从安全性角度出发应关注半衰期长的放射性核素对食品的污染。

放射性核素释放出能使物质发生电离的射线称作电离辐射，电离辐射包括 α 射线、β 射线、γ 射线、X 射线等。α 射线带正电，电离能力强，穿透物质的能力差；β 射线带负电，

其带电量比 α 射线少，电离能力亦小，穿透物质的能力强；γ 射线是高能光子，不带电荷，穿透物质的能力最强，比 β 射线大 50～100 倍，比 α 射线大 1 万倍。

电离辐射计量的单位有吸收剂量、放射性活度和照射量（暴露剂量）等，其中吸收剂量是指单位质量的被照射物质所吸收电离辐射的能量，单位是戈瑞（Gray，Gy）。1kg 的被照射物质（组织等）吸收了 1J 的能量为 1Gy。1Gy 等于 100rad（拉德，rad/日辐射剂量单位）。放射性活度，也称为放射性强度，是指在单位时间内，处于特定能态的一定量放射性核素发生核跃迁（衰变）的数目，其单位是贝可勒尔（Becquerel，Bq），每秒发生一次核衰变为 1Bq，1Bq 等于 $2.7×10^{-11}$Ci（Ci 为放射性能量的辅助单位）。照射量是在单位质量的空气中释放出的全部电子（包括正电子、负电子）被空气所阻止时，在空气中所产生离子的总电荷值，其单位是库仑/千克（C/kg）。1C/kg 等于 3400rad。

4.1.2 食品中天然放射性核素

环境天然放射性本底是指自然界本身固有的、未受人类活动影响的电离辐射水平。它主要来源于宇宙线和环境中的放射性核素，后者主要有地壳（土壤、岩石等）中含有的 ^{40}K（钾）、^{226}Ra（镭）、^{87}Rb（铷）、^{232}Th（钍）、^{238}U（铀）及其衰变产物和扩散到大气中的氡（radon，Rn）和钍射气（thoron，Tn）。环境天然放射性本底辐射剂量平均为 $1.05×10^{-3}$Gy/a。

由于生物体与其生存的环境之间不断在进行物质交换，因此，绝大多数的动物性、植物性食品中都含有不同量的天然放射性物质，即食品的天然放射性本底。但由于不同地区环境的放射性本底值不同，不同的动植物以及生物体的不同组织对某些放射性物质的亲和力有较大差异。因此，不同食品中的天然放射性本底值可能有很大差异。食品中的天然放射性核素主要是 ^{40}K 和少量 ^{226}Ra、^{228}Ra、^{210}Po 以及天然钍和天然铀等。食品在吸附或吸收外来的放射性核素过程中，当其放射性高于自然界放射性本底时，就称为食品的放射性污染。

4.1.3 食品中人工放射性核素

食品中人工放射性核素与天然放射性核素相比，更具有卫生学意义，常见的食品中人工放射性核素主要有以下几种。

（1）^{131}I（碘）

^{131}I 是核爆炸中早期出现的最突出裂变产物，主要通过消化道进入人体，可完全被胃肠道吸收，选择性地集中于甲状腺。膳食中稳定性碘的摄入可影响碘在甲状腺中的浓集量。在食物链的环节中，^{131}I 可通过污染牧草进入牛体使牛奶污染。由于 ^{131}I 半衰期仅 6～8d，对食品长期污染意义不大，但对蔬菜的污染具有较大意义，人可通过吃新鲜蔬菜摄入较大量 ^{131}I。以奶为主要膳食成分的地区，牛奶是 ^{131}I 主要来源，消费少的地区植物性食品为其主要来源。^{131}I 亦可通过母乳对婴儿产生潜在影响。

（2）^{90}Sr（锶）

^{90}Sr 是在核爆炸过程中大量产生，为全球性沉降灰，半衰期 28 年。进入身体参与钙的代谢过程，大部分沉积于骨骼中，主要从粪、尿中排出。污染区的牛奶、羊奶中含有较大量的放射性锶。放射性锶与稳定的锶均受到机体存在的钙的影响。因此，放射性锶的浓度一般除用 Bq/kg 表示外，也用放射性锶 Bq/g 钙（锶单位）来表示，即与每克钙相当的放射性锶

剂量。^{90}Sr 广泛存在于土壤中，是食品放射性污染的重要来源，食品中 ^{90}Sr 浓度随核试验情况而消长。

（3）^{89}Sr（锶）

^{89}Sr 也是主要的裂变产物，其产生量比 ^{90}Sr 更高，核爆炸新产生的碎片其 ^{89}Sr/^{90}Sr 比例可高达 180 或更高。^{89}Sr 半衰期仅 51d，消失较快。

（4）^{137}Cs（铯）

^{137}Cs 的半衰期 30 年，易被身体充分吸收，化学性质与钾相似，参与钾的代谢过程，随血液分布全身，无特别浓缩的器官。主要通过尿液排出，肠道可排出部分，汗及奶中排出少量，^{137}Cs 广泛存在于食品内，其含量与沉降率有关。^{137}Cs 可通过地衣-驯鹿-人体的特殊食物链进入人体。驯鹿中 ^{137}Cs 含量可达 177.6×10^7 Bq/kg，经常食用该类肉品的人体负荷量为 $(481 \sim 4921) \times 10^7$ Bq，男性比女性可高出 2 倍。

4.1.4　污染来源

食品中的放射性污染主要来源于环境受到放射性的污染，而环境中的放射性核素可通过水、土壤、空气等途径向植物性食品转移，通过与外界环境接触和食物链向动物性食品转移。食品中的放射性污染来源主要包括以下几个方面。

（1）核试验

核试验的沉降灰除使局部地区污染外，部分进入大气上空形成带状沉降，形成全球性沉降灰污染。核爆炸产物中有意义的核素是产量大、半衰期较长、摄入量较高、能在体内长期储留的放射性核素，如 ^{89}Sr、^{90}Sr、^{137}Cs、^{131}I、^{106}Bi 等。过去进行的核试验至今仍然是全球放射性污染的主要来源，尚未衰变完的放射性核素大部分尚存在于土壤及动植物组织中。

（2）核工业

核工业生产中的采矿、冶炼、燃料精制、浓缩、反应堆组件生产和核燃料再处理等过程均可通过"三废"排放等途径污染环境从而污染食品，特别是对水域的污染更加突出。英国温茨盖尔工厂每年排入爱尔兰海的放射性核素超过 3.7×10^{15} Bq，海域中鱼、贝、牡蛎及附近农作物及牛奶中均有较高浓度的 ^{137}Cs、^{65}Zn、^{51}Cr、^{32}P。反应堆周围居民食入被污染食品可受到 $(0.2 \sim 2.6) \times 10^{-5}$ Gy/a 的内照射剂量。此外，使用人工放射性同位素的科研、生产和医疗单位排放的废水中含有 ^{125}I、^{131}I、^{32}P、^{3}H 和 ^{14}C 等，也可造成水和环境的污染。

（3）意外事故

意外事故造成的放射性核素泄漏主要引起局部性环境污染。如 1986 年，苏联切尔诺贝利核电站发生重大事故，大量的放射性沉降灰飘落到东欧和北欧的一些国家，污染了土壤、水源、植物和农作物。事后，瑞典国家食品管理局和其他的官方机构分析了瑞典全部食品，发现食物中 ^{137}Cs 的活性与当地放射性沉降灰的剂量呈密切正相关。摄食过受放射性沉降灰污染的草的羊，以及生长在该灰污染区域的鱼中，^{137}Cs 的活性均相对较高。此外，2011 年 3 月日本福岛核电站发生放射性物质严重泄漏，造成了严重的环境污染。

4.1.5　放射性核素向食品转移途径

环境中放射性核素通过食物链各环节向食品转移，使食品污染。由于动植物的生活环境、生理特点各不相同，受到污染的程度也有差异，应该全面评价食品的放射性污染。放射性核素向食品转移途径有以下三个方面。

(1) 向水生生物体内转移

放射性核素进入水后根据其化学性质溶于水或以悬浮状态存在。可附着于水生生物体表逐步向内渗透，或通过鱼鳃、口腔等途径进入鱼体。浮游生物的表面积较大，可吸附相当大量的放射性物质。放射性物质可从水中直接进入水生植物组织内。鱼类、水生动物既可直接吸收，又可通过食饵途径摄入。低等水生生物为鱼类及水生动物主要食饵，它们的污染具有重要卫生学意义。放射性核素进入机体后即参与其同位素的代谢，如机体内该同位素含量很少或根本不存在时，该元素即参与同族化学性质相似的元素的代谢。如 ^{90}Sr 及 ^{137}Cs 即分别参与体内钙和钾的代谢。这种参与机体代谢的放射性污染称为结构性污染。它比一般机械附着在食品表面的核素意义更大，是放射性核素进入机体能被浓集的原因。实验证明水生生物组织中放射性核素与水的放射性剂量率呈正相关。浓集系数与水的剂量率呈负相关。淡水中钙含量低于海水，淡水鱼中放射性核素可比海鱼高 10～100 倍。浓集有放射性核素的水生生物残骸与吸附放射性核素物质沉于海底使海底放射性增高。即使以后无放射污染，为了保持水中放射性平衡，海底放射性核素也会释入水中，使水保持较长时间放射性，并使水生生物继续受到污染。

(2) 向植物的转移

通过带放射性核素的沉降灰、带放射性核素的雨水及带放射性核素的污水灌溉农作物等，直接将放射性核素带到植物叶、花、果实表面，并渗入植物其他内部组织器官，造成植物的直接污染；放射性核素污染土壤后被植物根系吸收，造成间接污染。后者是主要方式，但前者因不经土壤吸附和吸收常使植物中有较高含量。放射性核素在植物表面积向内部的转移吸收量，与气象条件、核素理化性质、植物种类、土壤性质和农业生产技术等因素有关。土壤中放射性锶和铯被植物吸收情况受到其中钙和钾的影响，植物中吸收 $^{90}Sr/Ca$ 比值基本上与土壤比值一致。由于 ^{90}Sr 在土壤中固着力大于钙，以及植物对 ^{90}Sr 吸收的选择性，因而植物对 ^{90}Sr、钙的吸收存在着差异，这种差异用差异系数（DF）表示：$DF = {}^{90}Sr$［Bq/g（钙）］植物/^{90}Sr［Bq/g（钙）］土壤如差异系数大于 1 表示植物自土壤中吸收 ^{90}Sr 的能力大于对钙的吸收，小于 1 则相反。这种差别也出现在其他食物链各环节中。差异系数可用以表明 ^{90}Sr 与 ^{137}Cs 在食物链各环节中的转移程度，如牛奶-牧草这一环节中 ^{90}Sr 差异系数为 0.14，则说明 ^{90}Sr 的 100Sr 单位中有 14Sr 单位进入牛奶（^{90}Sr 差异系数：植物-土壤为 1.0，牛奶-饲料为 0.14，人骨-动植物食品为 0.25。^{137}Cs 差异系数：植物-土壤为 0.01，动物体-饲料为 2，人体-动物性食品为 2）。

(3) 向动物的转移

环境中放射性核素通过牧草、饲料、饮水等途径进入家畜、家禽体内，潴留于组织器官中，长寿命的 ^{90}Sr、^{137}Cs，以及短寿命的 ^{89}Sr、^{131}I、^{140}Ba 等对动物的污染在食物链中均具有卫生意义。这些核素不仅在动物组织器官中潴留且能从奶和蛋中排出，奶和蛋均为病人和儿童的主要食品。

4.1.6　食品中放射性核素向人体转移

环境中放射性核素通过食物链各环节的转移最终均会到达人体，在人体内潴留造成潜在危害。生态系统的能量传递和物质迁移过程势必会导致环境中放射性核素的水平发生变化，人作为整个生态系统食物链的末端，会受到不同程度的影响。放射性核素一旦通过空气、水、土壤进入生态环境，这些非生物物质中的放射性核素得以在环境中迁移，在植物-动物-人这一生物链中以各种复杂的方式向人体进行转移，人作为生物链的最后一个环节，植物、草食动物、肉食动物都可以作为食物来源，这就决定了人体吸收、蓄积放射性核素的多源性。植物与动物的排泄物、尸体中的放射性核素与这些物质一起成为有机垃圾。这些有机垃圾也可以通过沉积和吸附作用直接从空气或水中吸收放射性核素，成为生态系统中放射性核素的一个贮存库。由于绝大多数的放射性核素半衰期较长，又难以去除。多数靠自身的衰变降低放射性活度。因此，放射性核素会长期存在于生态环境中，形成再一次的循环，进入新的生物链转移过程。

此外，放射性核素进入人体的量也与食品中的含量和各类食品在膳食中所占比例有关。烹调加工等方法对之亦有影响。根据美国城市调查结果发现，膳食中 ^{226}Ra 有 75％来源于谷类、蔬菜、水果。纽约市奶及奶制品提供的 ^{90}Sr 量最大，其次是谷类、面包制品和水果、蔬菜。摄入牛奶少的国家和地区 ^{90}Sr 主要来源于谷类及其制品。因膳食中谷类占的比例大，以及谷类钙含量低于奶类，^{90}Sr/Ca 比例大于牛奶。粗磨谷类代替精磨谷类 ^{90}Sr 量增加，白面粉中含有较多无机钙，以全麦面包代替白面包时可增加 ^{90}Sr 摄入量和减少钙的摄入量。越南粗碾大米 ^{90}Sr/Ca 比值比精碾大米高三倍。烹调加工方法可减少食品中放射性锶含量，新鲜蔬菜及水果制作成罐头后 ^{90}Sr 分别从 0.44Bq/kg、0.7Bq/kg 降到 0.33Bq/kg 和 0.09Bq/kg。表面受到污染的甘蓝经洗涤后放射性核素减少 73.7％。加工玉米时，如用石灰水煮可使膳食中钙增加 75％左右，而 ^{90}Sr/Ca 比值明显降低。被污染牛奶制成的奶油几乎不含 ^{90}Sr。

4.1.7　食品放射性污染对人体的危害

电离辐射对人体的影响可分为外照射和内照射两种形式。人体暴露于放射性污染的环境（主要指大气环境），电离辐射直接作用于人体体表，称为外照射。外照射主要引起皮肤损伤甚至导致皮肤癌。穿透性强的射线也可造成全身性的损伤，引起多器官和组织的疾病。由于摄入被放射性物质污染的食品和水，电离辐射作用于人体内部，对人体产生影响称为内照射。由于放射性核素在体内分布不均匀，致使内照射常以局部损害为主，呈进行性的发展和症状迁延。

由于人体通过食物摄入放射性核素一般剂量较低，主要考虑慢性损害及远期效应，但在核爆炸及偶然事故情况下不能忽视其严重性。食品放射性污染对人体的危害主要是由于摄入食品中放射性物质对体内各种组织、器官和细胞产生的低剂量长期内照射效应，主要表现为对免疫系统、生殖系统的损伤和致癌、致畸、致突变作用。动物实验及现场人群调查证明人及动物大剂量照射可产生放射病和引起死亡，一次大剂量和长期小剂量照射均能引起慢性放射病和远期效应，如血液变化、性欲减退、生育能力障碍以及引起肿瘤发生和缩短寿命等。远期效应的血液学变化表现为血液有形成分降低和形态学改变。放射性核素可引起多种组织发生癌变，嗜骨性 ^{90}Sr、^{226}Ra、^{239}Pu（钚）等主要引起骨肿瘤；肝中潴留的 ^{144}Ce（铈）、^{60}Co（钴）等常引起肝硬化及肝癌。^{90}Sr、铀的裂变产物可引起雄性动物性功能改变，非典型精子数增加，精子数减少或无精子产生；睾丸/体重比值降低。对雌性动物可引起产仔数减少、死胎及子代生活能力减弱。出生胎儿有小头、口吃、痴呆、低能儿等发育障碍。

4.1.8　预防控制措施

预防食品放射性污染及其对人体危害的措施主要包括两方面：一方面防止食品受到放射性物质的污染，即加强对放射性污染源的管理。如《中华人民共和国放射性污染防治法》加速了我国放射性污染的防治和管理法治化的进程，详细规定了如何对放射源进行管理，防止意外事故的发生和放射性核素在采矿、冶炼、燃料精制、浓缩、生产和使用过程中应遵循的原则，并对放射性废弃物的处理与净化提出了具体的要求和管理措施。另一方面防止已经污染的食品进入体内，应加强对食品中放射性污染的监督。严格执行《食品安全国家标准　食品中放射性物质检验　总则》（GB 14883.1—2016）和《食品中放射性物质限制浓度标准》（GB 14882—1994），加强监督，使食品中放射性核素的量控制在允许范围以内。

4.2　食品杂物污染及预防

食品的杂物污染存在偶然性，杂物污染纷繁复杂，以至于食品安全标准无法囊括杂物污染物，从而给食品杂物污染的预防及卫生管理带来较多困难。食品中的杂物污染物可能并不直接威胁消费者的健康，但却严重影响了食品应有的感官性状和营养价值，使食品的质量不能得到充分保证。

4.2.1　概述

按照杂物污染食品的来源将污染食品的杂物分为来自食品产、储、运、销的污染物和食品的掺杂掺假污染物。

食品在产、储、运、销过程中，由于管理的漏洞，可使食品受到杂物污染，主要污染途径包括：

① 生产时的污染，如粮食收割时混入的草籽、其他植物的叶片、果实，动物宰杀时的血污、毛发、粪便等的污染，以及加工设备陈旧或故障导致脱落的金属部件等对食品的污染；

② 食品储存过程中的污染，苍蝇、昆虫尸体、鼠粪便等对食品的污染；

③ 食品运输过程的污染，车辆、装运工具、遮盖物等对食品的污染；

④ 意外污染，个人物品如戒指、头发、指甲、烟头等对食品的污染。

食品的掺杂掺假是一种人为故意向食品中加入杂物的过程，目的是非法获得更大利润。掺假所涉及食品种类繁杂，掺杂污染物众多。食品掺杂掺假的方式包括：掺兑、混入、抽取、假冒、粉饰等，如粮食中掺入砂石、肉中注水、牛乳中加米汤、辣椒粉中掺入化学染料苏丹红、食用油中掺入地沟油等。掺杂掺假不仅损害消费者的利益，还会对其健康带来危害，必须加强监督管理。

4.2.2　预防控制措施

① 加强产、储、运、销过程食品的监督管理，利用 HACCP 对加工生产线潜在的杂物污染可能性进行评估，执行 GMP。

② 改进加工工艺和检验方法，如清除有毒的杂草籽及泥沙等异物，定期清扫食品用的

容器，防尘、防虫、防鼠，食品尽量采用小包装。

③ 制定食品安全卫生标准：如《大米》（GB/T 1354—2018）规定大米中无机杂质含量≤0.02％；《玉米粉》（GB/T 10463—2008）标准中均规定玉米粉中含砂量≤0.02％，磁性金属物≤0.003g/kg。

④ 严格执行《食品安全法》和《农产品质量安全法》，加强食品"从农田到餐桌"的质量监督管理，严厉打击食品掺杂掺假行为。

 思考题

1. 什么是食品物理性污染？
2. 什么是食品放射性污染？
3. 简述食品放射性污染的来源包括哪些方面。
4. 什么是食品杂物污染？
5. 简述食品杂物污染的来源包括哪些方面。

第 5 章

食品添加剂及其管理

 导言

> 随着食品工业的快速发展，食品添加剂已成为现代食品工业的重要组成部分。食品添加剂在食品中广泛使用的同时，其使用安全性问题，也越来越受到社会的关注。因此，国家对食品添加剂的质量标准以及使用都有严格的规定，对添加剂在食品中的含量也制定了相应的检测方法，以确保食品添加剂的使用安全合理。

我国食品添加剂的使用历史可以追溯到 6000 年前的大汶口文化时期，当时酿酒用酵母中的转化酶（蔗糖酶）就是食品添加剂，属于食品用酶制剂；2000 多年前用"卤水点豆腐"，卤水实质上是食品添加剂，属于食品凝固剂。食品工业取得的成就与食品添加剂工业密不可分。从某种意义上讲，食品添加剂在食品工业的发展中起了决定性的作用，没有食品添加剂，就没有现代食品工业。但是，如果没有科学规范地使用食品添加剂，也会给食品本身和消费者带来较大的负面影响。尤其是滥用食品添加剂，或在食品中添加有毒有害物质，如苏丹红、孔雀石绿等，将极大影响食品的安全性。因此，正确认识和合理使用食品添加剂，将有助于最大限度地保证食品安全，防止损害消费者健康。

5.1 概述

5.1.1 食品添加剂的定义和分类

5.1.1.1 定义

由于世界各国对食品添加剂的理解不同，定义也就不尽相同。联合国粮农组织（FAO）和世界卫生组织（WHO）联合国际食品法典委员会对食品添加剂定义为：食品添加剂是有意识地一般以少量添加于食品，以改善食品的外观、风味、组织结构或贮存性质的非营养物质。按照这一定义，以增强食品营养成分为目的的食品强化剂不应该包括在食品添加剂范围内。

欧盟对食品添加剂的定义是指在食品的生产、加工、制备、处理、包装、运输或贮存过程中，由于技术性目的而人为地添加到食品中的任何物质。美国食品药品监督管理局定义添加剂为：有明确的或合理的预定目标，无论直接使用或间接使用，能成为食品成分之一或影响食品特征的物质。日本：食品添加剂是指在食品制造过程中为了保存的目的而加入食品，使之混合、浸润等所使用的物质。我国《食品安全国家标准　食品添加剂使用标准》（GB 2760—2024）规定：食品添加剂（food additives），是指为改善食品品质和色、香、味，以及为防腐、保鲜和加工工艺的需要而加入食品中的人工合成或者天然物质。食品用香料、胶基糖果中基础剂物质、食品工业用加工助剂营养强化剂也包括在内。如助滤、澄清、吸附、脱模、脱色、脱皮、提取溶剂、发酵用营养物质等。食品添加剂可以采用化学合成、生物发酵或者天然提取等方法生产制造。在食品添加剂的使用中，除保证其发挥应有的功能和作用外，最重要的是应保证食品的安全卫生。

5.1.1.2　分类

在现代食品工业中食品添加剂起着愈来愈重要的作用，各国使用的食品添加剂品种也越来越多。据统计，目前全球批准的食品添加剂总数 1.5 万余种，其中直接使用的品种有 3000 余种，常用的有 680 余种，我国目前批准使用的食品添加剂有 2300 多种。食品添加剂有多种分类方法，如可按其来源、功能、安全性评价进行分类。

（1）**按来源分类**

食品添加剂可分为天然食品添加剂和化学合成食品添加剂两种。前者指以动、植物或微生物的代谢产物以及矿物等为原料，经提取所获得的天然物质。后者指利用化学反应得到的物质，其中又可分为一般化学合成物与人工合成天然等同物。如目前使用的 β-胡萝卜素、叶绿素铜钠就是通过化学方法得到的天然等同物。

（2）**按功能分类**

由于各国对食品添加剂定义的差异，食品添加剂的分类也有区别（表 5-1）。我国 GB 2760—2024 根据功能将食品添加剂分为 23 类。而联合国 FAO/WHO 食品添加剂和污染物法规委员会（Codex Committee on Food Additive and Contaminant，CCFAC）于 1989 年制定、2008 年修订的《食品添加剂分类名称和国际编码系统》，将食品添加剂按照功能分为 27 类。美国联邦法规将食品添加剂分为 32 类。日本使用的指定添加剂共 421 种，并根据用途和功能分为 27 类。2008 年欧盟颁布食品添加剂相关法规（No 1333/2008），并陆续在此基础上进行了多次修订，从功能上将食品添加剂分为 26 类。

表 5-1　不同国家和组织与中国食品添加剂的种类对比

序号	中国	FAO/WHO	美国	日本	欧盟
01	酸度调节剂	酸度调节剂	pH 调节剂	酸度调节剂	酸度调节剂
02	抗结剂	抗结剂	抗结剂与自由流动剂	抗结剂	抗结剂
03	消泡剂	消泡剂		消泡剂	消泡剂
04	抗氧化剂	抗氧化剂	抗氧化剂	抗氧化剂	抗氧化剂
05	漂白剂	漂白剂		漂白剂	
06	膨松剂	膨松剂	膨松剂	膨松剂	膨松剂
07	胶基糖果中基础剂物质			胶姆糖基础剂	
08	着色剂	食用色素	着色剂和助色剂	食用色素 / 助色剂	着色剂
09	护色剂	护色剂		护色剂	

续表

序号	中国	FAO/WHO	美国	日本	欧盟
10	乳化剂	乳化剂	乳化剂和乳化盐	乳化剂	乳化剂
		乳化盐			乳化盐
11	酶制剂		酶类		
12	增味剂	增味剂	增味剂	调味料	增味剂
13	面粉处理剂	面粉处理剂	面粉处理剂	面粉处理剂	面粉处理剂
14	被膜剂			被膜剂	
15	水分保持剂	水分保持剂	水分保持剂	水分保持剂	水分保持剂
16	防腐剂	防腐剂	抗微生物剂	防腐剂	防腐剂
17	稳定剂和凝固剂	稳定剂	固化剂		稳定剂
		固化剂			固化剂
18	甜味剂	甜味剂	非营养型甜味剂	非营养型甜味剂	甜味剂
			营养型甜味剂		
19	增稠剂	增稠剂	稳定剂和增稠剂	增稠剂或稳定剂	增稠剂
20	食品用香料		香味料及其辅料	食用香料	
21	食品工业用加工助剂		加工助剂		
22	营养强化剂		营养强化剂	营养强化剂	
23	其他		营养增补剂	膳食增补剂	
		螯合剂	螯合剂		螯合剂
		包装用气	推进剂、充气剂和气体		包装用气
		碳酸充气剂			
		推进剂			推进剂
		上光剂	表面光亮剂		上光剂
			熏蒸剂	杀虫剂	
			润滑和脱模剂	防粘剂	
			溶剂和助溶剂	溶剂或萃取剂	
		胶凝剂	氧化剂和还原剂	品质保持剂	胶凝剂
			干燥剂	消毒剂	
		膨胀剂	表面活性剂	防霉剂	膨胀剂
		发泡剂	成型助剂	其他(包括:吸附剂、酿造剂、发酵调节剂、助滤剂、加工助剂、品质改良剂)	发泡剂
		载体	增效剂		载体
			质构或组织形成剂		改性淀粉
			腌制和酸渍剂		
			面团增强剂		

（3）按安全性评价分类

联合国粮农组织与世界卫生组织（FAO/WHO）国际食品添加剂法典委员会（CCFA），曾在食品添加剂专家委员会（Joint FAO/WHO Expert Committee on Food Additives，JEC-FA）讨论的基础上，将食品添加剂分为 A、B、C 三类，每类再细分为两类。

A 类：JECFA 已制定人体每日允许摄入量（ADI）和暂定 ADI 者，其中 A1 类：经 JECFA 评价认为毒理学资料清楚，已制定出 ADI 值或者认为毒性有限无须规定 ADI 值者；A2 类：JECFA 已制定暂定 ADI 值，但毒理学资料不够完善，暂时许可用于食品者。

B 类：JECFA 曾进行过安全性评价，但未建立 ADI 值，或者未进行过安全性评价者，其中，B1 类：JECFA 曾进行过安全性评价，因毒理学资料不足未制定 ADI 者；B2 类：JECFA 未进行过评价者。

C 类：JECFA 认为在食品中使用不安全或应该严格限制作为某些食品的特殊用途者，其中，C1 类：JECFA 根据毒理学资料认为在食品中使用不安全者；C2 类：JECFA 认为应该严格限定在某些食品中作特殊应用者。

5.1.2　食品添加剂的使用标准

《食品安全国家标准　食品添加剂使用标准》（GB 2760—2024）中明确指出了允许使用的食品添加剂品种、用途、使用的食品范围以及在食品中的最大使用量或残留量。使用食品添加剂的关键在于使用量，抛开剂量谈危害，是不科学的。任何一种食品添加剂在规定的范围和用量下使用不仅是安全的，也是必要的。

GB 2760—2024 中规定了食品添加剂在各种食品中的最大使用量，其目的是确保一天吃多种食品时，其食品添加剂的摄入量不超过每日允许摄入量（ADI）。而这个 ADI 值是经过国家卫生部门评估而来的，也就是在确保不产生健康风险的情况下，以体重为基础的人体每日可能摄入的食品添加剂量。所以即使一天吃很多种食品，也不会造成摄入的食品添加剂过量。需要注意的就是会对特殊人群造成不利影响的食品添加剂。比如甜味剂阿斯巴甜，在 GB 2760—2024 中规定添加阿斯巴甜的食品应标明："阿斯巴甜（含苯丙氨酸）"。此外，像二氧化硫、硫黄、亚硫酸盐等含硫食物在婴幼儿食品中禁止使用，在可以添加的食品中也有严格的最大使用量和残留量的规定，以避免对人类健康产生危害。

食品中添加剂的使用限量的制定程序一般如下（图 5-1）。

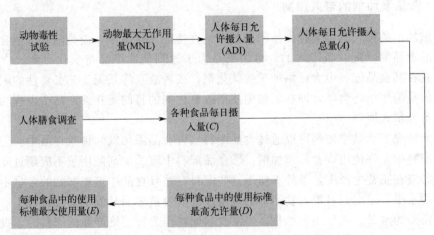

图 5-1　食品中添加剂的使用限量的制定程序

① 根据动物毒性试验确定动物最大无作用量（maximum no effect level，MNL）。

② 根据 MNL 确定人体每日允许摄入量（ADI）值。ADI 是指人类每日摄入该物质直至终生，而不会产生可检测到的对健康产生危害的量。

$$ADI(mg/kg)=MNL(mg/kg)\div100(安全系数)$$

③ 将每日允许摄入量（ADI）乘以平均体重求得每人每日允许摄入总量（A）。$A=$ADI×平均体重。

④ 根据膳食调查，搞清膳食中含有该物质的各种食品的每日摄入量（C），然后即可分别算出其中每种食品含有该物质的最高允许量（D）。

⑤ 根据该物质在食品中的最高允许量（D），制定出该种添加剂在每种食品中的最大使用量（E）。

5.1.3 食品添加剂的使用原则

食品添加剂主要应用在食品加工过程中，添加剂的使用应当严格遵循安全和适量的原则，避免对人体健康造成影响。

5.1.3.1 食品添加剂使用的基本要求

食品添加剂使用的基本要求包括：①不应对人体产生任何健康危害；②不应掩盖食品腐败变质；③不应掩盖食品本身或加工过程中的质量缺陷或以掺杂、掺假、伪造为目的而使用食品添加剂；④不应降低食品本身的营养价值；⑤在技术上确有必要，并在达到预期效果的前提下尽可能降低在食品中的使用量。

5.1.3.2 食品添加剂的使用范围

食品添加剂的使用范围包括：①保持或提高食品本身的营养价值；②作为某些特殊膳食用食品的必要配料或成分；③提高食品的质量和稳定性，改进其感官特性；④便于食品的生产、加工、包装、运输或者贮藏。

5.1.3.3 食品添加剂的带入原则

食品添加剂的带入是指某种食品添加剂不是直接加入食品中，而是随着其他含有该种食品添加剂的食品原（配）料带入的。但如果是为了达到使终产品抗氧化、延长货架期等作用，而故意在其食品配料中大量添加某抗氧化剂，或者故意将某无工艺必要性的配料以抗氧化剂载体的身份用于终食品，即在配料中使用抗氧化剂的目的是在终产品中发挥功能作用的情况，不符合带入原则。

在下列情况下食品添加剂可以通过食品配料（含食品添加剂）带入食品中：①根据本标准，食品配料中允许使用该食品添加剂；②食品配料中该添加剂的用量不应超过允许的最大使用量；③应在正常生产工艺条件下使用这些配料，并且食品中该添加剂的含量不应超过由配料带入的水平；④由配料带入食品中的该添加剂的含量应明显低于直接将其添加到该食品中通常所需要的水平。需要注意的是，当某食品配料作为特定终产品的原料时，批准用于上述特定终产品的添加剂允许添加到这些食品配料中，同时该添加剂在终产品中的量应符合本标准的要求。在所述特定食品配料的标签上应明确标示该食品配料用于上述特定食品的生产。

5.1.4 食品添加剂的安全性与管理

我国目前允许使用的食品添加剂都经过了食品安全风险评估。GB 2760—2024 中对批准使用的食品添加剂的名称、分类、使用范围、用量等都做了明确规定，只要按照该标准的要求使用，其安全性是有保证的。但我国食品添加剂生产与应用领域仍存在着产品质量较差、滥用等问题，给食品安全带来了很大的隐患，也影响食品添加剂和食品加工产业的发展。

5.1.4.1 食品添加剂本身的潜在风险

有些食品添加剂本身有一定的危害性，由于还没有找到更好的替代品，仍然在使用。如发色剂硝酸盐、亚硝酸盐在一定的剂量时会对人体健康有害；色素柠檬黄等偶氮染料，长期、高剂量使用可引起支气管哮喘、荨麻疹、血管性水肿等症状；香料中很多物质可引起呼吸道发炎、咳嗽、喉头水肿、皮肤瘙痒等。

在食品添加剂制造过程中，由于操作不规范、卫生不合格等因素的影响，可能造成产品的质量不合格，有些还含有少量的汞、铅、砷等有害物质。这些杂质将会影响食品安全，危害消费者健康。

如果食品储藏的时间过长，其中的食品添加剂可能发生转化而影响食品质量和消费者健康。例如赤藓红色素可以转化为荧光素，亚硝酸盐可能形成亚硝基化合物，偶氮类染料可能形成游离芳香族胺等。有些食品添加剂相互之间，或与食品成分，或与其他食品污染物之间存在相互作用，可能会带来意想不到的毒性问题。例如英国食品标准局在其官方网站公布消息称，如果汽水同时含有防腐剂苯甲酸钠与抗氧化剂维生素 C，它们可能发生相互作用而生成具有致癌性的苯。

5.1.4.2　食品添加剂使用中存在的问题

食品添加剂可能的毒性除与它本身的结构和理化性质有关外，还与其有效浓度、作用时间、接触途径和部位、物质的相互作用和机体的机能状态等有关。

（1）食品添加剂超范围使用

如丙二醇是一种允许在生湿面制品、糕点等食品中使用的食品添加剂，但不允许在乳制品中使用。2022 年 8 月，麦趣尔集团股份有限公司在生产麦趣尔纯牛奶以及牛奶的前处理环节中，在将原奶导入存储罐过程中超范围使用食品添加剂。该食品添加剂的成分为"INS 1520 丙二醇 97.3%、食品用香料 2.2%、水 0.5%"。因超范围使用食品添加剂，麦趣尔被罚没 7315.1 万元。

（2）食品添加剂超限量使用

如近年来酱腌菜的生产逐渐低盐化，作为常温保存的产品，盐分含量降低可使产品的保存周期缩短。为此，部分企业通过加大防腐剂用量来抑制产品中的微生物，造成产品中苯甲酸钠等防腐剂含量超标。

（3）产品标识不符合规定

《食品安全国家标准　预包装食品标签通则》（GB 7718—2011）对产品标识进行了相应规定。甜味剂、防腐剂、着色剂应标示具体名称，使用其他食品添加剂的应在产品上按 GB 2760 的规定标示具体名称或种类名称。当一种食品添加了两种或两种以上着色剂时，可以标示类别名称（着色剂），再在其后加括号，标 GB 2760 规定的代码。但是，有些食品生产企业不如实标示添加的食品添加剂，特别是防腐剂、合成色素、甜味剂等，却宣传"不含任何食品添加剂""纯天然"等字样欺骗、误导消费者。有些食品生产企业在商品标示时语言模糊，如在产品包装配料表中只是标注食品添加剂的类别，却不标明具体品种，有的在产品不明显的地方用很小的字体标示。这些行为等于剥夺了消费者的知情权和选择权，侵害了消费者的权益。

（4）违禁使用非法添加物

是指在食品中将化工原料或药物当成食品添加剂使用，如"三聚氰胺毒奶粉事件"中的三聚氰胺，某些辣椒酱及其制品和红心鸭蛋等中的苏丹红；某些水发食品中添加的工业用火碱、过氧化氢和甲醛，用于面粉漂白的工业吊白块等。

5.1.4.3 食品添加剂的安全性评价

为确保食品添加剂的安全性，必须对其进行安全性评价。

（1）**食品添加剂的毒理学评价程序**

食品添加剂的毒理学评价程序参见 GB 15193.1—2014《食品安全国家标准　食品安全性毒理学评价程序》的相关内容。

（2）**食品添加剂的使用限量与相关参数**

JECFA 规定的用于评价食品添加剂毒性安全性的重要指标如下。

① 半数致死量 LD_{50}　LD_{50} 越大其毒性越小，在食品中使用时越安全。

② 每日允许摄入量 ADI　ADI 是评价食品添加剂最重要，也是最终的标准。ADI 值越大，说明这种添加剂的毒性越低。

③ 食品添加剂在食品中的最大使用量（单位：g/kg）　制定步骤如下。

第一步，将 ADI 值乘以平均体重得到每人每日允许摄入量。

第二步，根据人群的膳食调查，搞清膳食中含有该添加剂的各种食品的每日平均摄入量。

第三步，分别算出每种食品含有该添加剂的最高允许量。

第四步，根据该添加剂在食品中的最高允许量制定出该添加剂在每种食品中的最大使用量。为了充分保证人体安全，原则上总是希望食品添加剂在食品中的最大使用量标准低于最高允许量，具体要按照其毒性及使用等实际情况确定。也可以用 JECFA 推荐的"丹麦预算法"（DBM）来推算，这种方法目前已被世界各国公认和采用，即：食品添加剂的最大使用量＝40×ADI。

（3）**我国对食品添加剂的安全性评价**

根据《食品添加剂新品种管理办法》（2010 年 3 月 30 日卫生部令第 73 号发布根据 2017 年 12 月 26 日《国家卫生计生委关于修改〈新食品原料安全性审查管理办法〉等 7 件部门规章的决定》修订）的规定，食品添加剂应当在技术上确有必要且经过风险评估证明安全可靠。未列入食品安全国家标准或公告允许使用的食品添加剂品种，以及扩大使用范围或使用量的食品添加剂品种，必须获得批准后方可生产、经营或使用。申请食品添加剂新品种生产、经营、使用或者进口的单位或者个人（以下简称申请人），应当提出食品添加剂新品种许可申请，并提交安全性评估材料，包括生产原料或者来源、化学结构和物理特性、生产工艺、毒理学安全性评价资料或者检验报告、质量规格检验报告。国家卫生计生委（现国家卫生健康委员会）应当在受理后 60 日内组织医学、农业、食品、营养、工艺等方面的专家对食品添加剂新品种技术上确有必要性和安全性评估资料进行技术审查，并作出技术评审结论。必要时，可以组织专家对食品添加剂新品种研制及生产现场进行核实、评价。根据技术评审结论，国家卫生计生委（现国家卫生健康委员会）决定对在技术上确有必要性和符合食品安全要求的食品添加剂新品种准予许可并列入允许使用的食品添加剂名单予以公布。国家卫生计生委（现国家卫生健康委员会）根据技术上必要性和食品安全风险评估结果，将公告允许使用的食品添加剂的品种、使用范围、用量按照食品安全国家标准的程序，制定、公布为食品安全国家标准。

5.1.4.4 食品添加剂的卫生管理

各国都采取一定的法规对食品添加剂进行管理。我国于 1981 年制定了第一个《食品添加剂使用卫生标准》（GB 2760—1981），随着食品工业的发展和对国家食品安全的高度重视，GB 2760 也不断被修订。修订后的标准充分借鉴和参照了国际食品添加剂法典委员会标准的框架，无论是添加剂的使用原则、分类系统的设置，还是添加剂使用要求的表述，都尽可能与国际食品添加剂法典委员会相一致。

目前，我国与国际食品添加剂法典委员会和其他发达国家的管理措施基本一致，建立了食品添加剂管理相关法规制度，规范食品添加剂的生产经营和使用管理。我国食品添加剂的使用原则：由各省、自治区、直辖市的主管和卫生部门，国家卫生健康委员会，国家市场监督管理总局根据有关法规与标准，对食品添加剂的生产、运输、销售、使用等各有关环节加强监督，进行严格控制与管理。列入我国国家标准的食品添加剂，均已进行了安全性评价，并经过食品安全国家标准审评委员会食品添加剂分委员会严格审查，公开向社会及各有关部门征求意见，确保其技术必要性和安全性。

（1）食品添加剂监管职责分工

我国从 20 世纪 50 年代开始对食品添加剂实行管理，1973 年成立食品添加剂卫生标准科研协作组，开始全面研究食品添加剂的有关问题。《中华人民共和国食品安全法》及《中华人民共和国食品安全法实施条例》规定，食品添加剂监管部门包括国家卫生健康委员会、国家市场监督管理总局、国家发展和改革委员会及工业和信息化部。卫健委负责食品添加剂的安全性评估和新品种许可，制定食品添加剂的使用标准、产品标准等食品安全国家标准。国家市场监督管理总局负责食品添加剂生产加工、流通、餐饮环节以及食品企业使用监管。国家发展改革委及工业和信息化部负责食品添加剂行业管理、制定生产政策和指导生产企业诚信体系建设。各部门监管职责明确，协调配合，共同保障食品添加剂规范使用和食品安全。

（2）食品添加剂生产经营的主要监管制度

为贯彻落实《食品安全法》及《食品安全法实施条例》，加强食品添加剂的监管，按照《关于加强食品添加剂监督管理工作的通知》（卫监督发〔2009〕89 号）和《关于切实加强食品调味料和食品添加剂监督管理的紧急通知》（卫监督发〔2011〕5 号）的要求，各部门积极完善食品添加剂相关监管制度。在安全性评价和标准方面，制定了《食品添加剂新品种管理办法》、《食品添加剂新品种申报与受理规定》、《食品安全国家标准　食品添加剂使用标准》（GB 2760—2024）、《食品安全国家标准　食品营养强化剂使用标准》（GB 14880—2012）以及食品添加剂质量标准，如《食品安全国家标准　食品添加剂　硫黄》（GB 3150—2010）等。在生产环节，制定了《食品添加剂生产监督管理规定》《食品添加剂生产许可审查通则》。在餐饮服务环节，出台了《餐饮服务食品安全监督管理办法》《餐饮服务食品安全监督抽检工作规范》《餐饮服务食品安全责任人约谈制度》，严格规范餐饮服务环节食品添加剂使用行为。

5.2　常用食品添加剂

5.2.1　护色剂

5.2.1.1　概述

护色剂，又称发色剂，发色剂本身是无色的，它与食品中的色素发生反应形成一种新物质，这种物质可增加色素的稳定性，使之在食品加工、保藏过程中不被分解、破坏。护色剂主要有硝酸盐和亚硝酸盐，用于肉制品色泽的保持，能与肉及肉制品中呈色物质作用，使之在食品加工、保藏等过程中不致分解、破坏，呈现良好色泽。

我国目前允许使用的护色剂主要有硝酸盐、亚硝酸盐、葡萄糖酸亚铁、D-异抗坏血酸及其钠盐等7种，其中硝酸盐和亚硝酸盐的安全性相对较低。硝酸钠为无色、无臭柱状结晶或白色细小结晶粉末，分子式 $NaNO_3$，味咸并稍带苦味，有吸湿性，易溶于水及甘油，微溶于乙醇。高温时分解成亚硝酸钠。硝酸盐具有毒性作用主要是因为它在食物、水或胃肠道，尤其是婴幼儿的胃肠道中，易被还原为亚硝酸盐，其 ADI 值为 0～5mg/kg 体重。GB 2760—2024 规定：硝酸钠可用于肉制品，最大使用量为 0.5g/kg。残留量以亚硝酸钠计，不得超过 0.03g/kg。国际食品添加剂法典委员会（CCFA）建议此添加剂可用于火腿和猪脊肉，最大用量 0.5g/kg，单独或与硝酸钾并用。此外，本品还可用于多种干酪防腐，最大用量为 0.5g/kg，单独或与硝酸钾并用。

亚硝酸钠为白色或微黄色结晶或颗粒状粉末，分子式 $NaNO_2$，无臭，味微咸，易吸潮，易溶于水，微溶于乙醇。在空气中可吸收氧逐渐变为硝酸钠。本品为食品添加剂中急性毒性较强的物质之一。大量亚硝酸盐进入血液后，可使正常血红蛋白变成高铁血红蛋白，失去携氧能力，导致组织缺氧。潜伏期仅为 0.5～1h，症状为头晕、恶心、呕吐、全身无力、心悸、全身皮肤发紫。严重者会因呼吸衰竭而死。暂定 ADI 值为 0～0.2mg/kg。

5.2.1.2 硝酸盐和亚硝酸盐对人体健康的影响

（1）引起急性中毒

我国每年均有多起亚硝酸盐中毒事件发生，主要是将亚硝酸盐当作食盐误食而引起急性中毒，主要症状有组织缺氧，表现为口唇、指甲及全身皮肤出现紫绀等，并有头昏、恶心、呕吐、腹痛、腹泻等症状，严重者死亡。另外，亚硝酸盐能够透过胎盘进入胎儿体内，对胎儿有致畸作用。人一次性摄入 0.2～0.5g 亚硝酸盐将引起轻度中毒。

（2）生成有致癌作用的亚硝胺

亚硝酸盐是合成亚硝胺类化合物的前体物质。亚硝胺类化合物的致癌性极强，动物实验已明确其致癌性，它可引起多种动物患肿瘤，同时还具有致畸和致突变作用，而且还通过胎盘使胎儿致癌。尽管目前尚缺乏亚硝胺对人类致癌的直接证据，但流行病学资料表明，人类某些癌症如胃癌、食管癌、肝癌等的发病可能与亚硝胺有关。在肉制品、咸鱼、霉变食物中均可检出亚硝胺。在肉制品如香肠、午餐肉等加工过程中加入的发色剂硝酸盐和亚硝酸盐，可与肉类制品中蛋白质分解产生的胺类物质发生反应，生成亚硝胺。当肉类原料不新鲜时，蛋白质分解产生大量的胺类物质，生成的亚硝胺更多。在腌制咸鱼时，如果鱼不新鲜，蛋白质分解产生大量胺类物质；如果腌制用的粗盐中含有杂质亚硝酸盐，则咸鱼中就会有亚硝胺类物质。同时，人体也能合成亚硝胺。食品中的硝酸盐和亚硝酸盐进入人体后，在适宜的条件下，与体内的胺类物质在口腔、胃、膀胱内合成亚硝胺。

5.2.1.3 硝酸盐和亚硝酸盐的安全使用

（1）严格控制硝酸盐和亚硝酸盐的使用量和残留量

各国都对食品中亚硝酸盐添加量进行严格规定，我国 GB 2760—2024 对肉制品加工中亚硝酸盐、硝酸盐的最大使用量和残留量（以亚硝酸钠计）都进行了相关规定。此外，餐饮服务提供者不应采购、贮存、使用亚硝酸盐等国家禁止在餐饮业使用的品种。

（2）降低肉制品中亚硝酸盐对人体的危害

世界各国都致力于研究减少肉制品中亚硝酸盐残留量以减少亚硝胺的生成，从而降低对人体健康的危害，其方法主要有以下几种。

① 添加一些护色助剂与护色剂合用，如添加抗坏血酸、异抗坏血酸、维生素 E、烟酰胺等，可促进护色，抗坏血酸与 α-生育酚还可以与亚硝酸盐有高度亲和力，在体内能防止亚硝化作用，阻断亚硝胺的合成。

② 添加一些天然物质可以降低亚硝酸盐残留，以阻断亚硝胺的合成。大蒜含有的大蒜素可以抑制胃中硝酸盐还原菌，降低胃内亚硝酸盐含量；姜汁提取液对亚硝酸盐有清除作用，对 N-二甲基亚硝胺的合成有一定阻断作用；茶多酚含量高的茶叶如绿茶，阻断 N-亚硝基化合物合成效果较好；富含维生素 C、维生素 E、核黄素的食物，均可抑制胃中亚硝胺形成。

③ 添加一些能起到类似亚硝酸盐发色作用的物质，如天然红曲色素、氨基酸、肽，添加一些有防腐作用的物质，如山梨酸钾，以减少亚硝酸盐的用量，从而降低亚硝酸盐的残留量。

④ 利用如乳酸菌等能降解亚硝酸盐的微生物发酵动物性食品，降低亚硝酸盐残留，减少亚硝胺的生成。

⑤ 减少食用含有较多亚硝酸盐的食物如咸鱼、咸菜、腊肉、火腿等食物；油煎后可产生亚硝基吡咯烷，致癌性剧增，因此应该避免长时间高温油煎鱼肉食品。

5.2.2　膨松剂

5.2.2.1　概述

膨松剂是指在食品加工过程中加入的，能使食品形成致密多孔组织，从而使食品膨松、柔软或酥脆的物质，是糕点和饼干等焙烤食品生产或家庭蒸面食品中常用的添加剂。膨松剂又称为面团调节剂，不仅能使面团起发、体积膨大，形成松软的海绵状多孔组织，使之柔软可口易咀嚼，而且在一定程度上可以通过刺激味觉神经，加速消化酶的降解，从而使食品能容易消化吸收，避免营养损失并呈现特殊风味，是面包、馒头、蛋糕、饼干等食品的重要添加剂。

膨松剂按照物质性质和作用原理可分为生物膨松剂和化学膨松剂两大类，其中生物膨松剂以酵母或酵母制品为主；化学膨松剂又可分为单一膨松剂和复合膨松剂两大类。单一膨松剂多为碱性化合物，如碳酸钠（苏打）、碳酸氢钠（小苏打）、碳酸氢铵和轻质碳酸钙等碳酸盐，它们在一定温度下受热产生气体，是食品产生多孔海绵状疏松组织的原动力。复合膨松剂由多种成分配合而成，俗称发酵粉或焙粉，一般由碳酸盐类、酸性物质、淀粉、脂肪酸等成分组成。碳酸盐类是主要成分之一，常用的有碳酸氢钠，作用是与酸反应产生二氧化碳使产品膨松。

5.2.2.2　膨松剂的安全性问题

生物膨松剂总体较安全，而化学膨松剂的安全性相对较低。常用的含铝膨松剂硫酸铝钾（又名钾明矾）、硫酸铝铵（又名铵明矾）在面包、饼干、油条等面制品加工过程中起到膨松、起酥的作用，从而使产品的外观、质地、口感更受消费者的喜爱。近年来，在生产过程中，由于面制品生产加工从业者安全意识薄弱、监管力度或宣传力度不足等方面的原因，面制品中常常出现超限量或超范围使用含铝食品添加剂的情况，在油炸面制品中尤为普遍。传统的油条加工通常会使用明矾，其中硫酸铝钾和硫酸铝铵的不合理使用是食品中铝残留量超标的主要因素之一。但是铝并非人体的必需元素，过量的铝可扰乱人体的代谢作用，对人体健康造成长期的、缓慢的危害。据研究报道，饮食中过量的铝暴露会导致人体内抗氧化体系的失衡，增加人体受到的氧化损伤。机体内过量的铝会引发细胞内钙离子平衡的失调，进而影响到第二信使系统。此外，铝暴露会导致体内能量代谢失调、核酸表达抑制，进而导致体内神经、免疫、骨骼等系统的功能受损。因此，铝的长期蓄积可能导致阿尔茨海默病、透析脑病、肌萎缩侧索硬化等神经退行性病变，使得免疫力低下的老年患者出现痴呆、儿童出现发育迟缓、孕妇出现胎儿发育不良等严重后果。

据报道，在面制食品中泡打粉的使用量一般在 $1\%\sim3\%$，如用铝含量 2% 的泡打粉，按 1% 添加量使用，加工后的食品铝残留量至少在 $200mg/kg$，远超过国家标准规定的铝残留量 $\leqslant100mg/kg$ 的要求。目前市售复合膨松剂中铝含量一般都在 3% 以上，这就更容易造成面制食品中铝残留严重超标。

近年来，我国市场上出现的不符合食品安全标准的膨化食品，其主要原因与含铝膨松剂使用有关。在膨化食品加工期间，一些商家为追求酥脆的口感和良好的外观，置消费者的健康而不顾，加入含铝膨松剂。虽然无铝膨松剂已经在市场售卖，但由于无铝膨松剂的成本远高于含铝膨松剂，出于企业利益考虑，有些企业仍然倾向于选择含铝膨松剂，从而增加了食品中的铝含量。在生产过程中，一些企业为了膨化食品的口感，甚至超量使用膨松剂，这也是导致膨化食品中铝含量超标的重要原因。

5.2.2.3　膨松剂的安全使用

我国于 2007 年首次将铝纳入国家食品安全风险监测计划，并详细规定了含铝食品添加剂的使用标准。GB 2760—2024 中明确规定：作为膨松剂和稳定剂的硫酸铝钾 $[KAl(SO_4)_2\cdot12H_2O]$、硫酸铝铵 $[NH_4Al(SO_4)_2]$，可应用于豆类制品、面糊、油炸面制品、虾味片、焙烤食品、海蜇类腌制水产品等，使用时按照生产需求适量添加，除海蜇类腌制水产品铝残留量需 $\leqslant500mg/kg$（以即食海蜇中 Al 计）外，其余食品中铝的残留量需 $\leqslant$ $100mg/kg$（干样品，以 Al 计）。

2014 年 6 月，《关于调整含铝食品添加剂使用规定的公告》发布，公告明确，自 2014 年 7 月 1 日起，禁止将酸性磷酸铝钠、硅铝酸钠和辛烯基琥珀酸铝淀粉用于食品添加剂生产、经营和使用，膨化食品生产中不得使用含铝食品添加剂，小麦粉及其制品 [除油炸面制品、面糊（如用于鱼和禽肉的拖面糊）、裹粉、煎炸粉外] 生产中不得使用硫酸铝钾和硫酸铝铵。近年来有研究人员以油条为例来探究食品酶制剂和酵母替代传统面制品膨松剂使用的可行性。这种新型复合膨松剂成分主要为食品酶和食品微生物，无铝元素添加，在保证膨松效果的前提下实现了安全健康的目的，具有广阔的应用前景。

随着科学技术的发展，无矾膨松剂、无铝复合膨松剂和发酵型无铝复合膨松剂等新型添加剂逐渐取代了明矾，并广泛应用到面制品加工过程中，不仅避免了铝对人体的潜在危害，还优化了面制品的质量和食用品质。因此，政府各相关部门应加大宣传力度，使公众和食品生产者能充分认识到铝对人体健康的影响以及含铝膨松剂与食品中铝污染的重要关系，大力倡导企业使用天然的酵母菌生产发酵面制食品或用无铝或低铝复合膨松剂取代含铝复合膨松剂。作为消费者应该增强食品安全意识，日常生活中优先选择食用"无矾""无铝"膨松剂的食品。

 思考题

1. 简述食品添加剂的定义。
2. 食品添加剂是否属于食物的正常成分？不使用添加剂的食品质量更好吗？
3. 食品添加剂使用过程存在哪些问题，请结合实际谈谈。
4. 为什么要对食品添加剂进行安全性评价？
5. 试述我国食品添加剂的使用原则。
6. 复合膨松剂的组分及各组分的作用分别是什么？
7. 传统的复合膨松剂的安全性如何？

第6章
各类食品的卫生及管理

 导言

> 食品种类繁多，性质各不相同。因此，需要根据各类食品的特点，研究其特有的、主要的和容易出现的卫生学问题，并提出相应的预防措施和有效的卫生监督管理方案。在确保粮食供给的同时，保障肉类、蔬菜、水果、水产品等各类食物有效供给。

食品在生产、运输、储存和销售等环节都可能受到不同污染物的污染，从而出现各种安全卫生问题，威胁人体健康。因此，为了保证食品的营养，防止食品的污染，避免有害物质对人体的危害，有必要研究和掌握各类食品的安全卫生问题，有利丁采取适当的预防控制措施，确保食品安全。

6.1 粮谷类食品的卫生及管理

粮谷类食品是膳食的重要组成部分，是我国居民的主食，按照是否经过加工，可以分为原粮和成品粮。原粮一般是未经加工的粮食统称，如稻谷、小麦、大麦、玉米、青稞和莜麦等；成品粮主要是将原粮经过加工脱去皮壳或磨成粉状以后，符合一定标准的成品粮食的统称，如面粉、大米、小米、玉米面及其他粮食加工品等。

6.1.1 粮谷类食品的卫生问题

6.1.1.1 仓储害虫的污染

仓储害虫为贮藏期间粮食及其产品的害虫和害螨的统称。虫源主要是空仓内或贮粮器材内潜藏的害虫，入仓的粮食在田间或运输加工过程中已受侵染的害虫，以及从仓外进入的害虫。仓储害虫在原粮、半成品粮中均能生长，若仓库温度、湿度较高，则适于虫卵孵化繁殖。谷粒被害虫蛀食后，碎粮增多；此外，虫粪、虫尸和害虫分泌物、排泄物也能污染粮食，或促使粮食霉变。世界上发现的仓储害虫有 300 多种，我国已记载的仓储害虫有 100 多种，其中甲虫（如米象）损害米、麦及豆类；蛾类（如螟蛾）损害稻谷；螨类（如粉螨）损害麦、面粉及花生等。

6.1.1.2 真菌及真菌毒素

谷物中富含蛋白质、碳水化合物、脂肪等营养成分，这些营养物质为粮食中微生物的生长、繁殖提供了物质基础。粮食中的微生物主要分布在谷物表面，附着于表皮或颖壳上，有的还会侵入谷粒内部，分布在皮层、胚乳和胚芽中。粮食上的微生物主要有细菌、酵母菌和真菌三大类群。就危害粮食的严重程度而言，以真菌最为突出，细菌次之，酵母较为轻微。

真菌在自然界分布很广，由于世界各国经纬度、地形、季节、日照、温度、湿度、贮存等条件的不同，不同地区粮食被霉菌污染的情况存在差异。对粮食作物危害最大以及对食品安全危害最严重的是真菌毒素。据联合国粮农组织（FAO）资料，世界上每年约有 25% 的谷物受到不同程度的真菌毒素污染。在我国小麦、稻谷和玉米三大粮食作物中，主要的真菌毒素是黄曲霉毒素和镰刀菌毒素，其次是赭曲霉毒素 A 和柄曲毒素。此外，粮食中常见的橘青霉、产黄青霉、黄绿青霉和岛青霉等也能在粮食贮藏过程中产生毒素，如黄变米中毒就是由以上几种真菌产生的毒素引起。迄今发现的真菌毒素已有 300 多种。许多真菌毒素的毒性作用是多器官性的，即可同时损害两个以上的器官或组织。更为严重的是，部分真菌毒素已被证实具有"三致"作用，这使得对可能存在污染的粮食及相关食品必须制定最大允许限量标准。各国对粮食及相关食品中主要的真菌毒素都制定了限量标准，并将其作为检测中的重要指标。

6.1.1.3 自然陈化

粮食在储藏过程中，随着储藏时间延长，虽未霉变，但由于酶活力减弱，呼气降低，原生质体萎缩，物理、化学活性改变，生活力减弱，食用品质和可利用品质发生劣变，这种粮食由新到陈、由旺盛到衰老的过程称为粮食的陈化。粮食陈化是一个逐步发生的过程，是粮食到了生理成熟期后，生存能力发生不可逆的变化。粮种不同，陈化的出现亦有差异。大体来说，除小麦外，大多数粮食储藏一年，即有不同程度的陈化表现，成品粮比原粮更容易陈化。大米陈化后黏性、油性都变差，有一种"陈米味"。面粉陈化后发酵能力变差，发紧、发黏。但小麦贮存一年，种用品质稳定，食用品质得到改善。高温高湿环境可促进陈化的出现和发展，低温干燥条件可延缓陈化出现。杂质多，虫霉滋生，易加速粮食陈化，特别对于大米，如水分大、温度高、精度低、糠粉多、虫霉侵害，陈化进展加快，反之则进度缓慢。

6.1.1.4 农药残留

我国常用的农药包括有机磷类、氨基甲酸酯类和拟除虫菊酯类，以及过去广泛使用的有机氯类、有机汞类、有机砷类等。粮谷类食品可通过施用农药和从被农药污染的环境中吸收农药等途径受到直接或间接污染。

有机磷农药是目前使用量最大的一类农药，大多作为杀虫剂使用。由于其性质不稳定，可通过淘洗、加工及烹调等方法减少其在食品中的残留。氨基甲酸酯类农药被广泛用作杀虫剂、杀菌剂和除草剂，拟除虫菊酯类农药常用作杀虫剂和除螨剂，由于二者的理化性质不稳定且易于分解，因此采用合理的施药方法后在粮食上残留量较低，对人畜毒性也相对较小。

在 20 世纪 80 年代以前，有机氯农药对粮食的污染较为严重，我国自 1983 年禁止生产和使用以后，在主要食品中滴滴涕和六六六（两种广谱性有机氯杀虫剂，已先后被禁用）的残留检出量不断下降。有机汞农药是防治水稻稻瘟病及麦类赤霉病的高效有毒杀虫剂。由于汞的残留毒性很大，所以我国在 20 世纪 70 年代已禁止使用和生产。在国外多用于拌种杀菌，但由于麦种拌药后保管不严，拌药的麦种很容易混进正常粮食，从而引起误食中毒事件。有机砷农药主要用于防治水稻纹枯病，由于砷元素可长期残留在土壤中，目前已禁用。除草剂品种较多，不论喷洒或土壤处理，均有部分被植物所吸收，并在植物体内积累，对粮食造成污染。但除草剂通常在农作物的生长早期使用，且在土壤中易被微生物分解，因此粮食中的残留量相对较低。

6.1.1.5 其他影响因素

（1）有毒植物种子

禾本科的粮食作物籽粒是人类粮食的主要来源，它们不含有毒成分，可安全食用。但自然界还存在一些有毒的植物种子，容易被误食。

如毒麦，毒麦是禾本科黑麦草属的一年生草本植物，是混生在麦田中的一种恶性杂草，其繁殖力和抗逆性很强。成熟籽粒极易脱落，通常有 10％～20％落于田间。由于其种子含有黑麦草碱、毒麦碱等多种生物碱，能麻痹人体中枢神经系统，故人畜食用含有 4％以上的毒麦面粉即可引起中毒。

此外，若禾本科植物种子籽粒中掺杂其他有毒植物种子，食用面粉类制品后可产生食物中毒现象，例如麦仙翁籽等能引起人体胃肠道疾病。

（2）污水灌溉污染

对污水的再生利用是减轻水体污染、改善生态环境、解决缺水问题的有效途径之一，这也是我国许多地方特别是北方地区将城市生活污水和工业废水进行无害化处理后直接或间接地用于农田灌溉的原因。污水灌溉并不是完全无风险。污水中的多种有害有机成分经过生物、化学及物理方法处理后可以减轻甚至消除，而以金属毒物为主的无机有害成分可使农作物受到污染。未经处理或处理不达标的污水通常含有微生物和病原体、化学污染物、抗生素残留物等物质，用来灌溉农田最易使土壤受到严重污染。土壤污染造成有害物质在农作物中积累并通过食物链进入人体，从而引发各种疾病危害人体健康。

（3）意外污染和掺假

粮食意外污染是指粮食因运输工具未清洗消毒或清洗消毒不彻底而被污染，或使用盛放过有毒物质的旧包装物的污染，以及贮存库位、库房不专用，被有毒有害物质污染，灭鼠药等药物保管不当的污染等。此外，还包括加工粮食制品时误用了有毒有害的非食品添加剂等。谷类食品允许使用的食品添加剂种类较多，如在面制品中添加含铝添加剂所引起的金属残留问题不容忽视。粮食熏蒸剂的使用不合理也是导致粮食污染的重要因素之一。

粮食掺假是指为了掩盖劣质粮食或以低质粮冒充高质粮或掺入砂子或使用增白剂等。如在大米中掺入霉变米、陈米；在面粉中掺入滑石粉、石膏、吊白块等。尤其在粮食类食品中掺入非法使用的吊白块（次硫酸氢钠甲醛）等工业增白剂，在全国多个地区都有报道。例如，吊白块漂白食品后会有甲醛残留，可损害肝、肾以及中枢神经系统，影响机体的代谢功能。

6.1.2 粮谷类食品的卫生管理

6.1.2.1 源头管理

为了控制农药残留，谷类在种植过程中要合理使用农药，确定用药品种、用药剂量、施药方式及残留量标准。要定期检测农田污染程度及粮食（如有害金属）的污染水平。此外，农田灌溉用水必须符合《农田灌溉水质标准》（GB 5084—2021），工业废水和生活污水必须经处理达到《农田灌溉水质标准》后才能使用，并根据作物品种掌握灌溉时间及灌溉量。此外，加强选种、田间管理可有效减少有毒种子的污染。

6.1.2.2　生产过程管理

在粮谷类食品的生产加工过程中必须执行良好生产规范（GMP）和危害分析与关键控制点（HACCP），以保证粮食类食品的卫生安全。为了防止无机夹杂物及有毒种子的污染，可以按照 GB/T 5494—2019《粮油检验　粮食、油料的杂质、不完善粒检验》等标准，如在粮谷加工过程中安装过筛、吸铁和风车筛选等设备可有效去除有毒种子和无机夹杂物，有条件时，逐步推广无夹杂物、无污染物的小包装粮谷产品。粮谷类食品要符合我国相关食品安全标准，如《食品安全国家标准　粮食》（GB 2715—2016）、《大米》（GB/T 1354—2018）、《玉米》（GB 1353—2018）、《食品安全国家标准　淀粉制品》（GB 2713—2015）等。

6.1.2.3　贮藏管理

粮谷类食品具有季节生产、周年供应的特点，因而仓储过程对维持粮食的原有质量、减少贮藏损失至关重要。粮谷含水分的高低与其贮藏时间的长短和加工密切相关。应将粮谷水分控制在安全贮存所要求的水分含量以下。粮谷的安全水分为 12%～14%，此外，粮谷籽粒饱满、成熟度高、外壳完整时贮藏性更好。因此，应加强粮食入库前的质量检查，同时还应控制粮谷贮存环境的温度和湿度。

为使粮谷在贮藏期不受霉菌和昆虫的侵害，应严格执行粮库的卫生管理要求：仓库建筑应坚固、不漏、不潮，能防鼠防雀；保持粮库清洁卫生，定期清扫消毒；控制仓库内温度、湿度、按时翻仓、晾晒，降低粮温，掌握顺应气象条件的门窗启闭规律；检测粮谷温度和水分含量的变化，加强粮谷的质量检查，发现问题立即采取相应措施。此外，仓库使用熏蒸剂防治虫害时，要注意使用范围和用量，熏蒸后粮食中的药剂残留量必须符合国家相关安全标准才能出库、加工和销售。

6.1.2.4　流通管理

运粮应有清洁卫生的专用车以防止污染。装过农药或有异味的车船未经彻底清洗消毒的，不准装运。粮谷包装必须专用并在包装上标明"食品包装用"字样。包装袋使用的原材料应符合卫生要求，袋上油墨应无毒或低毒，不得向内容物渗透。包装袋口应密闭牢固，防止撒漏。销售单位应按食品安全经营企业的要求设置各种经营房舍，搞好环境卫生。在销售过程中应做好防虫、防鼠、防潮及防霉变等措施，不符合要求的粮食应禁止加工销售。

6.2　豆类食品的卫生及管理

豆科是植物学中的一个大科，很多豆科植物都可作为食品或饲料，如大豆、花生、蚕豆等，还有一些著名的药用植物，如甘草、黄芪等。我国豆类作物品种很多，分为大豆类（包括黄豆、黑豆和青豆）和其他豆类（包括绿豆、赤豆、蚕豆和豌豆等）。豆类食品是以豆类为原料经加工制成的食品，分非发酵性豆制品和发酵性豆制品两大类。非发酵性豆制品包括豆腐类、豆腐干类、腐竹、豆奶及豆粉等。发酵豆制品主要包括腐乳类和豆豉。大豆是我国以及世界上种植面积最大、加工制品最多、食用最广、营养价值最高的品种，是我国居民优质蛋白质的重要来源。

6.2.1　豆类食品的卫生问题

6.2.1.1　豆类中常见的天然有毒有害物

豆类营养价值丰富，但本身含有的一些抗营养成分降低了大豆及其他豆类的生物利用率。如果烹调加工合理，可有效去除这些抗营养因素。然而，如果加热温度或时间不足，这些有害成分不能被彻底破坏，则会引起人体中毒。

（1）蛋白酶抑制剂

在豆科植物中常含有能抑制人体某些蛋白质水解酶活性的物质，其化学本质是多肽或蛋白质，被称为蛋白酶抑制剂。目前发现的蛋白酶抑制剂有 7～10 种，主要存在于大豆、菜豆中，可以对胰蛋白酶、糜蛋白酶、胃蛋白酶等的活性起抑制作用，尤其对胰蛋白酶的抑制作用最为明显。研究表明，蛋白酶抑制剂的有害作用不仅包括通过抑制蛋白酶活性以降低食物蛋白质的消化吸收，导致机体发生胃肠道的不良反应，还包括通过负反馈作用刺激胰腺，使其分泌能力增强，导致内源性蛋白质、氨基酸的损失增加，从而对动物的正常生长起抑制作用。

（2）植物红细胞凝集素

在豆科植物的种子中普遍含有一种能使红细胞发生凝集的蛋白质，称为植物红细胞凝集素。凝集素不被消化道的蛋白酶水解，其毒性主要表现在它进入消化道能刺激消化道黏膜，破坏消化道细胞，引起胃肠道的出血性炎症。还可与小肠细胞表面的特定部位结合后对肠细胞的正常功能产生不利影响，尤其是影响肠细胞对营养物质的吸收，导致生长受到抑制，严重时可导致死亡。不同豆类凝集素的毒性大小存在差异，大豆中凝集素的毒性较小；而菜豆中的凝集素毒性较大，但不同品种间也存在差异。

（3）脂肪氧化酶

目前在大豆中已发现近 30 种酶，其中脂肪氧化酶是较为突出的有害酶类。它能将大豆中的亚油酸和亚麻酸氧化分解，从而产生醛、酮、醇及环氧化物等物质，不仅会产生豆腥味，还可产生有害物质，导致大豆营养价值下降。

（4）致甲状腺肿素

致甲状腺肿素是硫氰酸酯、异硫氰酸酯、噁唑烷硫酮等物质的总称。在大豆中致甲状腺肿素的前体物质是硫代葡萄糖苷。单个硫代葡萄糖苷无毒，但在硫代葡萄糖苷酶的作用下会产生致甲状腺肿大的一系列小分子物质。致甲状腺肿素优先与血液中的碘结合，致使甲状腺素合成所需碘的来源不足，导致甲状腺代偿性增生肿大。

（5）苷类

在豆类中，含有多种苷类，主要是氰苷和皂苷。在豇豆、菜豆、豌豆等多种豆类中均发现有氰苷，水解时可产生氢氰酸，后者对人畜有严重毒性。大豆和菜豆中主要含有皂苷，皂苷是类固醇或三萜类化合物的低聚配糖体的统称。皂苷毒性主要体现在溶血毒性及其水解产物皂苷元的毒性。皂苷能够破坏红细胞的渗透性使其发生崩解。皂苷元可强烈刺激胃肠道黏膜，引起局部充血、肿胀、炎症，表现出恶心、呕吐、腹泻等症状。

（6）抗微量元素因子

像其他植物性食物一样，大豆中也含有多种有机酸，如植酸、草酸、柠檬酸等。这些有机酸能与铜、锌、铁及镁等矿物元素螯合，使这些营养成分不能被有效吸收利用。

6.2.1.2　真菌及真菌毒素

豆类在田间生长、收获、贮存过程中的各环节都可能受到微生物污染，豆类中常见的真菌有曲霉菌、青霉菌、毛霉菌和镰刀菌等，常见的细菌有乳酸杆菌、大肠埃希菌等。通常干豆的种粒上附着有害的微生物，特别是霉菌，且种皮的透性强，种皮与子叶之间有较大的空隙，在潮湿的条件下极易吸湿。如果储存条件不当，就会因为吸湿而发生霉变，特别是种皮受损的籽粒。此外，豆类收获以后，籽粒的呼吸作用并未停止，依然不断地吸收氧气，排出二氧化碳和水分，并且产生热量。呼吸作用会分解糖类、脂肪等营养成分，使得酸价升高。水分增加，温度和酸价的升高，内部酶活性的增强，会促进霉菌、细菌、酵母菌等各种微生物生长繁殖，使豆类易发生霉变，导致腐败变质，甚至产生毒素，对人体健康产生危害。因此，在一般储存条件下，当水分含量超过13％，豆温超过13℃，豆类就会发生霉变和浸油赤变。

6.2.1.3　其他影响因素

豆类可通过直接施用的农药或从被污染的环境吸收农药，以及贮存、运输及销售过程中防护不当等受到农药的直接或间接污染。若采用未经处理或处理不彻底的工业废水或生活污水灌溉农田，可以导致豆类受到有毒金属、酚类和氰化物等的污染。此外，豆类在生长、收割以及加工过程中还可能受到有毒植物种子、泥土、砂石等的污染，不仅影响感官品质，还能对人体的牙齿、胃肠道造成损伤。

目前豆制品的掺假问题也较为严重。如为了缩短豆芽的生长周期在豆芽生长过程中加入农药、化肥等催发；在豆制品中添加非食用色素；在豆腐生产中使用工业石膏点制等，这些都可产生多种污染物，当人食用后会给机体带来潜在危害。

6.2.2　豆类食品的卫生管理

6.2.2.1　原料种植及处理

原料种植时对各种污染的控制与谷类食品原料相同。原料使用前应仔细筛选，去除霉变、虫蚀等变质部分及混有的夹杂物和其他有害物质，要将大豆种子的水分含量降至12％以下。

6.2.2.2　钝化抗营养因子

豆类在经过加工以后可对抗营养因子起到不同程度的钝化作用。如采用常压蒸汽加热30min可破坏生大豆中的蛋白酶抑制剂；采用95℃以上加热15min，再用乙醇处理后减压蒸发可以钝化脂肪氧化酶；大豆加工成豆制品以后，可以有效去除植物红细胞凝集素、致甲状腺肿素、苷类、植酸等抗营养因子。

6.2.2.3　做好豆类食品的生产和贮运管理

生产车间建造及设施应符合卫生要求，生产过程中应注意个人卫生。使用的管道、容器、用具、包装材料及涂料等不得含有对人体有害的物质，且要经常保持清洁。在豆类食品生产时不得使用变质或未去除有害物质的原料、辅料，生产加工用水应符合《生活饮用水卫生标准》(GB 5749—2022)，使用食品添加剂应符合《食品安全国家标准　食品添加剂使用标准》(GB 2760—2024)。此外，产品还要符合我国的相关安全卫生标准，主要有：《大豆》(GB 1352—2023)、《食品安全国家标准　豆制品》(GB 2712—2014)等。生产管道、容器及用具（如豆腐屉、豆包布）等使用前应清洗消毒，如用热碱水洗净后，再通入蒸汽或直接煮沸消毒，做到生熟分开。发酵豆制品所使用的菌种应定期鉴定，防止污染和变异产毒。成品贮存应有防腐措施，逐步做到低温冷藏，还应注意防治与贮存有关的害虫；运输应严密遮盖，逐步做到专车送货，提倡小包装。销售直接入口食品应设有防蝇、防尘的专用间或设施。

6.3　蔬菜、水果类食品的卫生及管理

蔬菜和水果在我国居民膳食结构中占有重要地位，不仅可为人体提供丰富的维生素和矿物质，而且还可提供具有特殊生物学作用的植物化学物，如植物固醇、单萜类、硫化物、多酚等。然而，蔬菜和水果的可食用部分多为根、茎、叶、花及果实等，在其生长过程中直接暴露在环境中，易受到多种有害物质的污染。

6.3.1　蔬菜、水果类食品的卫生问题

6.3.1.1　致病细菌和寄生虫

新鲜蔬菜体表除了植株正常的寄生菌外，多数是来自环境的污染。动物是大多数致病细菌的初始来源，致病菌会随动物的粪便排泄出去，而动物的粪便又是有机肥的主要原料。许多蔬菜和水果都可以通过施于土壤中的含菌粪肥而携带大肠埃希菌 $O_{157}:H_7$ 和沙门菌，另外蔬果还可以因野生动物或昆虫而携带致病细菌。野生动物本身就是致病菌的携带者，昆虫由于其活动规律，是病原菌传播的重要途径之一。除了动物外，水源也是致病细菌的污染来源。蔬果在栽培过程中因用生活污水灌溉被污染的情况较为严重。研究表明，被大肠埃希菌 $O_{157}:H_7$ 污染的土壤里种植的蔬菜未检出大肠埃希菌 $O_{157}:H_7$，但由污染的水灌溉的菠菜却检出了大肠埃希菌 $O_{157}:H_7$。表皮破损严重的水果中大肠埃希菌检出率也相对较高，且很多致病菌能在土壤中存活较长时间。土壤中致病细菌的来源一般是农业投入品（水、肥和种子等）和被污染的作物残骸，环境因素有时也会给土壤带来致病性细菌。土壤环境、土壤类型、外界温度等都是影响致病菌在蔬果中存活的重要因素，较高的温度、湿度都有利于其在蔬果中存活和生长。

食源性寄生虫病是一类严重危害人类健康的疾病，而生食蔬菜和水果是感染寄生虫的主要途径之一。生菜类受污染的主要来源是含有虫卵而未经无害化处理的人畜粪便、生活污水及土壤。嫩叶及根茎类蔬菜由于贴近地面或深入土壤表层生长，因此被污染较为严重。蔬菜、水果食用前清洗不净或加热不彻底，食用后就易使机体感染肠道寄生虫病。

6.3.1.2　真菌及真菌毒素

多数水果由于其酸度较高，细菌难以生长，但易受到真菌及真菌毒素污染。自 20 世纪 70 年代起，国内外学者相继在市售的果汁、果酒、果酱等多种水果制品中检出了展青霉素。由于展青霉素是真菌的次生代谢产物，对人具有影响生育、致癌和免疫的毒性作用，可引起恶心、呕吐、便血、惊厥和昏迷等症状及体征。

6.3.1.3　农药残留

随着栽培技术不断进步，蔬菜和水果的生长周期已日趋缩短，但随着环境污染加剧，蔬菜和水果的病虫害却不断加重，使得大部分蔬菜和水果都需要多次施药后才能成熟上市。同时由于农药品种的增加、销售渠道存在疏漏、指导监管不力以及农民缺乏科学使用农药的方法或受经济利益的驱动等问题，导致乱用或滥用农药的情况依旧存在，最终导致蔬菜、水果中农药残留增多，在诸多食品中受农药污染最为严重，它的直接危害是导致食物中毒。

6.3.1.4　其他影响因素

工业"三废"也是污染蔬菜的重要因素，尤其废水不经处理直接灌溉菜地，毒物可通过蔬菜进入人体产生危害。通常重金属造成的污染一般很难被彻底清除。不同类别蔬菜对重金属的富集能力存在差异，一般规律是叶菜＞根茎＞瓜类＞茄果类＞豆类。此外，放射性物质、多环芳烃类化合物、包装材料等也可能对蔬菜、水果造成污染，从而影响人体健康。

6.3.2　蔬菜、水果类食品的卫生管理

6.3.2.1　预防肠道致病菌及寄生虫卵污染

预防肠道致病菌及寄生虫卵的污染的具体措施包括：人畜粪便应经无害化处理后再使用，采用沼气池比较适宜，不仅可杀灭致病菌和寄生虫卵，还可有效提高肥效，增加能源途径；生活和工业污水必须先沉淀去除寄生虫卵和杀灭致病菌后，方可用于灌溉；水果和蔬菜在生食前应清洗干净或消毒；推广将蔬菜和水果摘净残叶、去除烂根、清洗干净且包装后再上市销售。

6.3.2.2　预防真菌及真菌毒素污染

水果特别是体型较小的水果，如山楂、枣，应避免采用打落或摇落的方式采摘；改良包装，防止果皮损伤和集中长时间堆放。采用各种物理手段可减少水果在贮藏期间感染致病真菌概率或降低已产生的展青霉素含量，如调控水果及制品的贮藏条件，采用低温储藏、气调储藏等，加强水果的人工挑选和清洗，果汁澄清处理及加热加压处理等。使用杀菌剂也可防止水果由致病真菌引起的腐烂，采用臭氧、使用食品添加剂等也可降解水果及其制品中的展青霉素。

6.3.2.3　控制农药残留

预防农药残留污染，确保食用者安全，要切实执行预防为主、综合防治的方针。不仅要选用抗病品种、合理轮作及加强田间管理，从而最大限度减少病虫害的发生；而且要采用各种有效的非化学方法综合防治病虫害。使用农药必须严格按照我国农药使用的相关规定执行，不得任意扩大农药使用品种、剂量、次数以及缩短安全间隔期。

6.3.2.4　控制有害化学物质污染

采用工业废水进行灌溉前要经过无害化处理，且水质应达到《农田灌溉水质标准》后才能使用。选择对有毒金属富集能力弱的蔬菜品种进行栽培，可以有效减轻污染；将蔬菜和水果的生产基地转移到郊区或偏远农村也是有效的措施。减少硝酸盐和亚硝酸盐污染的主要措施是进行合理的田间管理及采后低温贮藏。

6.3.2.5　加强安全监管

为了保证食用安全，应严格执行蔬菜、水果的相关安全卫生标准，如《食品安全国家标准　食品中农药最大残留限量》（GB 2763—2021）、《食品安全国家标准　食品中真菌毒素限量》（GB 2761—2017）以及《食品安全国家标准　食品中污染物限量》（GB 2762—2022）等。

6.4　肉类食品的卫生及管理

6.4.1　畜、禽肉及肉制品的卫生问题

肉类是指供人类食用的，或已被判定为安全的、适合人类食用的畜禽的所有部分，包括畜禽胴体、分割肉和食用副产品。胴体是指畜禽经放血后除去内脏、头、蹄及尾的带皮或不带皮的肉体部分，又称白条肉，主要由肌肉组织、脂肪组织、结缔组织以及骨骼组成。畜禽屠宰、加工后，所得内脏、脂、血液、骨、皮、头、蹄（或爪）、尾等可食用的产品，称为食用副产品，其中内脏也俗称为下水。肉类含有人体所需的多种营养成分，故食用价值较高。但肉类也易受到致病菌和寄生虫的污染从而发生腐败变质，是导致人体发生食物中毒的重要原因。

6.4.1.1　原料肉的卫生问题

（1）肉的腐败变质

宰后的肉从新鲜到腐败变质要经过僵直、成熟、自溶和腐败四个变化阶段。刚屠宰的肉呈中性或弱碱性（pH 7.0～7.4），由于肉中糖原和含磷有机化合物在组织蛋白酶作用下分解为乳酸和游离磷酸，肉的 pH 下降（pH 5.4～6.7），pH 值在 5.4 时达到肌球蛋白等电点，使肌球蛋白发生凝固，导致肌纤维硬化出现僵直。此时的肉风味较差，不适宜用作加工原料。僵直一般出现在宰后的 1.5h（夏季）或 3～4h（冬季）。僵直后，肉中糖原继续分解产生乳酸，使 pH 值持续下降，组织蛋白酶将肌肉中的蛋白质分解为肽、氨基酸等；同时 ATP 分解产生次黄嘌呤核苷酸，此时肌肉组织逐渐变软并具有一定弹性，且产生芳香味，肉的横切面有肉汁流出，在肉表面形成干膜，此过程称为肉的成熟。肉的成熟过程可以改进其品质。一般在 4℃时 1～3d 完成成熟过程，通常温度越高，成熟速度越快。

宰后的肉在不合理的条件下贮藏时，如温度较高，可以使肉中组织蛋白酶活性增强，导致肉中蛋白质发生强烈分解。除产生多种氨基酸外，还可产生硫化氢、硫醇等物质，但氨的含量极微。若硫化氢、硫醇与血红蛋白结合，在肌肉表层和深层均可形成暗绿色的硫化血红蛋白，并伴有肌纤维松弛的现象，此过程称为肉的自溶。肉发生自溶后为微生物的入侵和繁殖创造了条件，微生物产生的酶不仅使肌肉中的蛋白质分解为氨基酸，而且还使氨基酸经过脱氨、脱羧等反应，进一步分解为胺、氨、硫化氢、吲哚、硫醇以及有机酸等具有强烈刺激

性气味的物质，使肉完全失去食用价值，这个过程称为肉的腐败变质。通常肉发生腐败变质时脂肪和糖类也同时受到微生物的分解作用，从而产生各种低级产物，但脂肪等的变化相对于蛋白质的变化影响相对较小。

（2）人畜共患传染病

人畜共患传染病是指在脊椎动物与人类之间自然传播感染的疫病。病原体包括细菌、病毒、真菌、原生动物和内外寄生虫等，可通过直接接触或以节肢动物和啮齿动物为媒介以及病原污染的空气和水等传播。目前，全世界已证实的人畜共患传染病约有 200 种，已在多个国家流行。目前，列入我国《人畜共患传染病名录》的有 24 种，常见的人畜共患传染病包括炭疽、牛结核病、布鲁氏菌病、狂犬病以及旋毛虫病等。人若食用了患有人畜共患传染病的动物组织，可出现由这些病原体引起的传染病和寄生虫病。

（3）农药和兽药残留的污染

畜禽饲料中农药残留可通过食物链在畜禽的肉、内脏中残留；在养殖期间使用的药物也可能在畜禽的肌肉、内脏等组织中残留。若长期食用农、兽药残留超标的食品将对健康产生危害。

（4）掺假

肉类的掺假主要表现在增重和掩盖劣质，目的是牟利。通常是在猪、牛等屠宰前进行强制灌水，或在屠宰后向肉中注水形成"注水肉"。在"注水肉"中，可能添加了阿托品、洗衣粉、明胶、色素和防腐剂等，也可能注入污水，从而带入重金属、农药残留、病原微生物等有毒有害物质，使肉品失去营养价值，易腐败变质。因此，"注水肉"对人体健康的危害不容忽视。

6.4.1.2　肉制品加工中的卫生问题

（1）原料肉预处理

原料肉的预处理包括清洗、切分、斩拌、腌制等，在这些过程中可能引入的产品质量问题有：清洗不干净留下污秽或病原物入侵；屠宰分割后未得到即时冷却处理，微生物污染，导致肉的新鲜度降低；腌制时间过长，温度过高，引起肉品变质。

（2）辅料

肉制品生产的辅料包括各种调味料、香辛料和食品添加剂。其中有一些对人体健康有一定不良影响的，如硝酸盐、亚硝酸盐、焦糖色素、姜黄色素等。再者就是辅料的变质或混入杂物，也可带来潜在的安全隐患。

（3）热处理

热处理易引起产品质量问题的原因有：热处理的温度、时间和蒸汽压力不足而导致的加热不均和杀菌不彻底，容易在后期引起食品的腐败变质，缩短食品货架期；烟熏和烘烤时间过长，燃料燃烧不完全，或产品被烧焦或炭化，肉中可聚集大量的多环芳烃类、杂环胺类化合物，从而带来潜在的致癌风险。

（4）生产加工

生产车间的环境卫生及布局不合理会造成原料和产品的污染；加工人员自身有传染性疾病如甲肝和结核等，或不注意清洁操作和器械消毒等，都会将自身或外界的病原物带入肉制品中，从而造成病原微生物大量繁殖，影响食品安全。

此外，包装材料或容器中的有害物质，如金属餐具或陶瓷容器中含有重金属、塑料包装中的残余单体如苯乙烯等，可通过与食品接触而迁移到食品中；包装的密封性能不好以及在包装过程中的不洁操作将引起二次污染。贮存的温度、湿度控制不好，易导致微生物在产品中大量繁殖，导致肉品的腐败变质；运输时包装破损将使产品受到污染。

6.4.2 畜、禽肉类食品的卫生管理

6.4.2.1 生产场所的卫生要求

根据我国《食品安全国家标准　畜禽屠宰加工卫生规范》(GB 12694—2016) 的规定，肉类联合加工厂、屠宰厂和肉制品厂应建在地势较高，干燥，水源充足，交通方便，无有害气体、粉尘及其他污染源且便于排放污水的地区；不得建在居民稠密的地区。生产作业区应与生活区分开设置。屠宰企业应设有待宰圈（区）、隔离间、急宰间、实验（化验）室、官方兽医室、化学品存放间和无害化处理间。屠宰企业的厂区应设有畜禽、产品运输车辆和工具清洗、消毒的专门区域。运送活畜与成品出厂不得共用一个大门；厂内不得共用一个通道。为防止交叉污染，原料、辅料、生肉、熟肉和成品的存放场所（库）必须分开设置。各生产车间的设置位置以及工艺流程必须符合卫生要求。肉类联合加工厂的生产车间一般应按饲养、屠宰、分割、加工和冷藏的顺序合理设置。屠宰车间必须设有兽医卫生检验设施，包括同步检验、对号检验、旋毛虫检验、内脏检验及化验室等；还应分别设立专门的可食用和非食用副产品加工处理间。屠宰与分割车间根据生产工艺流程的需要，应在用水位置分别设置冷、热水管。清洗用热水温度不宜低于 40℃，消毒用热水温度不应低于 82℃。急宰间及无害化处理间应设有冷、热水管。

6.4.2.2 宰前检验和管理

待宰动物必须来自非疫区，健康良好，并有产地兽医卫生检验合格证书。动物到达屠宰场后，须经充分休息，如生猪临宰前应当停食静养不少于 12h，宰前 3h 停止喂水，再用温水冲洗生猪体表的粪便、污物等，防止其在屠宰中污染肉品。宰前检验是指在畜禽屠宰前，综合判定畜禽是否健康且适合人类食用，对畜禽群体和个体进行的检查，观察活畜禽的外表，如畜禽的行为、体态、身体状况、体表、排泄物及气味等。屠宰动物通过宰前临床检查，初步确定其健康状况，尤其是能够发现许多在宰后难以发现的人畜共患传染病，从而做到及早发现、及时处置，减少损失。通过宰前检验挑选出符合屠宰标准的动物，送进待宰圈等候宰杀。同时剔出有病的动物分开屠宰。患有严重传染病或恶性传染病的动物禁止屠宰，采用不放血的方法捕杀后予以销毁。

6.4.2.3 屠宰加工卫生

畜禽屠宰工艺分为致昏、放血、剥皮或脱毛、开膛与净膛、酮体修整及冷却等。在屠宰过程中，可食用组织易被来自体表、呼吸道、鬃毛或羽毛、呼吸道、消化道、加工用具及烫池水中（大型屠宰企业已采用蒸汽烫毛可有效降低该环节的微生物污染）的微生物污染。因此，应注意卫生操作，宰杀口要小，严禁在地面剥皮。生猪屠宰、检验过程中使用的工器具，如刀具、内脏托盘等，应当一猪一更换，每次使用后用 82℃以上的热水进行清洗消毒，不得使用化学清洁剂。宰杀后尽早开膛，防止拉破肠管。屠宰加工后的肉必须经冲洗后修整干净，做到胴体和内脏无毛、无粪便污染物、无伤痕病变。必须去除甲状腺、肾上腺和病变淋巴结。病害及可疑病害胴体、组织、体液、胃肠内容物等应当单独放置，避免污染其他肉类、设备和场地。已经污染的设备和场地应进行清洗和消毒后，方可重新屠宰加工正常畜禽。被脓液、渗出

物、病理组织、体液、胃肠内容物等污染物污染的胴体或产品，应按有关规定修整、剔除或废弃。肉尸与内脏统一编号，以便发现问题后及时查处。应按照产品工艺要求将车间温度控制在规定范围内。预冷设施温度控制在 0～4℃；分割车间温度控制在 12℃ 以下；冻结间温度控制在 −28℃ 以下；冷藏储存库温度控制在 −18℃ 以下。按照工艺要求，屠宰后胴体和食用副产品需要进行预冷的，应立即预冷。冷却后，畜肉的中心温度应保持在 7℃ 以下，禽肉中心温度应保持在 4℃ 以下，内脏产品中心温度应保持在 3℃ 以下。加工、分割、去骨等操作应尽可能迅速。生产冷冻产品时，应在 48h 内使肉的中心温度达到 −15℃ 以下后方可进入冷藏储存库。此外，还需注意不应在同一屠宰间，同时屠宰不同种类的畜禽。

6.4.2.4　宰后检验和处理

宰后检验是指在畜禽屠宰后，综合判定畜禽是否健康且适合人类食用，对其头、胴体、内脏和其他部分进行的检查，是宰前检验的继续和补充。特别是对于那些病程还处于潜伏期，临床症状还不明显的屠畜尤为重要。要求同一屠畜的胴体和内脏统一编号，进行同步检验，防止漏检或误判。宰后检验常采用视检、嗅检、触检和剖检的方法，对每头动物的胴体、内脏及其副产品进行体表及头蹄检验、内脏检验、胴体检验、旋毛虫检验和复检，检查受检组织器官有无病变或其他异常现象。在畜类屠宰车间的适当位置应设有专门的可疑病害胴体的留置轨道，用于对可疑病害胴体的进一步检验和判断。应设立独立低温空间或区域，用于暂存可疑病害胴体或组织。猪的屠宰间应设有旋毛虫检验室，并备有检验设施。在动物屠宰过程中，经检验不合格的动物产品应按照《病死及病害动物无害化处理技术规范》进行无害化处理。根据宰前、宰后检疫检验结果，合格肉被加盖兽医验讫证章作为检疫合格标识。《中华人民共和国畜牧法》（以下简称《畜牧法》）也规定，未经检验、检疫或者经检验、检疫不合格的畜禽产品不得出厂销售。

6.4.2.5　农药和兽药残留及其处理

为防止药物在动物组织中残留后导致人体中毒，要严格遵守《食品安全国家标准　食品中兽药最大残留限量》（GB 31650—2019）和《食品安全国家标准　食品中 41 种兽药最大残留限量》（GB 31650.1—2022）的规定，合理使用兽药，遵守休药期，加强兽药残留量的检测。国务院也颁布了《饲料和饲料添加剂管理条例》，要求禁止在饲料、动物饮用水中添加国务院农业行政主管部门公布禁用的物质以及对人体具有直接或者潜在危害的其他物质，或者直接使用上述物质养殖动物。

6.4.2.6　加强对"注水肉"的监管

我国《生猪屠宰管理条例》中明确规定，严禁生猪定点屠宰厂（场）以及其他任何单位和个人对生猪、生猪产品注水或者注入其他物质。严禁生猪定点屠宰厂（场）屠宰注水或者注入其他物质的生猪。严禁为对生猪、生猪产品注水或者注入其他物质的单位和个人提供场所。对违反本条例规定，生猪定点屠宰厂（场）、其他单位和个人对生猪、生猪产品注水或者注入其他物质的，由农业农村主管部门没收注水或者注入其他物质的生猪、生猪产品、注水工具和设备以及违法所得，并进行相应处罚。水分含量的检测按照《畜禽肉水分限量》（GB 18394—2020）规定的方法执行。该条例和《畜牧法》都规定了国家实行生猪定点屠宰、集中检疫制度。除农村地区个人自宰自食的不实行定点屠宰外，任何单位和个人未经定点批准不得从事生猪屠宰活动。在边远和交通不便的农村地区，可以设置仅限于向本地市场供应生猪产品的小型生猪屠宰场点。

此外，在制作熏肉、腊肉、火腿时，应注意降低多环芳烃的污染；加工腌肉或香肠时应严格限制硝酸盐或亚硝酸盐用量。对肉与肉制品要严格执行相关的卫生标准，如《食品安全国家标准 鲜（冻）畜、禽产品》（GB 2707—2016）、《食品安全国家标准 熟肉制品》（GB 2726—2016）、《食品安全国家标准 腌腊肉制品》（GB 2730—2015）、《食品安全国家标准 食品添加剂使用标准》（GB 2760—2024）等。

6.5 乳类食品的卫生及管理

乳是哺乳动物受孕分娩后从乳腺分泌出的一种白色或稍带微黄色的不透明液体，利用乳可以加工乳酪、酸乳、冰激凌等多种乳制品。乳及乳制品营养丰富，易受微生物的污染，降低其食用价值和安全性。

6.5.1 乳类食品的卫生问题

6.5.1.1 原料乳的卫生问题

原料乳的安全性问题包括：在养殖过程中若奶牛患有乳腺炎、结核等疾病，所产乳不得食用；在收购环节，挤奶操作不规范，对挤奶、贮奶、运奶设备的冲洗不彻底及冷藏设施落后等造成原料乳质量的下降。乳的变质过程常始于乳糖被分解、产酸、产气，形成乳凝块；随后蛋白质被分解，凝固的乳发生溶解，最后蛋白质和脂肪被分解后产生硫化氢、吲哚等物质，可使乳具有臭味，不仅影响乳的感官性状，而且还使其失去了食用价值。若乳牛（羊）的饲料中有农药残留及其他有害物质，可成为影响乳品安全的严重隐患。

6.5.1.2 乳制品的卫生问题

乳品在加工过程中如果不注意管道、加工器具及容器设备的清洗和消毒，很容易影响产品质量。同时生产设备和工艺水平是否先进、新产品配方设计是否符合国家相关标准、包装材料是否合格也将影响产品的质量。由于乳品的易腐性和不耐储藏性，其在贮藏、运输和销售过程中可能发生变化。此外，掺杂掺假也是影响乳品质量的重要因素，如"乳粉掺入三聚氰胺事件""阜阳劣质奶粉事件"等。

6.5.2 乳类食品的卫生管理

6.5.2.1 原料乳的卫生管理

个体饲养乳牛必须经过检疫，领取有效证件。乳牛应定期预防接种并检疫，如发现病牛应及时隔离饲养观察。对各种病畜乳必须经过卫生处理，挤乳操作要规范。挤乳前 1h 停喂干料并消毒清洗乳房，防止微生物污染。挤乳人员、容器和用具应严格执行卫生要求。每次挤乳时最初的乳汁、产犊前 15d 的胎乳、产犊后 7d 的初乳、兽药使用期间和停药 5d 内的乳汁、乳腺炎乳及变质乳等应废弃。挤出的乳应立即进行净化处理，除去乳中的草屑和牛毛等杂质，净化后的乳应及时冷却。乳品加工过程中各生产工序必须连续生产，可防止原料和半成品积压变质。要逐步取消手工挤乳。加强对生鲜乳收购环节控制，避免掺杂作假发生。

6.5.2.2　乳品加工环节的卫生管理

在原料采购、加工、包装及贮运等过程中，关于人员、建筑、设施、设备的设置以及卫生、生产及品质等管理必须达到《食品安全国家标准　乳制品良好生产规范》（GB 12693—2023）的条件和要求，全程实施 HACCP 和 GMP。鲜乳的生产、加工、贮存、运输和检验方法必须符合《食品安全国家标准　生乳》（GB 19301—2010）要求。乳制品要严格执行相关的安全卫生标准。酸乳生产的菌种应纯正、无害，严格执行《食品安全国家标准　发酵乳》（GB 19302—2010）。

6.5.2.3　乳品流通环节的卫生管理

乳的流通环节要有健全的冷链系统，销售环节需控温冷藏。在贮存过程中应加强库房管理，根据产品的贮存条件贮存产品。贮乳设备要有良好的隔热保温设施，最好采用不锈钢材质，以利于清洗和消毒并防止乳变色、变味。运送乳要有专用的冷藏车辆且保持清洁干净。销售点应有低温贮藏设施。每批巴氏杀菌乳应在杀菌后 36h 内售完，不允许重新杀菌再销售。

6.6　蛋类食品的卫生及管理

禽蛋含有人体所需要的多种营养成分，而且其消化吸收率很高，可以被人体充分利用。我国是农业大国，禽蛋资源丰富，在居民日常生活和食品加工中蛋及蛋制品消费量较大。禽蛋在满足人们营养需要时，若在生产、加工、贮存及运输等方面受到污染而变质，也可能危害人体健康。

6.6.1　蛋类食品的卫生问题

蛋是各种家禽生产的，未经加工或仅用冷藏法、液浸法、涂膜法、消毒法、气调法、干藏法等贮藏方法处理的带壳蛋。蛋制品是以禽蛋为原料加工制成的各种制品，包括液蛋制品、干蛋制品、冰蛋制品、再制蛋。蛋及蛋制品营养价值丰富，最易受到微生物污染，从而降低其食用价值和安全性。

6.6.1.1　微生物污染

鲜蛋具有良好的防御结构和多种天然的抑菌杀菌物质。首先，蛋壳具有天然屏障作用，可起到机械阻挡微生物入侵的作用；其次，蛋内含有溶菌酶、伴清蛋白等杀菌和抑菌因子，对微生物起很好的抑制和杀灭作用。但蛋类含有丰富的营养物质，是微生物生长繁殖的良好基质，污染多来自养殖环境（如不洁净的产蛋场所和饲料）、卵巢、生殖腔和贮运等环节。鲜蛋的主要生物性污染问题是致病菌（沙门菌、空肠弯曲菌和金黄色葡萄球菌）和引起腐败变质的微生物污染。通常鲜蛋的微生物污染途径主要来自3个方面。

① 卵巢的污染　若禽类感染沙门菌及其他微生物后，特别是水禽类，生殖器官的生物杀菌作用较弱，来自肠道的致病菌可通过血液循环进入卵巢，使卵黄在卵巢内形成时被致病菌污染。

② 产蛋时污染　禽类的排泄腔和生殖腔是合一的，蛋壳在形成前，排泄腔里的细菌可以向上污染输卵管，从而导致蛋受到污染。蛋从泄殖腔排出后，由于外界空气的自然冷却，引起蛋的内容物收缩，空气中的微生物可通过蛋壳上的气孔进入蛋内。

③ 蛋壳的污染　蛋壳可被禽类自身、产蛋场所、人手以及装蛋容器中的微生物污染。当鲜蛋处于温暖、潮湿条件下，微生物可逐渐通过蛋壳气孔侵入内部。此外，蛋因搬运、贮藏受到机械损伤使蛋壳破裂时，极易受到微生物污染，从而发生变质。

6.6.1.2　农残、兽残及其他污染

蛋的化学性污染与禽类的化学性污染关系密切。饲料若受农残、兽残（如抗生素、生长激素）、重金属污染以及饲料本身含有的有害物质（如棉饼中游离棉酚）向蛋内转移和蓄积，也会造成蛋的污染。

6.6.1.3　违法、违规加工蛋类

我国曾发生过使用化学物质人工合成假鸡蛋事件。假鸡蛋的蛋壳由碳酸钙、石蜡及石膏粉构成，蛋清则主要由海藻酸钠、明矾、明胶及色素等构成，蛋黄主要成分是海藻酸钠液加柠檬黄类色素。假鸡蛋无任何营养价值，长期食用可因过量摄入明矾中的铝而导致记忆力衰退，甚至痴呆等严重后果。我国还发生过为生产高价红心鸭蛋违法在饲料中添加具有致癌作用的化工染料"苏丹红"的事件。

6.6.2　蛋类食品的卫生管理

6.6.2.1　禽类饲养过程的卫生管理

为防止微生物对禽蛋的污染，提高鲜蛋卫生质量，应加强对禽类饲养过程的安全卫生管理，确保禽体和产蛋场所的清洁卫生，确保科学饲养禽类和加工蛋制品。

6.6.2.2　蛋的贮藏、运输和销售卫生管理

气温是影响禽蛋腐败变质的重要因素，鲜蛋在较高温度下贮存容易发生腐败变质。所以鲜蛋最适宜在 $1\sim5℃$、相对湿度 $87\%\sim97\%$ 的条件下贮藏或存放。当鲜蛋从冷库中取出时，应在预暖间放置一定时间，以防止因温度升高产生冷凝水而引起出汗现象，导致微生物对禽蛋的污染。若无冷藏条件，鲜蛋也可保存在米糠、稻谷或锯末中，以延长保存期。运输过程应尽量避免蛋壳发生破裂。装蛋容器和铺垫的草和谷糠应干燥且无异味。鲜蛋不应与散发特异气味的物品同车运输。运输途中要注意防晒和防雨，以防止蛋的变质和腐败。鲜蛋销售前必须进行安全卫生检验，符合要求的鲜蛋方可在市场上出售。

6.6.2.3　蛋制品的卫生管理

加工蛋制品的蛋类原料须符合鲜蛋质量和卫生要求，要严格遵守相关国家安全卫生标准，如《食品安全国家标准　蛋与蛋制品》（GB 2749—2015）。皮蛋制作过程中须注意碱的含量，禁止加入氧化铅，严格执行《皮蛋》（GB/T 9694—2014）标准。目前以硫酸铜或硫酸锌代替氧化铅加工皮蛋，可显著降低皮蛋中的铅含量。

6.7 水产品的卫生及管理

水产品是海洋或淡水渔业生产的鱼类、甲壳类、软体动物类、藻类和其他水生生物的统称。包括海洋和淡水渔业生产获得的新鲜活体动物，未经冷冻、0～4℃保鲜的产品，主要包括鱼类、虾类、蟹类和贝类，不包含冷冻产品化冻后进行冰鲜储存和销售的产品。水产制品是以鱼类、虾蟹类、头足类、贝类、棘皮类、腔肠类、藻类和其他可食用水生生物为主要原料，经加工而成的食品。根据加工工艺不同，可分为冷藏、冷冻、干制、腌制、烟熏和罐头等水产制品。

6.7.1 水产品的卫生问题

6.7.1.1 微生物的污染

由于生活、工业污水以及养殖废弃物的排放，使养殖环境中的微生物大量繁殖。微生物污染主要包括以下 3 类。

（1）细菌

海水鱼类机体上常见并可引起其腐败变质的细菌主要属于假单胞菌属、无色杆菌属、黄杆菌属；而淡水鱼类机体上除有上述细菌外，还存在产碱杆菌属和短杆菌属等属的细菌。这些微生物绝大多数在常温下生长发育很快，能引起鱼类的腐败变质。甲壳类、贝壳类水产品多数生活在近海或淡水中，其表面或体内易携带多种致病菌；淡水和海水中的水产品均有感染沙门菌、霍乱弧菌、副溶血性弧菌等的可能。从速冻鱿鱼和冻海螺肉中都曾分离出了副溶血性弧菌和沙门菌；从冻海鱼中曾检出溶藻性弧菌、变形杆菌和星状诺卡氏菌等。尤其即食生鲜水产品被致病菌污染的风险较大。

（2）病毒

容易污染水产品的病毒有甲肝病毒、诺如病毒及星状病毒等。这些病毒主要来自病人、病畜或带毒者的肠道，污染水体或与手接触后污染水产品。目前已报道的与水产品有关的病毒感染事件中，绝大多数是由于食用了生的或加热不彻底的贝类所引起。最典型的是 20 世纪 80 年代后期发生在上海的食用毛蚶而引起的甲肝大流行，患病总人数逾 30 万。

（3）寄生虫

鱼类、贝类水产品是多种寄生虫的中间宿主，常见的有华支睾吸虫、异形吸虫等。这些寄生虫被摄入后易使人感染人畜共患寄生虫病。2006 年北京发生了因食用未煮熟的福寿螺肉而导致 100 多人患广州管圆线虫病的事件。

6.7.1.2 天然毒素和过敏原

许多水产品中都含有天然毒素，被人误食后可能引起食物中毒。如河鲀含有河鲀毒素，鲨鱼、美国旗鱼及鳕鱼等肝脏中含有毒素。水产品中一些鱼类及其制品、甲壳类及其制品以及软体动物及其制品也可引起食物过敏。过敏原比较复杂，主要存在于鱼肉中，鱼皮和骨头制成的鱼胶制品也可能含一定的过敏原。

6.7.1.3 水环境污染

水环境受到污染不仅直接危害水生生物的生长繁殖，而且污染物还会通过生物富集与食物链传递危害人体健康，日本曾经发生的"水俣病""骨痛病"就是水环境分别受到汞和镉的污染而引起的。

6.7.1.4 渔药残留

在渔病防治过程中滥用药物，如盲目使用抗菌药物、促生长剂以及不遵守休药期等都是导致鱼药在水产品中残留的主要原因。根据近年来数据调查显示，虽然水产品中药物残留超标率有所下降，但四环素类等残留量超标，以及红霉素、孔雀石绿和睾酮等违禁药物屡禁不止的现象依然存在。

6.7.1.5 水产加工中掺杂掺假

部分水产品生产和销售人员在水产品中非法添加违禁物以牟取暴利，如在贝类、虾制品中滥用添加剂和掺水增重；在水发和冰鲜水产品中使用甲醛等。

6.7.2 水产品的卫生管理

6.7.2.1 养殖环境的卫生管理

加强水域环境的管理，控制工业废水和生活污水的污染。控制施药防治水产养殖动物病害。保持合理的养殖密度，开展综合防治，健康养殖。

6.7.2.2 保鲜措施

水生动物死亡后，受各种因素影响发生与畜肉相似的变化，包括僵直、自溶和腐败。鱼的保鲜就是要抑制鱼体组织酶的活力、防止微生物污染并抑制其繁殖，延缓自溶和腐败的发生。低温和盐腌是有效的保鲜措施。

6.7.2.3 运输销售过程的卫生管理

生产运输渔船（车）应经常冲洗，保持清洁卫生；外运供销的鱼类及水产品应达到规定鲜度尽量冷冻运输。鱼类在运输销售时应避免污水和化学毒物的污染，提倡用桶或箱装运，尽量减少鱼体损伤，不得出售和加工已死亡的黄鳝、鳖、乌龟、河蟹以及各种贝类；含有天然毒素的鱼类，不得流入市场。有生食鱼类习惯的地区应限制食用品种。

此外，水产品的生产要严格执行相关的卫生标准，如《食品安全国家标准　鲜、冻动物性水产品》（GB 2733—2015）。

6.8 食用油脂的卫生及管理

食用油脂是日常膳食的主要组成部分，包括植物油和动物油脂两大类。食用植物油是以食用植物油料或植物原油为原料制成的食用油脂，通常不饱和脂肪酸含量较高，常温下一般呈液态，如菜籽油、花生油、豆油等。食用动物油脂是指经动物卫生监督机构检疫、检验合格的生猪、牛、羊、鸡、鸭的板油、肉膘、网膜或附着于内脏器官的纯脂肪组织，炼制成的食用猪油、牛油、羊油、鸡油、鸭油。动物油脂饱和脂肪酸含量较高，常温下一般呈固态。

6.8.1　食用油脂的卫生问题

6.8.1.1　油脂中常见的天然有害物

（1）霉菌毒素

油料作物的种子在高温、高湿条件下贮存时，易被霉菌污染而产生毒素，导致榨出的油中含有霉菌毒素。最常见的霉菌毒素是黄曲霉毒素。在各类油料种子中，花生最容易受到污染，其次是棉籽和油菜籽。黄曲霉毒素具有脂溶性，采用污染严重的花生为原料榨出的油中黄曲霉毒素按每公斤计可高达数千微克。

（2）棉酚

棉酚是棉籽色素腺体内含有的多种毒性物质，在棉籽油加工中常带入油中。棉酚有游离型和结合型之分，具有毒性作用的是游离棉酚。棉籽油中游离棉酚的含量因加工方法不同而存在差异性。通常冷榨生产的棉籽油中游离棉酚含量较高，而热榨生产的棉籽油中游离棉酚含量较低。因为棉籽经蒸炒加热后游离棉酚与蛋白质作用形成结合棉酚，在压榨时多数残留在棉籽饼中。游离棉酚是一种原浆毒，对生殖系统有明显损害。

（3）芥子苷

芥子苷普遍存在于十字花科的植物中，在油菜籽中含量较多。芥子苷在植物种子中葡萄糖硫苷酶作用下可水解为硫氰酸酯、异硫氰酸酯、噁唑烷硫酮和腈。腈的毒性很强，能抑制动物生长和致死；而硫化物具有致甲状腺肿大作用。

（4）芥酸

芥酸是一种二十二碳的单不饱和脂肪酸，在菜籽油中含量为 $20\%\sim55\%$。动物实验证实，芥酸可对动物的心肌细胞造成损伤，还可引起动物的生长发育受阻和生殖功能下降。但芥酸对人体健康的危害还缺乏直接证据。

6.8.1.2　油脂酸败

油脂酸败是指油脂在贮存过程中经生物、酶、空气中的氧和光照等作用，而发生变色、气味改变，产生难闻的气味、苦涩口感和有毒化合物，常可造成不良的生理反应或食物中毒。油脂酸败不但能改变油脂的风味，影响油脂的营养价值，而且对人体的健康也有一定的影响，有的产物还具有致癌作用。油脂酸败的原因包含生物性和化学性两方面，一是油脂的酶解过程，即由动植物组织的残渣和微生物产生的酶等使甘油三酯水解为甘油和脂肪酸，随后进一步氧化生成低级的醛、酮和酸等，因此也把酶解酸败称为酮式酸败。二是油脂在空气、水、阳光等作用下发生的化学变化，包括水解过程和不饱和脂肪酸的自动氧化，一般多发生在含有不饱和脂肪酸的甘油酯。不饱和脂肪酸在光和氧的作用下双键被打开形成过氧化物，再继续分解为低分子的脂肪酸以及醛、酮及醇等物质。某些金属离子如铜、铁和锰等在油脂氧化过程中可起催化作用。在油脂酸败过程中，生物性的酶解和化学性的氧化常同时发生，但油脂的自动氧化占主导地位。

6.8.1.3 多环芳烃类化合物

油脂中多环芳烃类化合物的来源主要有四个方面：烟熏油料种子时产生的苯并芘；采用浸出法生产食用油时使用不纯溶剂，而不纯溶剂中多含有多环芳烃类化合物等有害物质；在食品加工时油温过高或反复使用导致油脂发生热聚合和热分解，易形成多环芳烃类化合物；油料作物生长期间若受到工业污染，也可使油中多环芳烃类化合物含量增高。

6.8.1.4 "地沟油"的安全性问题

"地沟油"是一个泛指的概念，是人们对日常生活中各类劣质油的统称。狭义的"地沟油"是指将下水道中的油腻漂浮物或者将宾馆、饭店的剩饭和剩菜（通称泔水）经过简单加工提炼而生产出的油。此外，劣质、过期及腐败的动物皮、肉和内脏等经过简单加工提炼后产出的油，以及油炸食品过程中重复使用的油，或往其中添加一些新油后重新使用的油也属于"地沟油"的范畴。"地沟油"是一种质量极差、极不卫生的非食用油。一旦食用，它会破坏人体的白细胞和消化道黏膜，引起食物中毒，甚至致癌。

6.8.2 食用油脂的卫生管理

6.8.2.1 原料的卫生要求

食用油脂质量的优劣与来自植物或动物的原料关系密切。因此，动物性油脂的原料要求来源于健康动物，且原料组织无污秽、无其他组织附着且无腐败变质现象，原则上当天的原料应在当天加工完成，要符合《食品安全国家标准　食用动物油脂》（GB 10146—2015）要求。而植物性油脂的原料要求油料果实应完整、不能有损伤、不得含有杂草籽及异物，而且不能使用发霉、变质、生虫、出芽或被有毒有害物质污染的原料。油料种子在贮存期间也应采取相应措施避免发生霉变，要符合《食品安全国家标准　食用植物油料》（GB 19641—2015）要求。

6.8.2.2 浸出溶剂

目前在采用浸出法生产植物油时，抽提溶剂多采用沸点范围在 $61 \sim 76℃$ 的低沸点石油烃馏分。若沸点过低会造成工艺上的不安全而且溶剂的消耗过多，沸点过高则会增加溶剂残留。

6.8.2.3 防止油脂酸败

油脂生产中最易发生的变质是酸败，而油脂酸败与其本身纯度、加工及贮藏过程中各环节的环境因素关系密切。首先，要防止油脂酸败在油脂加工过程中应保证油脂纯度，去除动植物残渣，避免微生物污染并且抑制或破坏酶的活性；其次，由于水能促进微生物繁殖和酶的活动，因此油脂水分含量应控制在 0.2% 以下；再次，高温会加速不饱和脂肪酸的自动氧化，而低温可抑制微生物活动和酶的活性，从而减少油脂自动氧化，故油脂应低温贮藏；最后，由于阳光、空气对油脂酸败有重要影响，因此油脂若长期贮存则应采用密封、隔氧和避光的容器，同时也应避免在加工和贮藏期间接触到金属离子。此外，应用抗氧化剂也可有效防止油脂酸败，延长贮藏期，常用抗氧化剂包括丁基羟基茴香醚、二丁基羟基甲苯、特丁基对苯二酚、没食子酸丙酯、维生素 E 等。目前多将不同的抗氧化剂混合使用，但要控制其用量。

6.8.2.4　加强安全监管

为了保证食用安全，应严格执行食用油脂的相关卫生标准和检验方法。包括：《食品安全国家标准　食用植物油及其制品生产卫生规范》（GB 8955—2016）、《食品安全国家标准　植物油》（GB 2716—2018）、《食用动物油脂　猪油》（GB/T 8937—2023）等。此外，监管部门严厉打击非法生产销售"地沟油"行为，要以城乡接合部和城市近郊区为重点，仔细排查和清理非法生产"地沟油"的黑窝点，摸清"地沟油"原料来源和销售渠道，严厉打击有关违法犯罪行为。此外，还要严防"地沟油"流入食品生产经营单位。要以食品生产小作坊、小餐馆、餐饮摊点、火锅店以及学校食堂、企事业单位食堂、工地食堂等集体食堂为主要对象，加强对食用油购货记录和票证检查，依法查处从非法渠道购进食用油和使用"地沟油"加工食品的行为。

6.9　饮料酒的卫生及管理

在现代社会中，酒类已成为日常生活不可缺少的饮料，在部分国家和地区饮酒已成为一种独特的饮食文化。酒类在生产过程中从原料到加工各环节若达不到卫生要求，就可能产生或混入多种有毒有害物质，从而对饮用者产生危害。饮料酒是指乙醇含量在 0.5%～65.50%（体积分数）的饮料，包括各种发酵酒、蒸馏酒及配制酒。酿酒的基本原理是将原料中的糖类在酶的催化作用下分解为寡糖和单糖，再由乙醇发酵菌种转化为乙醇。酒类按其生产工艺一般分为蒸馏酒、发酵酒和配制酒三类。我国的蒸馏酒称白酒或烧酒，一般是以粮谷、薯类、水果和乳类等为主要原料，经发酵、蒸馏和勾兑而成的饮料酒，乙醇含量一般在60%以下。发酵酒是以粮谷、水果和乳类等为原料，经发酵或部分发酵酿制而成的饮料酒，乙醇含量一般在 20%以下，包括啤酒、果酒和黄酒等。配制酒又称为露酒，是以蒸馏酒、发酵酒或食用酒精为基酒，加入可食用的辅料或食品添加剂配成，进行直接浸泡或复蒸馏、调配、混合或再加工制成的、已改变原有基酒风格的酒。食用酒精是以谷物、薯类、糖蜜或其他可食用农作物为主要原料，经发酵、蒸馏精制而成的，供食品工业使用的含水酒精，其中酒精度≥95%。

需要注意的是，乙醇是酒的重要成分，除供能外无其他营养价值。血中乙醇含量一般在饮酒后1～1.5h 达到最高，但其在体内清除速度较缓慢，一次过量饮酒后24h 内也能在血中检出。肝脏是乙醇代谢的主要器官，如果过量饮酒将使肝功能受到损伤。如一次大量摄入酒类，血中乙醇浓度为2.0～9.9mg/L 时，将造成急性酒精中毒，表现为肌肉运动不协调、感觉功能减弱以及情绪、行为改变等症状；当乙醇浓度达到40～70mg/L 时，可出现昏迷、呼吸衰竭，甚至死亡。长期过量饮酒可导致酒精依赖症，使患高血压、脑卒中以及消化道癌症等疾病的风险增加。

6.9.1　饮料酒的卫生问题

6.9.1.1　甲醇

酒中的甲醇来源于酿酒原料中植物细胞壁和细胞间质的果胶。原料在蒸煮过程中，果胶中半乳糖醛酸甲酯分子中的甲氧基可分解产生甲醇。此外，酒曲中的微生物也含有甲酯水解酶，能将半乳糖醛酸甲酯分解为甲醇。通常，糖化发酵温度过高、时间过长都会使甲醇含量增加。

甲醇具有神经毒性，主要侵害视神经，导致视网膜损伤、视力减退以及双目失明。甲醇经氧化后可产生甲醛和甲酸，其毒性远大于甲醇，并可使机体出现代谢性酸中毒。甲醇一次摄入 4g 以上可引起急性中毒，临床症状为头痛、恶心、呕吐、视力模糊等，严重者可出现呼吸困难、昏迷甚至死亡。长期少量摄入可引起慢性中毒，主要损伤视神经，导致不可逆的视力减退。

6.9.1.2 杂醇油

杂醇油是酒在酿酒过程中原料和酵母中的蛋白质、氨基酸以及糖类分解和代谢产生的含 3 个以上碳原子的高级醇类，包括丙醇、异丁醇和异戊醇等。杂醇油中碳链越长毒性越大，尤其以异丁醇和异戊醇的毒性为主。杂醇油在体内氧化分解缓慢，可使中枢神经系统充血。因此饮用杂醇油含量较高的酒常造成饮用者头痛和醉酒。

6.9.1.3 醛类

醛类包括甲醛、乙醛、丁醛和糠醛等，主要是在发酵过程中产生。醛类毒性比相应的醇类高，其中以甲醛的毒性较大，乙醛能引起脑细胞供氧不足而产生头痛。乙醛也被认为是使饮酒者产生酒瘾的重要原因之一。糠醛主要来自糠麸酿酒原料，其毒性仅次于甲醛。

6.9.1.4 氰化物

以木薯或果核为原料制酒时，原料中的氰苷经水解后可产生氢氰酸。由于氢氰酸分子量低，又具有挥发性，因此能随水蒸气一起进入酒中。氰化物可以导致组织缺氧，使呼吸中枢及血管中枢麻痹而死亡。

6.9.1.5 锰

采用非粮食原料（薯干、薯渣、糖蜜等）酿酒时，会使酒产生不良气味，常使用高锰酸钾进行脱臭处理。若使用不当或不经过复蒸馏，可使酒中残留较多的锰。锰虽然是人体必需的微量元素之一，但长期过量摄入可引起慢性中毒。

6.9.1.6 其他

酒类也可能受到黄曲霉毒素、展青霉素以及其他微生物毒素的污染。啤酒、果酒和黄酒是发酵后不经蒸馏的酒类，如果原料受到黄曲霉毒素和其他非挥发性有毒物质的污染，它们将全部保留在酒体中。展青霉素主要来自受扩展青霉和巨大曲霉等污染的水果原料，是果酒的主要安全问题之一。发酵酒由于乙醇含量低，若在生产过程中管理不严，从原料到成品的各个环节都可能被微生物污染，不仅影响产品质量也给消费者健康带来危害。葡萄酒和果酒生产过程中常加入二氧化硫以达到抑菌、澄清和护色等作用，但若用量过大或发酵时间过短，可产生二氧化硫残留，危害人体健康。

此外，白酒中塑化剂的问题引起了广泛关注。塑化剂又称为增塑剂，是添加到塑料聚合物中增加塑料可塑性的物质。可用作增塑剂的物质很多，如邻苯二甲酸酯类、脂肪酸酯类、聚酯及环氧酯等，以邻苯二甲酸酯类化合物最为常用，如邻苯二甲酸二（2-乙基己基）酯（DEHP）、邻苯二甲酸二丁酯（DBP）、邻苯二甲酸二异壬酯（DINP）等。白酒中塑化剂既可来自环境污染，也可来自包装材料的迁移，特别是塑料管道、密封垫和容器中的 DEHP 和 DBP 容易迁移至酒中，是白酒中塑化剂的主要来源。DEHP 和 DBP 急性毒性较低。动物实验表明，DEHP 和 DBP 具有内分泌干扰作用，啮齿类动物长期摄入该类物质可造成生殖和发育障碍，但目前尚缺乏它们对人体健康损害的直接证据。

6.9.2　饮料酒的卫生管理

6.9.2.1　原辅料

酿酒原料包括粮食类、水果类、薯类以及其他代用原料等，所有原辅料均应具有正常的色泽和良好的感官性状，无霉变、无异味且无腐烂。原料在投产前必须经过检验、筛选和清蒸处理；发酵使用的纯菌种应防止退化、变异和污染。用于调兑果酒的酒精必须符合《食品安全国家标准　食用酒精》（GB 31640—2016）的要求；配制酒使用的基酒必须符合《食品安全国家标准　蒸馏酒及其配制酒》（GB 2757—2012）和《食品安全国家标准　发酵酒及其配制酒》（GB 2758—2012）规定，不能使用工业酒精或医用酒精作为配制酒原料；生产用水必须符合《生活饮用水卫生标准》（GB 5749—2022）规定。

6.9.2.2　生产工艺

（1）蒸馏酒

要定期对菌种进行筛选、纯化以防止菌种退化和变异。清蒸是降低酒中甲醇含量的重要工艺，在以木薯、果核为原料时，清蒸还能使氰苷类物质提前释放。白酒蒸馏过程中酒尾中甲醇含量较高，而酒头中杂醇油含量高。因此在蒸馏工艺中多采用"截头去尾"以选择所需要的中段酒，可以大量减少成品酒中甲醇和杂醇油含量，对使用高锰酸钾处理的白酒则需要经过复蒸后除去锰离子。发酵设备、容器及管道还应经常清洗保持卫生。

（2）发酵酒

啤酒的生产过程主要包括制备麦芽汁、前发酵、后发酵和过滤等工艺。在原料经糊化和糖化后过滤制成麦芽汁，须添加啤酒花煮沸后再冷却至添加酵母的适宜温度（5~9℃），该过程易受到污染。因此整个冷却过程中使用的各种容器、设备和管道等均应保持无菌状态。为防止发酵中杂菌污染，酵母培养室、发酵室及相关器械均须保持清洁并定期消毒。酿制成熟的啤酒在过滤处理时使用的滤材和滤器应彻底清洗消毒。在果酒生产中不能使用铁制容器或有异味的容器。水果类原料应防止挤压破碎后被杂菌污染。黄酒在糖化发酵中不得使用石灰中和以降低酸度。

（3）配制酒

配制酒应以蒸馏酒或食用酒精为基酒，浸泡其他材料和药食两用食物时必须严格按照《既是食品又是药品的物品名单》进行选择，并使用可用于保健食品的原料，不得滥用中药。目前有报道，部分配制酒生产企业存在违法向酒中添加西地那非等化学物质的行为。

此外，成品酒的质量必须符合《白酒质量要求　第1部分：浓香型白酒》（GB/T 10781.1—2021）、《白酒质量要求　第2部分：清香型白酒》（GB/T 10781.2—2022）、《啤酒》（GB/T 4927—2008）、《葡萄酒》（GB/T 15037—2006）等相关标准。

6.9.2.3　包装、贮藏和运输

成品酒的包装必须符合《食品安全国家标准　预包装食品标签通则》（GB 7718—2011）规定，应存放在干燥、通风良好的地方，运输工具应清洁干燥，严禁与有毒和有腐蚀性的物品混运和贮藏。改善生产工艺和减少塑料包装材料的使用能够降低白酒中塑化剂的污染。

6.10　其他食品的卫生及管理

6.10.1　调味品的卫生及管理

调味品是指在饮食、烹饪和食品加工中广泛应用的，用于调和滋味和气味，并具有去腥、除膻、解腻、增香、增鲜等作用的产品。按照终端产品分为食用盐、食糖、酱油、食醋、味精、芝麻油、酱类等产品。

6.10.1.1　食盐

食盐是以氯化钠为主要成分，用于烹调、调味、腌制的盐。按照来源不同可分为海盐、湖盐、矿物盐和以天然卤水制成的井盐；按生产工艺不同，可分为精制盐、粉碎洗涤盐和日晒盐等。

（1）食盐的卫生问题

① 矿盐和井盐中的杂质　矿盐中硫酸钠含量通常较高，使食盐有苦涩味道，且在肠道内可影响食物吸收。此外，矿盐和井盐中还含有钡盐，钡盐具有肌肉毒性，长期少量摄入钡盐可引起慢性中毒，临床表现为全身麻木刺痛和四肢乏力，严重时可出现弛缓性瘫痪。

② 精制盐中的抗结剂　食盐常因水分含量较高或遇潮而结块，传统的抗结剂是铝剂，现已禁用。目前食盐的抗结剂主要是亚铁氰化钾、碱式碳酸镁或碳酸钠、铝硅酸盐等，其中以亚铁氰化钾效果最好。亚铁氰化钾虽属低毒类物质，但若添加过量也可对人体产生危害。

（2）食盐的卫生管理

食盐的卫生管理措施如下。

① 纯化　矿盐和井盐的成分复杂，生产中必须将硫酸钙、硫酸钠和钡盐等杂质分离，通常采用冷冻法或加热法除去硫酸钙和硫酸钠。

② 抗结剂　食盐的固结问题一直困扰着食盐生产、贮运和使用，抗结剂的使用为解决这一难题提供了有效措施。抗结剂的使用应严格按照我国相关规定要求，如亚铁氰化钾用于食盐抗结时的最大添加量为 0.01g/kg。

③ 营养强化盐　我国营养强化食盐除了全民推广的碘盐外，还有铁、锌、钙、硒、核黄素等强化盐。营养强化盐的卫生管理应严格依据《食盐加碘消除碘缺乏危害管理条例》、《食品安全国家标准　食品添加剂使用标准》（GB 2760—2024）及《食品安全国家标准　食品营养强化剂使用标准》（GB 14880—2012）等执行。我国《食品安全国家标准　食用盐碘含量》（GB 26878—2011）标准中规定食用盐产品（碘盐）中碘元素含量的平均水平为 20～

30mg/kg，各地行政部门有权在标准范围内，根据当地人群实际的碘营养水平选择最适合本地情况的加碘值。

此外，食盐的生产和产品要符合《食品安全国家标准　食用盐》（GB 2721—2015）方可出厂销售。

6.10.1.2　酱油及酱类

酱油是以富含蛋白质和淀粉的大豆、脱脂大豆、小麦和麸皮为主要原料，经曲制和发酵等过程酿制而成的以鲜咸味为主要特点的调味品。酱是以谷物和（或）豆类为主要原料经微生物发酵而制成的半固态的调味品，如面酱、黄酱和蚕豆酱等。也有以鱼、虾、蟹及牡蛎等为原料，经相应工艺生产的水产调味品，如虾酱或虾油、蟹酱或蟹油、鱼露和蚝油等，这些调味品广泛用于调味及餐桌佐餐。由于酱油及酱类食品可经加热食用或作为烹调的佐料，有时不经加热直接食用，其安全性问题值得重视。

（1）酱油及酱类食品的卫生问题

食品工业以富含氨基酸的酸水解植物蛋白液作为一种增鲜剂将其添加到酱油、蚝油等调味品中。但酸水解植物蛋白液中可能含有氯丙醇，可以造成食品污染。单纯利用传统微生物发酵工艺生产的酿造酱油通常不含有该种污染物。

此外，也有不法商贩违法使用国家禁止的工业盐制作酱油和酱类调味品的报道。工业盐含有强致癌物和大量的亚硝酸钠、碳酸钠、铅和砷等有害物质。

（2）酱油及酱类食品的卫生管理

酱油及酱类食品的卫生管理措施如下。

① 注意原辅料卫生　不得使用变质或未去除有毒物质的原料加工制作酱油类调味品，大豆、脱脂大豆、小麦和麸皮等必须符合《食品安全国家标准　粮食》（GB 2715—2016）的规定；生产用水须符合《生活饮用水卫生标准》（GB 5749—2022）。用于生产水产调味品的原料，如鱼、虾和牡蛎等必须新鲜，禁止使用不新鲜甚至腐败的水产品生产调味品。

② 合理使用食品添加剂　酱油等生产中使用的色素主要是焦糖色素，我国传统焦糖色素的制作是用食糖加热聚合生成一种深棕色色素，食用安全。如果采用加胺法生产焦糖色素，不可避免地将产生可引起人和动物惊厥的物质 4-甲基咪唑。因此，必须严格禁止以加胺法生产焦糖色素。化学酱油生产时用于水解大豆蛋白质的盐酸必须是食品工业用盐酸，并限制酱油中砷和铅的含量。

③ 严格选用曲霉菌种　用于人工发酵酱油生产的曲霉菌是不产毒的黄曲霉。为防止菌种退化和变异产毒或污染其他杂菌，必须定期对其进行纯化与鉴定，一旦发现变异或污染应立即停用。

④ 防腐与消毒　酱油等调味品易被微生物污染，因此在生产过程中杀菌极为重要。可采用高温巴氏杀菌法（85～90℃）杀菌；所有管道、设备、用具和容器等都应严格按规定定期进行洗刷和杀菌；提倡不使用回收瓶而使用一次性独立小包装。

⑤ 保证食盐含量　生产过程中加适量食盐不仅具有调味作用，还可抑制有害微生物的生长繁殖。所用食盐必须符合《食品安全国家标准　食用盐》（GB 2721—2015）规定。

⑥ 控制总酸　酱油和酱多为发酵食品，均具有一定酸度。当酱油和酱受到微生物污染时，其中糖分被分解为有机酸而使其酸度增加，发生酸败，导致产品质量下降甚至失去食用

价值。因此，为保证产品质量，必须限制酱油酸度在一定范围内。

此外，要严格执行《食品安全国家标准 酱油》（GB 2717—2018）、《食品安全国家标准 酿造酱》（GB 2718—2014）、《食品安全国家标准 水产调味品》（GB 10133—2014）的相关规定。

6.10.1.3 食醋

食醋是单独或混合使用各种含有淀粉和糖的物料以及食用酒精经微生物发酵酿制而成的液体酸性调味品。食醋含有 3%～5% 的醋酸，有芳香味。各类食醋加工工艺不同，其特点也不相同。普通米醋以谷类（大米、谷糠）为原料经蒸煮冷却后按比例接种曲菌，再经淀粉糖化和酒精发酵后，利用醋酸杆菌进行有氧发酵，从而形成醋酸，普通米醋陈酿一年为陈醋。由于发酵进程中形成的低级脂肪酸酯及有机酸的共同作用，使得不同食醋具有不同芳香味。

（1）食醋的卫生问题

由于食醋具有一定的酸度，与金属容器接触后可使其中的铅、砷等有毒金属溶出迁移到食醋内，会导致重金属含量超标，影响食用者健康；耐酸微生物和其他生物也易在其中生长繁殖，形成霉膜或出现醋虱、醋鳗和醋蝇等。

（2）食醋的卫生管理

食醋的卫生管理措施如下。

① 注意原辅料卫生 生产食醋的粮食类原料必须干燥、无杂质且无污染，各项指标均符合《食品安全国家标准 粮食》（GB 2715—2016）的规定。生产用水必须符合《生活饮用水卫生标准》（GB 5749—2022）的规定。

② 合理使用食品添加剂 食醋生产过程中为了抑制耐酸霉菌在醋中生长并形成霉膜，以及防止生产过程中醋虱、醋鳗和醋蝇等的污染允许添加防腐剂。添加剂的使用剂量和范围应严格执行《食品安全国家标准 食品添加剂使用标准》（GB 2760—2024）。

③ 严格选用发酵菌种 必须选择蛋白酶活力强、不产毒、不易变异的优良菌种，并对发酵菌种进行定期筛选、纯化及鉴定；为防止种曲霉变，应将其贮存在通风、干燥、低温且清洁的专用贮藏室。

④ 加强容器和包装材料的管理 食醋具有一定的腐蚀性，不应贮存于金属容器或不耐酸的塑料包装中，以免溶出有害物质而污染食醋。盛装食醋的容器必须无毒、耐腐蚀、易清洗、结构坚固。

⑤ 去除醋鳗、醋虱和醋蝇 在正发酵或已发酵的醋中，如发现醋鳗或醋虱可将醋加热至 72℃并维持数分钟，然后过滤去除。

此外，食醋生产的卫生及管理按《食品安全国家标准 食醋生产卫生规范》（GB 8954—2016）执行。成品必须符合《食品安全国家标准 食醋》（GB 2719—2018）方可出厂销售。

6.10.1.4 食糖

食糖的主要成分为蔗糖，是以甘蔗和甜菜为原料经压榨取汁制成。按生产工艺和产品感官性状的不同可分为白砂糖、绵白糖和红糖等品种。

（1）食糖的卫生问题

食糖的安全问题主要是 SO_2，尤其在冰糖生产过程中最为常见。食糖生产过程中为了降低糖汁的色值和黏度需要用 SO_2 漂白。人体若大量摄入 SO_2 可出现头晕、呕吐、腹泻等症状，严重时会损伤肝和肾等功能。部分小型食品生产企业在生产食糖过程中为了节约成本，违法使用"吊白块"进行漂白，会出现 SO_2 残留超标。

（2）食糖的卫生管理

制糖原料如甘蔗、甜菜必须符合《食品安全国家标准　食品中农药最大残留限量》（GB 2763—2021）规定，不得使用变质或发霉的原料，生产用水和食品添加剂应符合相应的卫生标准或规定。用于食糖漂白的 SO_2 残留量要符合《食品安全国家标准　食糖》（GB 13104—2014）的规定。食糖必须采用二层包装袋（内包装为食品包装用塑料袋）包装后方可出厂，包装材料应符合相应的食品用包装材料的要求。

6.10.2　蜂蜜、糖果的卫生及管理

6.10.2.1　蜂蜜

蜂蜜是蜜蜂从植物花的蜜腺所采集的花蜜与自身含丰富转化酶的唾液混合酿制而成。蜂蜜在常温下为透明或半透明黏稠状液体，较低温度时可析出部分结晶，具有蜜源植物特有的色、香、味。其主要成分是葡萄糖和果糖。此外还含有少量蔗糖、糊精、矿物质、有机酸、芳香物质和维生素等。

（1）蜂蜜的卫生问题

部分蜂农常用抗生素防治蜜蜂疾病，因此蜂蜜中可能出现抗生素残留。蜂蜜因含有机酸而呈微酸性，若存放于镀锌铁皮桶中可将锌溶出，从而导致蜂蜜味涩、微酸、有金属味，不可食用。以某些植物的毒花为蜜源的蜂蜜常可引起中毒，表现为头昏、呕吐、腹泻、皮下出血和肝脏肿大等，严重时可导致死亡。

蜂蜜是极易掺假的食品。由于利益驱动，个别个体商家及厂家向蜂蜜中掺入水、蔗糖、转化糖、饴糖、羧甲基纤维素钠、糊精或淀粉等物质来制造掺假蜂蜜。这些掺假蜂蜜以天然蜂蜜的名义投放市场，不仅损害了消费者利益，也扰乱了市场秩序。

（2）蜂蜜的卫生管理

蜂蜜食品要符合《食品安全国家标准　蜂蜜》（GB 14963—2011）中的规定，不得掺杂和掺假。要加强与毒蜂蜜有关的宣传教育，放蜂点应远离有毒植物，避免蜜蜂采集有毒花粉。接触蜂蜜的容器、用具、管道和涂料以及包装材料必须符合相应的卫生标准和要求。要提高养蜂生产者、经营者的素质和认识，做到不使用抗生素，不销售且不收购含有抗生素残留的蜂蜜及蜂产品。

6.10.2.2　糖果

糖果是指以白砂糖、淀粉糖浆（或其他食糖）、糖醇或允许使用的其他甜味剂为主要原料，经相关工艺制成的固态、半固态或液态甜味食品。包括硬质糖果、酥质糖果、焦香糖果、凝胶糖果和奶香糖果等种类。

（1）糖果的卫生问题

糖果类食品的安全性相对较高，但私人作坊生产的糖果涉嫌掺杂、掺假、滥用食品添加

剂，或违法使用有毒、有害物质制造糖果；市售散装糖果无标签、标识现象普遍，更无卫生防范措施，致使糖果中大肠菌群超标。此外，过期糖果中的油脂酸败引起食物中毒的事件也有报道。

（2）糖果的卫生管理

生产糖果的所有原料、食品添加剂均要符合相应的卫生标准和有关规定，如《食品安全国家标准 糖果》（GB 17399—2016）。糖果包装纸应符合《食品安全国家标准 食品接触材料及制品通用安全要求》（GB 4806.1—2016）的规定，油墨应选择含铅量低的原料，并印在不直接接触糖果的一面，若印在内层，必须在油墨层外涂塑，或加衬纸包装，衬纸应略长于糖果，使包装后的糖果不直接接触外包装纸，衬纸本身也应符合卫生标准，用糯米纸作为内包装纸时，其铜含量不应超过 100mg/kg，没有包装纸的糖果及巧克力应采用小包装。生产糖果过程中不得使用滑石粉作防黏剂，使用淀粉作防黏剂应先烘（炒）熟后才能使用，并用专门容器盛放。

6.10.3 糕点、面包类食品的卫生及管理

糕点、面包类食品是指以粮食、油脂、食糖和蛋等为主要原料，加入适量的辅料，经配制、成型及熟制等工序制成的食品。按加工方式不同分为热加工糕点和面包与冷加工糕点和面包。前者是指加工过程中以加热熟制作为最终工艺的糕点和面包类食品；后者则指加工过程中在加热熟制后再添加奶油、人造黄油、蛋清及可可粉等辅料而不再经过加热的糕点和面包类食品。糕点和面包类食品通常是不经加热直接食用，因此，在这类食品的加工过程中，从原料选择到销售等诸环节的卫生管理尤为重要。

6.10.3.1 糕点、面包类食品的卫生问题

糕点是以谷类、豆类、薯类、油脂、糖、蛋等的一种或几种为主要原料，添加或不添加其他原料，经调制、成型、熟制等工序制成的食品，以及熟制前或熟制后在产品表面或内部添加奶油、蛋清、可可粉、果酱等的食品。面包是以小麦粉、酵母、水等为主要原料，添加或不添加其他原料，经搅拌、发酵、整形、醒发、熟制等工艺制成的食品，以及熟制前或熟制后在产品表面或内部添加奶油、蛋清、可可粉、果酱等的食品。糕点、面包类食品营养丰富，微生物易于在其中生长繁殖。由于通常不经加热直接食用，而且大多数糕点、面包是以销定产或前店后场的加工模式，病原微生物污染是其影响安全的重要问题。

（1）原辅料的微生物污染

糕点、面包类食品的原料有面粉、糖、奶、蛋、油脂、食用色素和香料等。特别是以奶和蛋为主的糕点，微生物容易生长繁殖。如作为糕点、面包原料的奶及奶油未经过巴氏杀菌，奶中可污染较高数量的细菌及其毒素；含蛋品的糕点则易受到沙门菌污染。蛋类在打蛋前未洗涤蛋壳，不能有效地除去微生物。已有霉变和酸败迹象的花生仁、芝麻、核桃仁和果仁等也能对糕点、面包产生污染。

（2）加工过程杀菌不彻底

各种糕点、面包在食品生产时都要经过高温处理，其既是食品熟制又是杀菌的过程。在这个过程中大部分的微生物都能被杀死，但抵抗力较强的细菌芽孢和霉菌孢子易残留在食品中，遇到适宜条件仍能生长繁殖，从而引起糕点、面包类食品变质。

（3）包装、贮藏不当

糕点、面包在生产过程中若包装、贮藏不当会使其污染许多微生物，而且糕点、面包中的含水量较高（20%～30%），很容易发生霉变。当其烘烤又未烤透时，则霉变更易发生。霉变的程度还与生产工艺、包装和存放条件有关。在通风不良的条件下存放时霉变现象特别容易出现。

此外，生产和销售人员如果不讲究卫生，用不清洁的手接触食品、打喷嚏、咳嗽，甚至谈话都可能带进细菌使食品受到污染。

6.10.3.2　糕点、面包类食品的卫生管理

（1）原辅料

生产糕点、面包的粮食类原料应无霉变、无杂质、无粉螨且符合粮食卫生标准要求。糖类原料应有固有的外形、颜色、气味和滋味，无昆虫残骸和沉淀物，油脂类原料应符合相应的卫生标准。加工中使用的各类食品添加剂和生产用水应符合相关标准，为了防止糕点、面包的霉变以及油脂酸败，应对生产糕点、面包的原料进行杀菌。

（2）加工过程

糕点、面包加工过程中，粮食原料及其他粉状原辅料使用前必须过筛，以去除金属杂质等大颗粒物质。糖浆应煮沸后经过滤再使用。煎炸油的最高温度不得超过 250℃，应严格控制煎炸油的使用次数。为防止含乳糕点受到葡萄球菌污染，乳类原料须经巴氏杀菌并冷藏存放，临用前从冰箱或冷库中取出。蛋类易污染沙门菌，因此，制作糕点用蛋须剔除变质蛋和碎壳蛋，再经清洗消毒才能使用。糕点、面包加工过程中，以肉为馅心的糕点、面包，中心温度应达到 90℃以上，一般糕点、面包的中心温度应达到 85℃以上，以防止外焦内生，成品加工完毕后，须经彻底冷却再包装，否则易使其发生霉变、氧化酸败等。产品必须符合《食品安全国家标准　糕点、面包》（GB 7099—2015）要求。

（3）贮存、运输及销售

糕点、面包所使用的包装材料应无毒、无味，含水量高的糕点、面包不宜用塑料材料包装。贮存糕点、面包的成品库应专用，并设有各种防止污染的设施和温控设施。奶油裱花蛋糕须冷藏；散装糕点、面包应用专用箱盖严存放；运输糕点、面包的车辆要专用；销售场所须具有防蝇、防尘等设施；销售散装糕点、面包的用具要保持清洁，销售人员不能用手直接接触。

6.10.4　冷饮食品的卫生及管理

冷饮食品通常包括冷冻饮品和饮料。冷冻饮品是指以饮用水、甜味料、乳品、果品、豆品及食用油脂等为主要原料，加入适量的香精、着色剂、稳定剂和乳化剂等食品添加剂经配料、杀菌和凝冻而制成的冷冻固态饮品。包括冰激凌类、雪糕类、风味冰、冰棍类、食用冰和其他冷冻饮品。饮料是指经过定量包装，供直接饮用或用水冲调后饮用，乙醇含量不超过质量分数 0.5%的制品，不包括饮用药品，主要原料为水、糖及各种食品添加剂。包括碳酸饮料类、果汁和蔬菜汁类、蛋白饮料类、包装饮用水类、茶饮料类、咖啡饮料类、植物饮料类、风味饮料类、特殊用途饮料类、固体饮料类和其他饮料类等共 11 个类别。

6.10.4.1 冷饮食品的卫生问题

（1）原料用水

水是冷饮食品生产中的主要原料，一般取自自来水、井水、泉水等，无论是地表水还是地下水均含有一定量的无机物、有机物和微生物，这些物质若超过一定范围就会影响冷饮食品的质量和风味，甚至引起食源性疾病。

（2）原料污染

冷饮食品中含有较多的乳、蛋、糖及淀粉类物质，适宜微生物生长繁殖，从配料、生产制作、包装到销售等各个环节中均易受到微生物的污染。由于冷饮食品上市的旺季正是急性胃肠道疾病的流行季节，原料污染也就促使冷饮食品成为夏季胃肠道疾病的一个重要传播途径。此外，乳、蛋等作为生产冷饮食品的重要原料，若乳畜和蛋禽在养殖过程中患有某些传染病或被饲喂含有农药、兽药、有毒金属污染的饲料，则其产品也可产生相应的危害。

（3）滥用食品添加剂

冷饮食品使用的食品添加剂主要有食用色素、食用香料、酸味剂、甜味剂和防腐剂等，若超范围使用或过量使用都可对产品的安全性产生影响。

（4）容器和盛具污染

冷饮食品多是含酸较高的食品，当与某些金属容器或管道接触时，可将某些有毒重金属溶出后迁移到食品内部，从而导致食品受到污染，危害消费者的健康。

6.10.4.2 冷饮食品的卫生管理

（1）原料

冷饮食品生产中的原料用水必须经沉淀、过滤和消毒，达到《生活饮用水卫生标准》（GB 5749—2022）方可使用。饮料用水还必须符合加工工艺要求，如水的硬度应低于8°（以碳酸度计），才能避免钙、镁等离子与有机酸结合形成沉淀物而影响饮料的风味和质量。贮水设施应有防污染措施，并应定期清洗消毒。冷冻饮品和饮料所用的各种原辅料，如乳、蛋、果蔬汁、豆类、茶叶、甜味料以及各种食品添加剂等，均必须符合国家相关的卫生标准。

（2）加工、贮存、运输过程

各种冷冻饮品、饮料的生产工艺不同，其具体的安全管理措施也不相同。液体饮料的生产工艺因产品不同而有所不同，但一般均有水处理、容器清洗、原辅料处理和混料后的均质、杀菌及罐装等工序。对其卫生要求是原料必须符合食品原料的卫生要求和管理规定；保证陶瓷滤器滤水的效果，充加纯净的二氧化碳；生产设备采用不锈钢材质，以免有毒金属铅、锌、镉等从容器中溶出污染食品；回收的旧瓶，应用碱水浸泡、洗刷、冲净和消毒。固体饮料因含水分少，尤其多以开水冲溶后热饮因此不易受到微生物污染。冷冻饮品的工艺为配料、熬料、消毒、冷却和冷冻，加工过程中的主要卫生问题是微生物污染，原料配制后的杀菌与冷却是保证产品质量的关键。为防止微生物污染和繁殖，不仅要保持各个工序的连续性，而且还要尽可能缩短每一工序的时间间隔。完工后的成品必须检验合格后方可出厂。

此外，要严格执行相关卫生标准，如《食品安全国家标准　冷冻饮品和制作料》（GB 2759—2015）、《饮料通则（含第1号修改单）》（GB/T 10789—2015）等。

思考题

1. 简述粮谷类食品的主要卫生问题及预防措施。
2. 简述豆类食品的主要卫生问题及预防措施。
3. 简述果蔬类食品的主要卫生问题及预防措施。
4. 简述原料肉的主要问题。
5. 简述乳类食品的主要卫生问题及预防措施。
6. 简述蛋类食品的主要卫生问题及预防措施。
7. 简述食用油脂的主要卫生问题及预防措施。
8. 简述酒类的主要卫生问题及预防措施。
9. 简述糕点、面包类食品的主要卫生问题及预防措施。
10. 简述冷饮食品的主要卫生问题及预防措施。

第 7 章

转基因食品的安全性

 导言

　　近年来，转基因生物和转基因食品一直备受关注，特别是转基因农作物的大面积种植、转基因食品的大量生产及其国际贸易，引起了世界各国的高度重视。然而，转基因食品的卫生问题在许多方面有别于其他传统类别的食品，故应当从独特的角度去加以审视和理解。转基因是一项新技术，也是一个新产业，具有广阔的发展前景。在研究上要大胆，在推广上要慎重。

　　随着生物技术的不断发展，目前世界上许多国家将生物技术、信息技术和新材料技术作为三大重中之重技术。生物技术可以分为传统生物技术、工业生物发酵技术和现代生物技术。现代生物技术主要包括基因工程、蛋白质工程、细胞工程、酶工程和发酵工程五大工程技术，其中基因工程是现代生物技术的核心。

　　转基因技术是科学进步的结果，是科学发展到一定阶段的产物，自 20 世纪 70 年代诞生以来，得到了快速的发展，给人类带来了巨大的经济效益和社会效益。然而，转基因技术的发展，也引起了人们关于安全性和潜在风险的争论。

7.1　概述

7.1.1　转基因食品定义

　　基因工程技术一般指基因工程。基因工程又称基因拼接技术和 DNA 重组技术，是以分子遗传学为理论基础，以分子生物学和微生物学的现代方法为手段，将不同来源的基因按预先设计的蓝图，在体外构建杂种 DNA 分子，然后导入活细胞，以改变生物原有的遗传特性、获得新品种、生产新产品的遗传技术。这种基因工程所使用的分子生物技术通常称为转基因技术。

　　转基因食品（genetically modified food，GMF）就是指利用转基因技术，将某些生物的基因转移到其他物种中去，改造它们的遗传物质，使其在性状、营养品质、消费品质等方面向人们所需要的目标转变。这种以转基因生物为直接食品或为原料加工生产的食品就是转基因食品，又称基因工程食品或基因修饰食品（简称 GM 食品）。

因为应用转基因技术构建的生物称为转基因生物，包括转基因植物、转基因动物和转基因微生物。所以由此而来的转基因食品也相应地分为转基因植物源食品、转基因动物源食品、转基因微生物源食品。

7.1.2　转基因食品的发展现状

20 世纪 80 年代初，美国最早对转基因生物进行研究。世界上第一例进入商品化生产的转基因食品是 1994 年投放美国市场的可延缓成熟的转基因番茄。此后转基因食品发展极为迅速，截至 2019 年底，世界转基因作物的总种植面积约为 2 亿公顷。种植转基因作物的国家共有 26 个，其中发展中国家共有 21 个，种植面积占全球面积的 54%，发达国家 5 个，种植面积占全球面积的 46%。美国是转基因作物种植面积最大的国家，据 2018 年统计，抗除草剂大豆占美国大豆总面积的 74%，抗虫棉约占棉田总面积的 71%，转基因玉米占玉米总面积的 32%。美国种植的转基因作物包括大豆（3408 万公顷）、玉米（3317 万公顷）、棉花（506 万公顷）、油菜（90 万公顷）、甜菜（49.1 万公顷）、苜蓿（126 万公顷），还有大约 1000 公顷的木瓜、南瓜、马铃薯和苹果。2019 年统计，转基因玉米、大豆、棉花的种植面积约为 6997 万公顷，与 2018 年相比，三大作物种植面积有所下降，主要原因是受贸易往来的影响。转基因作物种植面积全球第二大的是巴西，占全球转基因作物种植面积的 27%。其次是阿根廷，占全球转基因作物种植面积的 12%；加拿大，占全球转基因作物种植面积的 7%；印度，占全球转基因作物种植面积的 6%。

目前全球种植并上市销售的转基因作物有玉米、大豆、棉花、油菜、苜蓿、甜菜、木瓜、南瓜、茄、马铃薯和苹果等，其中转基因大豆是种植面积较大的作物。水稻、小麦和玉米是主要的转基因粮食作物；转基因蔬菜主要有番茄、西葫芦、马铃薯等；转基因经济作物主要有棉花、烟草、亚麻、甜菜；转基因水果作物主要有李、甜瓜、番木瓜等。

我国是粮食进口大国，每年将进口大量的转基因作物，其中大豆是我国进口量最大的农产品，主要被用于食用油和饲料等。

在转基因食品中，发展最快的是转基因植物食品。转基因动物食品获准上市的不多，其中由 FDA 批准的一种生长速度更快的三文鱼走上餐桌，这是全球首例获准上市供人类食用的转基因动物。在国外，将转基因细菌和真菌生产的酶用于食品生产和加工已经比较普遍，例如，生产奶酪的凝乳酶，以往只能从杀死的小牛胃中才能获取，现在利用转基因微生物已能够使凝乳酶在体外大量生产，避免了小牛的无辜死亡，也降低了生产成本。目前市场上的转基因食品基本上都是转基因植物食品。

7.1.3　转基因技术的基本步骤与方法

（1）目的基因的获取

从复杂的生物有机基因组中分离出带有目的基因的 DNA 片段。通常把要转化到载体内的非自身的 DNA 片段称为"外源基因"，也称目的基因或靶基因，它含有一种或几种遗传信息的全套密码。目前常用的分离、合成目的基因的方法有鸟枪法（散弹射击法）、PCR 扩增法、化学合成法等。

（2）基因表达载体的构建

在体外，将带有目的基因的外源 DNA 片段连接到能够自我复制并具有选择记号的载体分子上，形成重组 DNA 分子。载体具有运输外源 DNA 进入受体细胞的作用，它与目的基因在体外重组形成重组 DNA 分子，在进入受体和细胞后，可以形成一个复制子，即形成可以在细胞内独自进行自我复制的基因。作为载体应该具备以下条件：①具有复制起点和自我复制的能力，或整合到受体染色体 DNA 上随染色体 DNA 的复制而同步复制；②有某种限制酶的一个切点，最好具有多种限制酶的切点，而且每种酶的切点只有一个；③有利于选择的标记基因，可以很方便地检测目的基因的插入与否，进行重组受体细胞的筛选；④外源 DNA 插入后不影响载体在受体细胞中进行自我复制，并且载体本身是安全的，对受体细胞无害或不能进入除受体细胞外的其他生物细胞中；⑤具有促进外源 DNA 表达的控制区及合适的拷贝数目，并且载体能接纳尽可能大的外源 DNA 片段。

将目的基因与载体重组的方法，目前有以下几种。①根据外源 DNA 片段末端的性质同载体上适当的酶切位点相连实现基因的体外重组。外源 DNA 片段通过限制性内切酶酶解后其所带来的末端有三种可能：第一种可能产生带有非互补突出末端的片段；第二种可能是产生带有相同突出末端的片段；第三种可能是产生带有平端的片段。②同聚物加尾法。可以利用末端转移酶分别在载体酶切位点处和外源 DNA 片段的 $3'$ 端加上互补的同聚尾，这就是所谓的同聚物加尾法。此法通常用于双链 cDNA 的分子克隆。③PCR 法。在进行 PCR 时，可根据载体上的克隆位点设计 PCR 引物，使引物上带有与载体克隆位点相匹配的限制性内切酶识别序列。通过 PCR 或逆转录聚合酶链反应（RT-PCR）直接产生可用于重组的外源基因片段。

（3）将重组基因导入受体细胞

将重组 DNA 分子转移到适当的受体细胞（寄主细胞），并与其一起增殖。受体细胞也称宿主细胞，是指能摄入外源 DNA（基因）并使其稳定维持和表达的细胞，可分为原核受体细胞（最主要是大肠埃希菌）、真核受体细胞（最主要是酵母菌）、植物细胞、动物细胞和昆虫细胞（其实也是真核受体细胞）。由于外源基因与载体构成的重组 DNA 分子性质不同，宿主细胞不同，将重组 DNA 导入宿主细胞的具体方法也不同。将重组 DNA 分子送入受体细胞的方法主要有以下几种。①$CaCl_2$ 处理后的细菌转化或转染。②高压电穿孔法。通过调节外加电场的强度、电脉冲的长度和用于转化的 DNA 浓度可将外源 DNA 导入细菌或真核细胞。用电穿孔法实现基因导入比 $CaCl_2$ 法方便。③聚乙二醇介导的原生质体转化法。常用于转化酵母细胞以及其他真菌细胞。④磷酸钙（二乙氨乙基)-葡聚糖的转染，这是将外源基因导入哺乳类细胞中进行瞬时表达的常规方法。⑤基因枪介导转化法。利用火药爆炸或高压气体加速，将包裹了目的基因的 DNA 溶液的高速微弹直接送入完整的植物组织和细胞中。该方法的一个主要优点是不受受体植物范围的限制，而且其载体质粒的构建也相对简单，因此也是目前转基因研究中应用较为广泛的一种方法。⑥原生质体融合。将带有多拷贝重组质粒的细菌原生质体同培养的哺乳细胞直接融合。经过细胞融合，细菌内容物转入动物细胞质中，质粒 DNA 被转移到细胞核中。⑦脂质体法。将 DNA 或 RNA 包裹于脂质体内，然后将脂质体与细胞膜融合导入基因。⑧细胞核的显微注射法。将目的基因重组体通过显微注射装置直接注入细胞核中。

（4）筛选获得了细胞重组 DNA 分子的受体细胞克隆

从大量的细胞繁殖群体中筛选出获得了细胞重组 DNA 分子的受体细胞克隆。目前比较常用的筛选方法有以下几种。①重组质粒的快速鉴定。根据有外源基因插入的重组质粒同载体 DNA 之间大小的差异来鉴定重组体。这种方法对于用双酶酶解后定向插到载体中的重组体尤其方便。②通过 α 互补使菌落产生的颜色反应来筛选重组体。通常用的是蓝白斑试验。③重组质粒的限制酶酶解分析。当载体和外源 DNA 片段连接后产生的转化菌落比任何一组对照连接反应（如只有载体或外源 DNA 片段）都明显得多时，从转化菌中随机挑选出少数菌落后通过快速提取质粒 DNA，然后用限制酶酶解，凝胶电泳分析确定是否有外源基因插入。④外源 DNA 片段插入失活。如果载体带有两个或多个抗生素抗性基因并在其上分布适宜的可供外源 DNA 插入的限制性内切酶位点时，当外源 DNA 片段插入一个抗性基因中时可导致此抗性基因失活。这样可通过含不同抗生素的平板对重组体进行筛选。如 pBR322 质粒上有两个抗生素抗性基因（Amp^r 和 Tet^r）。⑤分子杂交筛选法。利用碱基配对的原理进行分子杂交是核酸分析的重要手段，也是鉴定基因重组体最通用的方法。其分析方法有：原位杂交、点杂交及 Southern 杂交等。⑥利用 PCR 方法来确定基因重组体。

（5）目的基因的检测和表达

将目的基因克隆到表达载体上，导入寄主细胞，使其在新的遗传背景下实现功能表达，对表达产物进行鉴定，从而获得人类所需的物质。表达产物一般可以通过直接测定其活性功能来鉴定，将其与目的产物进行电泳图比较，最精确的鉴定方法是进行蛋白质的氨基酸序列测定。

7.1.4　转基因食品的优点

（1）提高生产效率，具有价格优势

基因工程技术能改变生物的遗传性状，使其更能适应环境，能提高食品的生产速度与生产效率，缩短育种周期进而降低生产成本。以农作物为例，利用 DNA 重组技术与细胞融合等技术可将抗病毒、抗倒伏、抗虫害等多种基因植入农作物体内，使其获得更优良的性状，在降低成本的同时提高产量。在市场上，因其成本与产量优势，转基因食品的价格常低于同类非转基因食品，创造了可观的经济效益。

（2）提升食品的营养价值，改善食品的口味和品质

转基因食品可以通过改变食品的营养成分，进而提升食品的营养价值。应用转基因的方法，改变生物的遗传信息，拼组新基因，使今后的农作物具有高营养。如人体所必需的营养元素，常常只存在于特定的植物中，转基因技术能控制该植物营养元素合成的基因片段转移至较为常见的作物，使其他作物也具有该营养元素，基因整合后的作物含有大量人类所需的营养成分，使人们在不需要摄取多种食物的前提下，营养更加均衡。传统的食品通过添加剂来改变口味，加入防腐剂来延长食品的保质期，然而添加剂和防腐剂中含有有害成分，转基因技术可以较好地解决上述不足。通过转变或转移某些能表达某种特性的基因，从而改变食品的风味、营养成分和防腐功能。利用转基因技术，能生产出有利于健康和抗疾病的食品，欧洲科学家成功培育出了富含维生素 A 和铁的转基因稻，其生产的大米中富含维生素 A，能让人们在食用稻谷的同时，降低维生素 A 缺乏症和缺铁性贫血的发病率。

（3）延长食品的保质期

在食物的销售和运输过程中，食品的保质期是衡量食品新鲜度与质量的标准，转基因食品可以将季节、气候等的影响降至最小，通过基因改造技术，让人们一年四季都可以品尝到新鲜的果蔬。而蔬菜水果，传统的保鲜技术，如冷藏、气调保鲜等在储藏费用、期限、保鲜效果等方面均存在严重的不足，易造成食物腐败和变质，给果农和消费者造成损失。但在转基因技术出现后，人们在常温下便可以很好地储存改造过基因的食物。

(4) 有利于优良品种的培育

在转基因技术广泛运用以前,传统的育种只限于同一物种之间的杂交。转基因技术可以打破生殖隔离,将不同物种间的基因进行整合,保留各个物种最优的性状。

(5) 减轻农药危害,减少环境污染

转基因技术可将抗虫害的基因转入植物体内,从而无需农药便可抵抗病虫的威胁。目前,人们最担心的果蔬食品问题便是农药残留,转基因技术从源头上解决了人们的担忧,且市场监督管理部门要求转基因食品在上市前要进行严格的安全检测,通过生化成分检测等手段,确保其安全性,给人们的生活提供保障。同时,转基因技术的应用,可以减少或避免使用农药、化肥,极大地减少了农药、化肥所造成的环境污染、人畜伤亡等。

7.2 转基因食品潜在的安全问题

目前转基因技术在食品生产中运用广泛,转基因食品也悄然地走进了人们的生活。其具有提高生产率、提升食品的营养价值、延长食品的保质期、减轻农药危害、培育优良品种等优势。但也有一些消费者认为食用转基因食品会对人类健康产生危害,如可能对身体产生副作用、食品可能产生潜在的过敏反应,且在是否危害农业生产、是否破坏生态平衡等方面心存疑虑。转基因技术作为一种新兴的生物技术手段,它具有不成熟和不确定性,可能具有潜在的毒性、破坏人体微生态环境、降低食品原本营养价值与污染生态环境等弊端。绿色协会及其他环境组织也不断地警示关于转基因食品的潜在风险。

事实上,转基因技术用来改造食品的基因通常来源于亲缘关系较远的物种,有些是人类极少食用的物种,因此相对于传统的自然食品而言,存在着不确定的因素和未知的长期效应,其安全性尚有待进一步的检验。

目前对转基因食品的安全性讨论主要集中在两个方面,一是食用安全性,二是环境安全性。

7.2.1 转基因食品的食品安全性

目前转基因技术可以准确地将 DNA 分子切断和拼接进行基因重组,但是由于新插入的基因是随机的,插入基因后产生的产物也许是迄今为止人类没有充分认识到的新的产物,如致癌物、激素、过敏原等。转基因食品的安全性包括以下几个方面。

(1) 潜在毒性

导入的基因并非原本亲本动植物所有,有些甚至来自不同类、种或属的其他生物,包括各种细菌、病毒和生物体,新基因的转入打破了原来生物基因的"体制",理论上可使一些产生毒素的沉默基因启动表达,进而产生有毒物质,但目前尚未有试验结果可以证明。一些研究学者认为,转基因食品转入一些含有病毒、毒素、细菌的基因,在达到人们想达到的某些效果的同时,也可能增加其中原有的微量毒素的含量。

(2) 营养成分是否改变

转基因食品中由于外源基因的来源、导入位点的不同,以及具有的随机性,极有可能产生基因缺失、错码等突变,使所表达的蛋白质产物的性状、数量及部位与期望值不符。可能以难以预料的方式改变食品的营养价值和不同营养素的含量,甚至可能引起抗营养因子的改变。英国伦理和毒性中心的试验报告表明，在耐除草剂的转基因大豆中，具有防癌功能的异黄酮含量减少了，与普通大豆相比异黄酮含量降低了 12%～14%。而且一味地提高转基因食品的营养成分，也可能打破整个食品的营养平衡。

（3）潜在的过敏原

全世界有 3.5%～5% 的人群对某些食物成分过敏，转基因食品引起食物过敏的可能性是人们关注的焦点之一。导入基因的来源及序列或其表达的蛋白质的氨基酸序列与已知的致敏原有没有同源性？或有没有产生新的致敏原？从科学的角度看，转基因食品一般不会比传统食品含有更多的过敏物质。主要是因为科学家一般会尽量避免将已知的过敏物质的基因转入目标食品中，但是不能排除由于外源基因的导入，导致原始的作物产生新的蛋白质，那么这种新的蛋白质很可能导致部分人出现食物过敏的现象。在下列情况下转基因食品可能产生过敏性：一是已知所转外源基因能编码过敏蛋白；二是外源基因转入后能产生过敏蛋白；三是转基因食品产生的蛋白与过敏蛋白的氨基酸序列有明显的同源性；四是转基因表达蛋白为过敏蛋白的家族成员。目前还没有转基因食品致癌性、致畸性、致突变性的报道，但是这种潜在的风险通过目前所采用的短期试验（分为 13 个星期，最长至 104 个星期）是无法确认的。

（4）抗生素抗性

目前在基因工程中选用的载体多数为抗生素抗性标记，抗生素抗性标志基因与外源目的基因构建在同一表达载体上，一起转化进入细胞，而后在特定条件下帮助筛选出已转化的细胞。人类食用带有抗生素抗性标志基因的转基因食品后，在体内可将抗生素抗性标志基因插入肠道微生物中，并在其中表达，使这些微生物转变为抗药菌株，可能影响口服抗生素的药效，对健康造成危害。2002 年英国《自然》和美国《科学》杂志陆续报道：纽卡斯尔的研究人员发现转基因食品中的 DNA 片段可以进入人体肠道中的细菌体内，并可能使肠道的菌群对抗生素产生抗性。

7.2.2　转基因食品的环境安全性

转基因植物不断在生产环境中优化繁衍与增殖，因此转基因植物的形状特性及物种均具有多样性。转基因植物由于其基因独特性且具有较高的繁殖能力，易产生基因扩散从而改变周围植物的基因。转基因植物在小环境下容易影响当地的生态系统及其内部植物的生产生活，从而间接引起生态效应；也可在大环境中进一步引发一系列的基因改造，在生态系统中形成转基因植物的物种入侵。部分转基因植物会通过其根系分泌物或残茬对其生长土壤产生一定影响，如妨碍土壤中某些微生物的生长发育，促进土壤中某些微生物的生存与繁殖，导致土壤中营养成分发生改变与转化，从而使土壤成为最适合生长的土壤。而部分转基因植物实现了授粉的自主性，并不需要蜜蜂与蝴蝶传粉，进而使该地蜜蜂、蝴蝶等昆虫的数量逐步减少。转基因植物因其强大的繁殖力对周围植物的基因构成也会产生一定的影响，从而促进周围植物的基因改造。转基因植物的环境安全问题：①破坏生态系统中的生物种群；②转基因生物对非目标生物的影响；③影响生物多样性；④基因漂移产生不良后果；⑤对天敌产生的影响。

用转基因作物和转基因动物作为食品，或以它们为原料加工成食品，不能排除食品成分的非预期改变对食用者的健康产生的危害。虽然可以通过同质代替实验认为转基因植物所制成的食品不会对人体健康构成危害，但是在人类对于转基因植物所制成的食品的各项研究中，并没有确切严谨的实验数据证明转基因食品对人类安全毫无危害，无法得出转基因食品具有安全性的结论。如抗病毒的转基因作物中含有病毒外壳蛋白基因是否会对人体造成危害；抗虫的转基因作物是否含有残留的抗昆虫毒素；抗除草剂的转基因作物中是否残留除草剂等化学成分；转基因作物中是否含有过敏原；转基因动物中的特殊基因是否会引起跨物种感染；一味地提高某种营养成分是否打破人的营养平衡等，这些情况都需要验证。

从目前来看，转基因技术的所谓不良影响主要限于理论和可能性，而它的诸多好处已经展示在人们面前。对转基因食品安全性的争论，从表面上看是科学家对转基因作物安全性的认识不同，实际上争论包含着深层次的原因。

7.3 转基因食品的安全性评价

为了使某些食品的产量或者特性满足人们的需求，转基因食品应运而生。转基因食品对人类的贡献现在是看得到的，其多是在缓解粮食短缺方面发挥了重大作用。转基因食品所潜在的安全问题虽然短时间内无法做出任何判断，但是也不容忽视。随着转基因作物在全球种植面积的不断扩大，转基因食品的物种和数量急剧增加，世界各国已普遍关注转基因食品的安全性，对转基因食品进行安全性的分析并做出正确评价是非常迫切的。

对转基因食品安全性评价的意义：提供科学决策的依据；保障人类健康和环境安全；回答公众疑问；促进国际贸易；促进生物技术的可持续发展。

在转基因食品安全性问题上，世界各国所持态度各不相同。在转基因食品监管方面，欧盟态度非常严谨，采用了预防原则，作为管制转基因食品的理论基础。一种转基因食品要经过成员国和欧盟两个层次的批准才能在欧盟上市销售，并强制要求对转基因食品实行严格的标签制度和追踪制度。美国对转基因食品的安全管理态度与欧盟的截然不同，认为只要没有充分的科学研究证据可以证明该转基因食品具有不安全因素，那么就可以认为该转基因食品是安全的，并且没有必要对其商业化生产或者研究设置太多的限制，对转基因食品实行自愿咨询和自愿标识制度。我国对转基因食品坚持"积极、谨慎"的基本态度，并出台了多条关于转基因技术、作物或产品的法律法规。《中华人民共和国食品安全法》规定，生产经营转基因食品应当按照规定显著标示。

7.3.1 转基因食品安全性评价基本原则

转基因食品的安全性评价原则主要包括实质等同性原则、预先防范原则、个案分析原则、逐步评估原则、风险效益平衡原则以及熟悉性原则。其中实质等同性原则是被联合国粮农组织、世界卫生组织和经济合作与发展组织等不同的国际机构认可并采用的，应用最为广泛。

（1）实质等同性原则

实质等同性原则的含义是，在评价生物技术产生的新食品和食品成分的安全性时，现有的食品或食品来源生物可以作为比较的基础。如果该转基因食品和传统食品是实质等同的，也就是说，如果两者除认为嵌入的外源基因所表达的性状特征外，在营养成分、毒性以及致敏性等食品安全方面都没有实质性差异，则认为该转基因食品是安全的；如果出现实质性差异，则应另外进行严格的安全性评价，包括对转基因产物的结构、功能和专一性的评价以及由转基因产物催化产生的其他物质的安全性评价。实质等同性可以证明转基因产品并不比传统产品不安全，但并不能证明它是绝对安全的，另外食品成分的改变，并不是决定食品是否安全的唯一因素，只有对这种差异的各方面进行综合评价，才能确定食品是否安全，因此实质等同性原则是一个指导原则，并不能代替安全性评价。

1996 年，FAO/WHO 召开的第二次生物技术安全性评价专家咨询会议将转基因食品的实质等同分为 3 类：第一类，转基因食品和传统食品具有实质等同性；第二类，转基因食品与传统食品除引入的新性状外具有实质等同性；第三类，转基因食品与传统食品不具有实质等同性。

（2）预先防范原则

在对转基因食品评价时，第一个要考虑的问题是对遗传工程体的特性进行分析，即安全性分析。这样有助于判断某种新食品与现有食品是否有显著差异。分析的主要内容有如下几个方面。①供体来源、分类、学名，与其他物种的关系；作为食品食用的历史，有无有毒史、过敏性、传染性、抗营养因子、生理活性物质；该供体的关键营养成分等。②被修饰基因及插入的外源 DNA 介导物的名称、来源、特性和安全性；基因构成与外源 DNA 的描述，包括来源、结构、功能、用途、转移方法、助催化剂的活性等。③受体与供体相比的表型特性和稳定性，外源基因的拷贝量，引入基因移动的可能性，引入基因的功能与特性。

虽然尚未发现转基因生物及其产品对环境和人类健康产生危害的实例，但从生物安全角度考虑，必须将预先防范原则作为生物安全评价的指导原则，结合其他原则来对转基因食品进行风险分析，提前防范。

（3）个案分析原则

因为转基因生物及其产品中导入的基因来源、功能各不相同，受体生物及基因操作也可能不同，所以必须有针对性地逐个进行评估，即个案分析原则。目前世界各国大多数立法机构都采取个案分析原则。

个案分析就是针对每一个转基因食品个体，根据其生产原料、工艺、用途等特点，借鉴现有的已通过评价的相应案例，通过科学分析，发现其可能发生的特殊效应，以确定其潜在的安全性，为安全性评估工作提供目标和线索。个案处理为评价采用不同原料、不同工艺、具有不同特性、不同用途的转基因食品的安全性提供了有效的指导，尤其是在发现和确定某些不可预测的效应及危害中起到了重要的作用。

个案处理的主要内容与研究方法包括：①根据每个转基因食品个体或相关的生产原料、工艺、用途的不同特点，通过与相应或相似的既往评价案例进行比较，应用相关的理论和知识进行分析，提出潜在安全性问题的假设。②通过制定有针对性的验证方案，对潜在安全性问题的假设进行科学论证。③通过对验证个案的总结，为以后的评价和验证工作提供可借鉴的新案例。

（4）逐步评估原则

转基因生物及其产品的开发过程需要经过实验研究、中间试验、环境释放、生产性试验和商业化生产等环节。因此，每个环节上都要进行风险评估和安全评价，并以上步实验积累的相关数据和经验为基础，层层递进，确保安全性。

（5）风险效益平衡原则

转基因技术作为一项新技术，它的发展可以带来巨大的经济效益和社会效益，但该技术可能带来的风险也是不容忽视的。因此，在对转基因食品进行评估时，应该采用风险和效益平衡的原则，综合进行评估，在获得最大利益的同时，将风险降到最低。

（6）熟悉性原则

只对所评价转基因生物及其安全性的熟悉程度，根据类似的基因性状或产品的历史使用情况，决定是否可以采取简化的评价程序，是为了促进转基因技术及其产业发展的一种灵活运用。

7.3.2 转基因食品安全性评价内容

国际食品安全标准主要由国际食品法典委员会（CAC）制定。其所制定的食品标准被世界贸易组织（WTO）规定为国际贸易争端裁决的依据。国际食品法典委员会（CAC）于2003年起先后发布了3个有关转基因生物食用安全性评价的指南，各国都在该指南的基础上制定了各自的安全评价标准。通常转基因产品食用安全性的评价主要包括三个方面，即毒理学评价、致敏性评价和营养学评价。

（1）转基因食品毒理学评价

根据需要，目前在食品安全评价中一般需要进行与已知毒蛋白的氨基酸序列比对、外源蛋白急性经口毒性试验、全食品亚慢性毒理学试验等毒性安全评价。具体包括：

① 氨基酸序列比对　将外源蛋白的氨基酸序列与国际上通用的蛋白数据库进行比对，看其与已知的毒素及抗营养因子是否有同源性，排除转基因可能引入毒素和抗营养因子的可能性。中国已颁布转基因外源蛋白与已知毒蛋白及抗营养因子氨基酸序列比对的标准，在进行相关评价时须参照执行。

② 急性经口毒性试验　大鼠、小鼠的急性经口毒性试验，主要是针对转基因表达的目标物质（通常是蛋白质），在转基因安全评价中，通常采用限量法，即24h内一次或多次灌胃给予最大的剂量。我国要求最好达到5000mg/kg体重；FDA对食品急性毒性评价也要求达到5000mg/kg体重；OECD针对化学品的急性毒性评价，根据急性毒性实验得出的LD_{50}值，得到该受试物的分级。我国食品毒理将急性经口毒性分为5个等级，极毒（LD_{50}＜1mg/kg）、剧毒（LD_{50} 1～50mg/kg）、中等毒（LD_{50} 51～500mg/kg）、低毒（LD_{50} 501～5000mg/kg）、实际无毒（LD_{50}＞5000mg/kg）。关于转基因外源蛋白急性毒性评价的方法，我国已颁布了有关标准，在相关安全性评价中需参照执行。

③ 亚慢性毒理学试验　亚慢性毒理学试验可以反映出转基因食品对于生物体的中长期营养与毒理学作用，因此是转基因食品食用安全性评价工作的重要评价手段之一。通常选用大鼠，并选择刚断乳的动物，大鼠的生命期一般为2年，90天对大鼠来说是其生命期的1/8，即相当于人生命期的10年，从断乳开始喂养90天，覆盖了大鼠幼年、青春期、性成熟、成年期等敏感阶段。评价方法上，在不影响动物膳食营养平衡的前提下，按照一定比例（通常设高、中、低三个剂量组）将转基因食品掺入动物饲料中，让动物自由摄食，喂养90天时间。试验期间每天观察动物是否有中毒表现、死亡情况。每周称量动物体重与进食量，分析动物的生长情况及对食物的利用情况。实验末期，宰杀动物，称量脏器质量，计算脏器比，反映动物的营养与毒理状况。对主要脏器做病理切片观察，观察是否有脏器病变。试验中期和末期检测实验动物的血常规和血生化指标，进一步观察动物体内各种营养素的代谢情况。将转基因食品与非转基因食品及正常动物饲料组的各项指标进行比较，观察转入基因是否对生物体产生了不良的营养学与毒理学作用。我国已颁布转基因产品亚慢毒性标准，在进行相关评价时需参照执行。

（2）转基因食品致敏性评价

据报道，有 3.5%～5% 的人群及 8% 的儿童对食物中某种成分有过敏反应。食物过敏一直是食品安全中的重要问题，过敏反应主要是人们对食物中的某些物质特别是蛋白质产生病理性免疫反应，大多数是由免疫球蛋白 IgE 介导的，轻者会出现皮疹、呕吐、腹泻，重者甚至会危及生命。转基因食品由于引进了新基因，会产生新的蛋白质，有可能会是人们从未接触过的物质，也许使人们对原来不过敏的食物产生了过敏反应。因此，转基因食品是否具有致敏性一直是安全性评价中的关键问题。2001 年 FAO/WHO 提出了转基因产品过敏评价程序和方法，主要评价方法包括基因来源、与已知过敏原的序列相似性比较、血清筛选试验、模拟胃肠液消化试验和动物模型试验等。最后综合判断该外源蛋白的潜在致敏性的高低。这个程序和方法，又叫"决定树"原则。具体如下：

① 氨基酸序列相似性比较　用计算机进行序列分析已成为研究不同蛋白质空间结构、功能和进化关系的重要手段，通过对蛋白质的氨基酸序列相似性分析或者特性序列的同一性程序可以推定其与过敏原的交叉反应性能力的高低。目前国际上已经建立了多个致敏原氨基酸序列的数据库，包括 allergy online、SDAP 等，此外我国广州医科大学也建立了一个 Allergenia 数据库。这些数据库会定期更新，不断完善过敏原数目、非冗余度、数据准确性等。利用这些数据库，通过便捷有效的局部对比策略，为安全评估提供简单而有效的工具。引起过敏反应的蛋白质与 T 细胞结合的最短长度为 8 个或 9 个氨基酸，应至少含有两个 IgE 抗体结合位点，因此，除了进行全长的比对，还需检索是否有 8 个连续相同氨基酸序列。在数据库中将外源蛋白质的氨基酸与致敏原的氨基酸序列相比较，如果二者在 80 个阅读框中含有相同氨基酸的数量大于或等于 35%，或含有 8 个连续相同的氨基酸，就认为目的蛋白质和已知致敏原有相似序列。我国已颁布转基因外源蛋白与已知致敏原相似性比较的信息学标准，在进行相关评价时需要参照执行。

② 血清筛选试验　过敏的人血清中，会含有特定过敏原的 IgE 抗体，这些抗体会与相关的过敏原结合发生反应，所谓血清筛选，就是用对食物过敏的人血清对外源蛋白进行检测，看是否发生结合反应。如果目的基因来源于人体过敏食物，需通过特异性 IgE 抗体结合试验，选择对该过敏物种过敏的人血清进行检测。若目的基因不是来源于人的过敏物种，需通过定向 IgE 抗体结合试验，选择与该物种同源或种属接近的过敏食物的人血清进行检测。酶联免疫吸附试验（ELISA）、蛋白印迹法（Western blotting）是检测致敏原的常用方法。为了保证结果准确可靠，需选用一定份数的过敏人血清，且血清中特异 IgE 抗体的浓度要尽量高，一般要求大于 3.5kIU/L。

③ 模拟胃液消化试验　一般情况下，食物致敏原能耐受食品加工、加热和烹调，并能抵抗胃肠消化酶，在小肠黏膜被吸收入血后产生免疫反应，所以目的蛋白质是否在模拟胃液中被消化是评估蛋白质致敏原的一个重要指标。通常根据《美国药典》配制模拟胃肠液，一些主要的食物致敏原如卵白蛋白、牛奶 β-乳球蛋白等在该消化液中 60min 不被酶解，而非食物致敏原如蔗糖合成酶等 15s 内即被酶解。评价的方法是将受试蛋白质、胃蛋白酶混合液在 37℃ 水浴中反应，并分别在不同时间（1h）终止反应，通过十二烷基硫酸钠聚丙烯酰胺凝胶电泳（SDS-PAGE），分析受试蛋白质的降解情况。试验中需要设立阳性和阴性对照，不能被降解的蛋白质或降解片段大于 3.5kDa 的蛋白质都可能是潜在的致敏蛋白质。我国已颁布转基因外源蛋白血清筛选的标准，在进行相关评价时需参照执行。

④ 动物模型　动物模型试验是 2001 年 FAO/WHO 生物技术食品致敏性联合专家咨询会议发布的转基因食品致敏性评估树状分析策略中新增加的另一评估方法。到目前为止，尚

未建立对致敏原评估的标准动物模型。许多动物包括狗、幼猪、豚鼠、BALB/c 小鼠、C3H/HeJ 小鼠、Brown Norway 大鼠（BN 大鼠）等均被用作实验对象。在动物模型试验中，将受试动物暴露于受试物，通过检测动物血清中特异 IgE 抗体含量，来确定动物的敏感性。致敏性评估中动物模型应具有以下四个特点：一是暴露于人类致敏原后产生过敏反应，暴露于非人类致敏原后不产生过敏反应；二是对不同致敏原产生的过敏反应的强度与人类相似，对人类强致敏原（如花生）产生的过敏反应的强度＞中等致敏原（如牛奶）＞弱致敏原（如菠菜叶）；三是与人类的胃肠系统相似；四是能发生和人体相似的抗原-抗体反应。由于 BALB/c 小鼠和 BN 大鼠比其他动物更符合以上四个特征，因此研究者普遍认为这两种动物作为动物模型更具前途。

（3）转基因食品营养学评价

① 成分分析　根据不同类型的转基因食品，选择与其相关的主要营养成分如蛋白质及氨基酸组成、脂肪及脂肪酸、碳水化合物、脂溶性维生素及水溶性维生素、常量元素及微量元素等全成分分析和特征成分分析，包括可能的毒素、抗营养因子和非期望物质等。

a. 营养物质　目前全球最多的转基因食品来源于抗虫害、耐除草剂农作物，这些转基因食品与相应的非转基因食品在营养成分、抗营养因子和化学性质方面的一致性是保证其食用安全性和营养学等同的第一步。许多研究结果证明，抗虫害、耐除草剂基因修饰的食品中营养成分改变不大。但对于营养改善型转基因作物，其营养成分往往会发生较大改变。因此，我们该如何针对转基因食物的特点，对其营养素成分做更细致的研究比较，仍然是营养学研究所面临的一个巨大挑战。

b. 抗营养因子　抗营养因子主要是指一些能影响人对食品中营养物质吸收和消化的物质，许多食品本身就含有大量的毒性物质和抗营养因子，如大豆和小麦中的胰蛋白酶抑制剂、玉米中的植酸、菜籽油中的芥酸、叶类蔬菜中的亚硝酸盐类、豆类中的凝集素等。对于转基因食品中抗营养因子的分析，比较其与受体生物中抗营养因子的种类、含量是否有差异，一般认为，转基因食品不应含有比同品系列传统食物更高及更多的抗营养因子。

c. 天然毒素和有害成分　某些食品中含有一种或几种毒素，并不意味着一定会引起毒性反应。只有处理不当，才会引起严重的生理反应甚至死亡。对特定的转基因食品中的天然毒素或有害物质如棉籽中的棉酚、菜籽中的硫代葡萄糖苷、芥酸等需进行检测，对转基因食品中毒素的评价原则是：转基因食品不应含有比同品系传统食物更高的毒素。

d. 其他关键成分　耐除草剂转基因食品的除草剂残留是否符合相关的限量标准需进行评价。

② 营养学评价　根据转基因作物的营养价值和期望摄入量，还可考虑对其进行全面的营养学研究。如用转基因饲料喂养以该饲料为食品的动物，为期 28d 或 90d，观察生长发育、营养学、代谢学的有关指标如进食量、体重增长、奶产量及成分（奶牛）、产蛋量（鸡）、食物转化率及体组织成分测定（鱼）等。营养学评价本身虽不是安全性评价所必需的，但能提供有用的资料，转基因食品和同品系传统食品相比，营养品质不能降低。

7.4　转基因食品的安全管理

随着转基因工程技术的飞速发展，以及越来越多的转基因食品进入人们的生活，转基因食品的安全性已成为各国食品安全管理部门关注的焦点，转基因食品安全已经不仅仅是一个单纯的科学问题,而是演变成了一个社会问题。目前,各国及相关国际组织都建立了各自的转基因安全评价体系,实施规范管理。

7.4.1　国际上转基因食品的安全管理

(1) 国际组织对转基因食品的安全管理

国际上关于转基因食品的安全性是有权威结论的,即通过安全评价、获得安全证书的转基因生物及其产品是安全的。转基因食品的安全性问题,受到国际组织、各国政府和消费者的高度关注。CAC 制定的一系列转基因食品安全评价指南,是全球公认的食品安全评价准则和世贸组织裁决国际贸易争端的依据。各国安全评价的模式和程序虽然不尽相同,但总的评价原则和技术方法都是按照 CAC 的标准制定的。转基因食品上市前,都要通过严格的安全评价和审批程序,比以往任何一种食品的安全评价都更加严格具体。

CAC 最早提出应用风险分析原则进行食品安全管理,1999 年建立生物技术食品政府间特别工作组 (TFFDB),在转基因领域制定风险分析原则和指南。2000 年发布了《关于转基因植物性食物的健康安全性问题》的文件。由于成员国对转基因食品安全性日益关注,CAC 在转基因食品特别工作组工作的基础上,先后召开了一系列关于转基因食品安全的专家咨询会议,2003 年 7 月 1 日,在罗马召开的国际食品法典大会上,通过了 3 项有关生物技术食品的原则和准则,即现代生物技术食品风险分析原则、重组 DNA 植物食品安全评估准则、重组 DNA 微生物食品安全评估准则。

2001 年 1 月,出席"蒙特利尔生物安全国际会议"的 130 多个成员方通过了《卡塔赫纳生物安全议定书》。该议定书规定:基因改良产品必须在产品标签上加标注"可能含有基因改良成分"的字样;同时各国有权禁止他们认为可能对人类及环境构成威胁的基因改良食物进口,该议定书具有与世界贸易组织 (WTO) 相当的法定效力,但不能凌驾于 WTO 和其他国家和地区贸易协议之上。

《卡塔赫纳生物安全议定书》是第一个关于改性活生物体越境转移的全球性政府间协定,2003 年 9 月生效,其中规定:任何含有基因改造生物 (GMO) 的产品都必须粘贴"可能含有 GMO"的标签,并且出口商必须事先告知进口商,他们的产品是否含有 GMO。

国际植物保护公约 (IPPC),是 1951 年 FAO 通过的一个有关植物保护的多边国际协议。

(2) 不同国家转基因食品安全管理模式及政策

由于世界各国政府对转基因食品的安全性观点、做法、态度和政策不相同,所以主要形成了三种管理模式,分别是以美国为代表对转基因技术的开放政策形成的宽松管理模式;以欧盟为代表的极端严谨政策形成的严谨管理模式;以我国为代表的对转基因技术"居中"监管和评价政策形成的中间模式。

① 宽松管理模式　以美国为代表,转基因食品管理是以产品为基础的生物安全管理模式即宽松管理模式。作为世界上商业化种植转基因作物最多、转基因食品商业化最早、程度最高的国家,对转基因食品及其国际贸易采取积极推进的政策。转基因安全管理以产品的特性和用途为基础,为单独立法。美国认为转基因技术和转基因食品同传统的杂交技术和育种技术没有根本差别,他们是传统技术和食品的延伸,转基因食品和传统食品一样安全。可靠科学原则成为美国在国内对转基因食品奉行自律管制、在国际上推行转基因产品自由贸易的理论基础。

美国政府于 1986 年颁布了《生物技术法规协调框架》，将基因工程工作纳入现有法规进行管理，即在原有《联邦杀虫剂、杀菌剂、杀鼠剂法》《有毒物质控制法》《联邦食品、药物和化妆品法》《植物病虫害法》《植物检疫法》的基础上增加了转基因产品有关条款。协议框架还规定，美国农业部（USDA）、美国国家环境保护局（EPA）和美国食品药品监督管理局（FDA），是农业生物技术及其产品的主要管理机构，他们根据各自的职能对基因工程工作及其产品实施安全性管理。上述三个机构既有分工，又有协作。美国农业部的职责是依照《植物病虫害法》和《植物检疫法》对基因作物进行管理，负责转基因产品的种植安全。美国国家环境保护局依照《联邦杀虫剂、杀菌剂、杀鼠剂法》《联邦食品、药品和化妆品法》对杀虫剂（包括植物杀虫剂，即转抗虫、抗基因产生的蛋白质）进行管理。美国食品药品监督管理局依照《联邦食品、药品和化妆品法》，负责评估食品和食品添加剂的安全以及标识管理。

② 严谨管理模式　以欧盟为代表，转基因食品管理是以技术为基础的生物安全管理模式即严谨管理模式。欧盟对转基因食品一直持谨慎和怀疑态度。尽管欧盟自己组织的科学调查发现目前市场上所有的转基因食品是安全的，但欧盟仍然坚持认为科学存在局限，科学评估转基因食品所需的完整数据要等许多年后才能获得。为此欧盟采用预先防范原则作为管制转基因食品的基础理论基础。这意味着管制并不是建立在转基因食品已有风险的科学证据基础上，而是根据"可能"产生的风险以及"其他合理因素"采取预防措施。

日常管理由欧盟食品安全局（EFSA）及各成员国政府负责。EFSA 负责开展转基因风险评估，独立地对直接或间接与食品安全有关的事务提出科学建议。转基因生物在欧盟范围内开展环境释放主要由各成员国政府提出初步审查意见，EFSA 组织专家进行风险评估，最后由欧盟委员会和部长级会议决策。《转基因食品及饲料条例》《转基因生物追溯性及标识办法以及含转基因生物物质的食品及饲料产品的追溯条例》规定，对转基因成分含量高于0.9%的食品进行标识，对转基因产品实行从农田到餐桌的全过程管理。

③ 中间模式　转基因食品管理介于美国和欧盟之间模式称为中间模式，兼顾科学原则和预防原则。中国、阿根廷、巴西、泰国、马来西亚、菲律宾、南非等大多数发展中国家实行的是这种模式。

7.4.2　我国对转基因食品的管理

我国一直以来十分重视农业转基因生物的安全管理工作。对于转基因的态度是大胆研究、谨慎使用，对转基因食品是否会对人体产生影响进行科学探讨。我国从 20 世纪 90 年代初，伴随着基因工程技术研究的进展，开始了对基因工程技术的管理。1993 年国家科学技术委员会颁布了《基因工程安全管理办法》；1996 年农业部颁布了《农业生物基因工程安全管理实施办法》；2001 年国务院颁布实施《农业转基因生物安全管理条例》；2002 年农业部发布施行《农业转基因生物安全评价管理办法》《农业转基因生物进口安全管理办法》《农业转基因生物标识管理办法》三个配套管理规章，并设立了农业转基因生物安全管理办公室；2004 年国家质量监督检验检疫总局发布了《进出境转基因产品检验检疫管理办法》；2006 年农业部发布《农业转基因生物加工审批办法》；2011 年起实行《转基因棉花种子生产经营许可规定》；2021 年开始实施《中华人民共和国生物安全法》。至今我国仍没有建立起转基因食品监管的有效体制，其管理上还存在许多有待解决的问题。

农业农村部成立了农业转基因生物安全管理办公室，负责全国农业转基因生物安全监管工作，包括农业转基因生物安全评价管理工作、受理转基因生物安全性评审。以个案为准则，产品经审定、登记或评价，确定安全等级，实行分级分阶段管理，确保经过安全评价和检测的转基因产品是安全的。

（1）管理范围

我国《农业转基因生物安全管理条例》在第一条表明转基因生物安全管理的目的是加强农业转基因生物安全管理，保障人体健康和动植物、微生物安全，保护生态环境，促进农业转基因生物技术研究。农业转基因生物的安全管理包括从实验研究到市场销售全过程的每一个环节。即在试验研究、试验、生产、加工、经营和进出口活动的每个环节，都必须根据条例及其配套管理办法的规定对农业转基因生物实施安全管理。

（2）管理内容

国家对农业转基因生物安全实行分级管理评价制度。农业转基因生物按照其对人类、动植物、微生物和生态环境的危险程度，分为Ⅰ、Ⅱ、Ⅲ、Ⅳ四个等级。我国的《农业转基因生物安全管理条例》中规定了研究试验要取得安全证书；生产、加工，要取得生产许可证；经营要取得经营许可证；要求在中国境内销售列入目录的农业转基因生物要有明显的标志和标识；对进口与出口也有规定，所有出口到我国的转基因生物以及加工原料，都需要我国颁发的转基因生物安全证书，如果不符合要求，退货或者做销毁处理。

①　安全性评价管理　在中华人民共和国境内从事农业转基因生物研究、试验、生产和进出口活动都必须进行安全性评价。安全性评价按照动物、植物和微生物三个类别，根据安全等级的不同以及试验研究、中间试验、环境释放、生产性试验和申请安全证书5个不同的阶段进行报告和审批，该制度适用于所有农业转基因生物的安全性评价，只有经过批准后才能开展相应的工作。

②　生产许可证的管理　生产转基因植物种子、种畜禽、水产苗种，应当取得国务院农业农村部行政主管部门颁发的种子、种畜禽、水产苗种生产许可证。取得农业转基因生物安全证书并通过品种审定，可在指定的区域种植或者养殖，且必须要有相应的安全管理、防范措施。如在2023年12月，首批转基因玉米、大豆种子的生产经营许可证被批准发放，这对转基因商业化、生物育种技术的发展起到重要作用。

③　经营许可证的管理　经营转基因植物种子、种畜禽、水产苗种的单位和个人应当取得国务院农业行政主管部门颁发的种子、种畜禽、水产苗种经营许可证，才能从事相应的转基因生物经营活动。

④　标识制度管理　在中华人民共和国境内销售列入农业转基因生物目录的农业转基因生物，应当有明显的标识。列入农业转基因生物目录的农业转基因生物油，生产分装单位和个人负责标识，未标识的不得销售，经营单位和个人在进货时，应当对货物和标识进行核对，经营单位和个人拆开原包装进行销售的，应当重新标识。转基因生物标识的标注方法有以下三种。

a. 转基因动植物（含种子、种畜禽、水产苗种）和微生物，转基因动植物、微生物产品，含有转基因动植物、微生物或者其产品成分的种子、种畜禽、水产苗种、农药、兽药、肥料和添加剂等产品，直接标注"转基因××"。

b. 转基因农产品的直接加工品，标注为"转基因××加工品（制成品）"或者"加工原料为转基因××"。

c. 用农业转基因生物或用含有农业转基因生物成分的产品加工制成，但最终销售产品中已不再含有或检测不出转基因成分的产品，标注为"本产品为转基因××加工制成，但本产品中已不再含有转基因成分"，或者标注"本产品加工原料中有转基因××，但本产品中已不再含有转基因成分"。

⑤ 进出口管理　从境外引入农业转基因生物或向我国出口转基因生物，应由引进单位或境外公司向农业农村部提出申请。境外公司若向我国出口农业转基因生物，首先由境外研究开发商提出申请，经农业农村部委托的技术检测机构进行环境安全和食用安全检测，经国家农业转基因生物安全委员会安全评价合格后，由农业农村部颁发农业转基因生物安全证书。引进单位或者境外公司，应当凭农业农村部颁发的农业转基因生物安全证书和相关批准文件，向口岸出入境检验检疫机构报检，经检疫合格后，方可向海关申请办理有关手续。

 思考题

1. 什么是转基因食品？
2. 转基因食品潜在的安全问题有哪些？
3. 转基因食品的安全性评价包括哪些方面？
4. 我国如何对转基因食品进行管理？
5. 结合专业知识，你如何看待转基因食品？

第8章

食源性疾病及预防

 导言

> 食源性疾病是世界上分布最广泛、最常见的疾病之一，是当前世界范围内最为突出的公共卫生问题之一。我国每年食源性急性胃肠炎性疾病就诊人数超过2亿。因此，要把保障人民健康放在优先发展的战略位置，加强食源性疾病的预防控制，对于增进民生福祉、提高人民生活品质、推进健康中国建设具有重要意义。

"食源性疾病"（foodborne disease）一词是由传统的食物中毒逐渐发展而来，是对"由食物摄入引起疾病"认识上的不断深入。根据WHO《全球食源性疾病负担的估算报告》，全球每年有近1/10的人口因食物受污染而患病。WHO一直强调"食源性疾病是全球性的挑战"。尽管食源性疾病发病频繁，波及面广、涉及人群较多，对人体健康和社会经济的影响较大，但采取合理有效的措施可以预防食源性疾病的发生。

8.1 食源性疾病

8.1.1 概述

8.1.1.1 食源性疾病概念

1984年WHO将"食源性疾病"作为正式专业术语，将其定义为"通过摄食方式进入人体内的各种致病因子引起的通常具有感染或中毒性质的一类疾病"。对食物中毒和食源性疾病病因的认识和名称的变化，反映了人类对食物传播引起的一类疾病的长期从感性到理性的认识过程。

按照我国新修订的《食品安全法》，食源性疾病是指食品中致病因素进入人体引起的感染性、中毒性疾病，包括食物中毒。即指通过食物摄入的方式和途径，致使病原物质进入人体并引起的中毒性或感染性疾病。包括常见的食物中毒、肠道传染病、人畜共患传染病、寄生虫病以及化学性有毒有害物质所引起的疾病。食源性疾病的发病率居各类疾病总发病率的前列，是当前世界上最突出的公共卫生问题。

WHO将食源性疾病致病因素归纳为细菌及毒素、寄生虫和原虫、病毒和立克次体、有毒动物、有毒植物、真菌毒素、化学污染物、不明病原因子等八大类。因此，食源性疾病包括传统上的食物中毒，还有已知的肠道传染病（如伤寒、病毒性肝炎等）和寄生虫病、食物过敏、暴饮暴食引起的急性胃肠炎以及慢性中毒。WHO认为，凡是通过摄食进入人体的各种致病因子引起的一类疾病，都称为食源性疾病。即指通过食物传播的方式和途径致使病原物质进入人体并引发的中毒或感染性疾病。目前有学者认为与饮食有关的慢性病和代谢性疾病，如糖尿病、高血压，也属于食源性疾病。顾名思义，凡与摄食有关的一切疾病（包括传染性和非传染性疾病）均属于食源性疾病。

8.1.1.2　食源性疾病的范畴

食源性疾病的三个基本特征：传播疾病的媒介——食物；致病因子——食物中的病原体；临床特征——急性中毒性或感染性表现。食源性疾病主要包括六个方面的范畴：

① 食物中毒；

② 食源性肠道传染病；

③ 食源性寄生虫病；

④ 人畜共患传染病及食物过敏；

⑤ 食物营养不平衡所造成的某些慢性非传染性疾病、食物中某些有毒有害物质引起的以慢性损害为主的疾病；

⑥ 暴饮暴食引起的急性胃肠炎以及酒精中毒等。

8.1.1.3　食源性疾病高发的原因

食源性疾病高发，在局部地区或年份出现增加的趋势。主要有以下 5 个原因。

（1）环境的变化

环境污染使食品原料在生产、运输、储藏、加工、销售以及食用等环节受到生物性和化学性污染的机会明显增加。随着农用化学物质大量施用和工业废弃物排放量的不断增加，随之带来的环境问题日益严重。如农药，化肥的大量施用，未经严格处理的工业"三废"大量排放，导致大气和土壤污染日益严重。除了直接污染以外，大量的环境化学污染物可生物富集于各种动植物原料，导致食源性疾病高发。

（2）病原变异和新病原的出现

传统病原变异和新病原的不断出现，导致一些传统的食源性疾病死灰复燃，新发食源性疾病不时暴发，全球食品安全形势依旧不容乐观。由于抗生素的不合理使用，近年来耐药菌株越来越多，耐药程度越来越高，耐药菌感染的治疗和食源性疾病的防控面临着极大的挑战。此外，一些新发现的病原物，如 SARS 病毒、朊病毒等，使食源性疾病的防控形势更加严峻。

（3）生活与消费方式的改变，易感人群增加

生活与消费方式的改变，易感人群的增加也为食源性疾病的快速发展提供了便利。随着生活节奏的加快，越来越多的人选择外出就餐和街头食品，生吃海鲜、鲜榨果汁等使食源性病原微生物的感染机会明显增加。由于全球人口老龄化、营养不良、艾滋病感染等导致免疫力低下或缺陷，食源性疾病易感人群迅速扩张。相对于其他健康人群，这类免疫力低下或缺陷人群对食源性疾病更加易感，且死亡率更高。

（4）跨国旅游、食品国际贸易增加

跨国旅游、食品国际贸易增加了食源性疾病跨地区、跨国界传播的危险性。食品是一种主要的贸易商品，也是食源性疾病传播的重要媒介。由于世界人口迅猛增加和分布不均，大量人口从农村流向城市，从贫国向富国迁移，人口的快速流动与日益集中，以及移民、难民的涌入给当地生态系统、食物供应系统、废弃物处理系统带来了巨大的压力，也给病原物在当地甚至全球迅速扩张，带来了可乘之机。

（5）食品安全监管手段滞后

食品安全监管手段的滞后以及政府财政投入的不足、经济与科技发展不足，影响各种卫生措施的落实以及食源性疾病的及时发现和控制，导致食源性疾病暴发流行时应对不力、举措不当，也是很多国家食源性疾病发病率不断上升的重要原因之一。

8.1.1.4　食源性疾病的流行情况

食源性疾病是日趋严重的公共卫生问题，全世界每年死于食源性疾病人数超过 200 万，其中多数是儿童。大量传染病，都可通过食物传播；而许多慢性病的发生，也与食物中化学污染物和毒素相关。目前世界上只有少数发达国家建立了食源性疾病年度报告制度，且漏报率很高，可能高达 90%。据 WHO 报告，食源性疾病的实际病例数要比报告病例数多 300～500 倍，报告的发病率不到实际发病率的 10%。

8.1.1.5　食源性疾病的监测

无论在发达国家还是发展中国家，食源性疾病都是重要的公共卫生问题。世界各国纷纷建立起食源性疾病监测系统，以保障全球食品安全战略的实施。目前，国际组织和世界各国建立了多个监测网络，如 WHO 建立的全球沙门菌监测系统、美国建立的食源性疾病主动监测网等。

我国于 2001 年开始建立食源性疾病监测网，2010 年全面启动食源性疾病监测工作，对食品中的主要致病菌沙门菌、大肠杆菌 $O_{157}：H_7$、单增李斯特菌和空肠弯曲菌进行连续主动监测。已完成构建和部署的监测系统包括食源性疾病监测报告系统、食源性疾病分子追溯网络、食源性疾病暴发监测系统。食源性疾病监测报告系统由遍布全国的哨点医院构成，哨点医院发现接收的病人属于食源性疾病病人或者疑似病人，就会对症状、可疑食品、就餐史等相关信息进行询问和记录。食源性疾病分子溯源网络主要由全国省级疾控中心和部分地市级疾控中心构成，通过比对分析，找到不同病例之间、病例和食品之间的关联，追溯污染源。食源性疾病暴发监测系统由全国的省、市、县三级疾病预防控制中心构成，通过对已经发现的爆发事件进行调查和归因分析，为政府制定、调整食品安全防控策略提供依据。此外，国家卫生健康委员会还制定了《食源性疾病监测报告工作规范（试行）》。该《规范》规定，医疗机构在诊疗过程中发现《食源性疾病报告名录》规定的食源性疾病病例，应在诊断后 2 个工作日内通过食源性疾病监测报告系统报送信息。发现食源性聚集性病例时，应在 1 个工作日内向县级卫健部门报告。对可疑构成食品安全事故的，应当按照当地食品安全事故应急预案的要求报告。

根据 2010 年到 2022 年我国监测的数据显示，发生在家庭的食源性疾病事件有 2 万多起，占总事件的 50%；发病人数 8 万多人，约占到总数的 25%；死亡人数 1423 人，占总的食源性疾病死亡人数的 85%。从这些数字可以看出，特别需要关注的，食源性疾病死亡病例都来自家庭，在家庭经常发生的食源性疾病事件排在第一位的主要是采食毒蘑菇中毒。

8.1.1.6 食源性疾病的预防

（1）改变不良饮食习惯

不生食肉类及蔬菜，特别是不新鲜的鱼、虾、蟹、贝类等海产品和肉类。各种动物性食品应煮熟后食用。尽量不吃或少吃腌制及烧烤食品。不吃未洗净的瓜果和没有卫生保障的街头食品。

（2）养成良好的个人卫生习惯

养成饭前便后洗手的卫生习惯，剩饭剩菜在低温下存放，食用前必须充分加热。各种食品，尤其是肉类及各种熟制品应低温贮藏。不购买、不食用来历不明的食物、调味品和添加剂。不应该把食物贮存在冰箱内太久。不混用砧板、菜刀，注意生熟食分开存放。不吃病死的禽畜肉和腐败变质的食物。

此外，国际上最有效、最简单易学的预防措施就是"WHO食品安全五要点"，分别是：保持清洁、生熟分开、烧熟煮透、保持食物的安全温度、使用安全的水和原材料。其中生熟分开是老生常谈的话题，但仍是发生家庭食源性疾病（食物中毒）的主要原因。

8.1.2 食物过敏

人类对食物过敏（food allergy）的认识经历了一个漫长的过程，直到20世纪80年代末食物过敏仍然被认为是食品安全领域的一个次要问题。近年来由于过敏性疾病发病率增加、转基因技术的发展以及转基因农作物的商品化，人们开始重新评价食物过敏的问题，食物过敏对大众健康的影响才开始受到重视，成为全球关注的公共卫生问题之一。流行病学研究显示，约33％的过敏反应由食物诱发，危及生命的过敏反应中有1/5是由花生引起的。

8.1.2.1 食物过敏概念

食物过敏也称为食物变态反应或消化系统变态反应、过敏性胃肠炎等，是由于某种食物或食品添加剂等引起的IgE介导和非IgE介导的免疫反应，而导致消化系统内或全身性的变态反应。实际是指某些人在吃了某种食物之后，引起身体某一组织、某一器官甚至全身的强烈反应，以致出现各种各样的功能障碍或组织损伤。它是免疫系统对某一特定食物产生的一种不正常的免疫反应，免疫系统会对此种食物产生一种特异型免疫球蛋白，当此种特异型免疫球蛋白与食物结合时，会释放出许多化学物质，造成过敏症状，严重者甚至可能引起过敏性休克。食物过敏反应可以发生在任何食物上，某些严重食物过敏的人，甚至可能因为吃1/2颗花生或牛奶洒在皮肤上就会过敏。

8.1.2.2 食物过敏原及特点

食物过敏原（food allergen）是指存在于食物中可以引发人体食物过敏的成分。已知结构的过敏原都是蛋白质或糖蛋白，分子质量10～60kDa。

食物过敏原通常具有以下特点。

① 任何食物都可能是潜在的过敏原，如幼儿常见的食物过敏原有牛乳、鸡蛋、大豆等，

花生既是幼儿又是成人的常见过敏原，海产品是诱发成人过敏的主要食物。

② 食物中仅部分成分具有致敏性，如鸡蛋中的蛋黄含有相当少的过敏原，而蛋清中含有 23 种不同的糖蛋白，但却只有卵清蛋白和卵黏蛋白为主要的过敏原。

③ 食物过敏原具有可变性，如加热可以使一些过敏原发生降解；酸度增加或消化酶的存在，也可以减少食物的过敏性。

④ 食物间存在交叉过敏反应性，许多蛋白质有相同的抗原决定簇，使过敏原具有交叉反应性，如对牛乳过敏者，对山羊乳也过敏；对鸡蛋过敏者也可能对其他鸟蛋过敏；对大豆过敏，也可能对豆科类的其他植物过敏。

⑤ 随着年龄的增长，主要的致敏食物会有所不同，如儿童常见的致敏食物为牛乳、蛋类、坚果等，而对于成人则为坚果、大豆、鱼虾等。

8.1.2.3　食物过敏的流行特征

临床上诊断食物过敏的方法包括：食物过敏病史、皮肤针刺试验、排除性膳食实验、血清特异性 IgE 水平测定和食物激发试验（开放和双盲对照）。其中双盲对照食物激发实验为诊断食物过敏的金标准，能确定暴露于过敏食物与临床症状的因果关系。但该诊断方法不能确定具体的过敏原，费用昂贵且耗时，因此较少用于人群调查研究。由于诊断方法不同，各国报道的人群研究的食物过敏率差异较大。

食物过敏的流行特征包括：

① 婴幼儿及儿童的发病率高于成人。婴幼儿（3 岁以下）过敏性疾病以食物过敏为主，4 岁以上儿童对吸入性抗原的敏感性增加。

② 发病率随年龄的增长而降低。一项对婴儿牛奶过敏的前瞻性研究表明，56％的患儿在 1 岁、70％在 2 岁、87％在 3 岁时对牛奶不再过敏。但对坚果、鱼虾则多数为终生过敏。

③ 人群中的实际发病率较低。由于临床表现难以区分，人们误将各种原因引起的食物不良反应均归咎于食物过敏，人群自我报告的患病率明显高于真实患病率。

8.1.2.4　常见的食物过敏性疾病

由食物过敏原引起的过敏性疾病主要涉及个别组织，如皮肤、呼吸道、胃肠道和血液循环系统等，目前研究相对比较清楚的有特应性皮炎、荨麻疹、过敏性紫癜、血管性水肿、变应性哮喘、过敏性结肠炎等。食物过敏性疾病具有反复性、间歇性、可逆性及特异性等特点，临床症状表现复杂。

（1）特应性皮炎

特应性皮炎是婴儿时期常见的慢性、复发性、炎症性皮肤性疾病，主要症状有剧烈的瘙痒、湿疹样皮损、干皮症等。瘙痒是特应性皮炎患者的最主要特征，除常见的皮肤症状外，约有 30％的患者伴发哮喘，另有 35％的患者伴有过敏性鼻炎。特应性皮炎的病理和生理机制还不十分清楚，血清 IgE 抗体参与这类变态反应性疾病的发生。特应性皮炎的瘙痒症状可能与组胺、细胞因子、神经递质、蛋白酶以及特异性激素等多种化学物质的共同作用有关。引发特应性皮炎的食物主要有牛奶、鸡蛋、大豆、花生和小麦，其中以鸡蛋最为常见。大约有 70％的患者在出生 5 年内发病；60％儿童期发病的患者进入青春期或成年后，对牛奶、鸡蛋、大豆和小麦的过敏性会自然消失。但坚果、鱼和贝类对敏感个体可能终生致敏。检测血清中特异性 IgE、IgG 水平可为该病的诊断提供帮助。

（2）荨麻疹

荨麻疹是临床上常见的由 IgE 抗体和非 IgE 抗体共同介导的皮肤黏膜过敏性疾病。受致敏原的影响，荨麻疹患者的皮肤黏膜血管会发生暂时性炎性充血，并渗出大量液体，造成局部组织水肿性损害。临床症状为局部或全身性皮肤上突然出现大小不等的红色或白色荨麻疹，数分钟至几小时或几十小时内消退，一天内反复多次成批发生，有时在荨麻疹表面可出现水疱，其出现和消退迅速，有剧痒，可能伴有发热、腹痛、腹泻或其他全身症状。根据病程的不同，荨麻疹可分为急性和慢性两型。急性荨麻疹发作数日至 1~2 周即可停发，部分病例反复发作，病期持续 1~2 个月，有的经年不断，时轻时重，从而转为慢性荨麻疹。慢性荨麻疹临床表现主要以皮肤瘙痒和荨麻疹为主，病程长达几个月甚至几年，使用常规抗组胺药物难以治疗，一般不威及生命。食物引起的荨麻疹以急性为主，鱼、虾、蛋、奶类为主要致敏食物，其次是肉类和某些植物性食品，如草莓、可可、番茄等。此外，腐败食物、食品中的色素、防腐剂和调味剂等也可诱发荨麻疹。目前没有特别有效的药物预防荨麻疹的发生，只有避免与含有过敏原成分的食物接触。

（3）血管性水肿

血管性水肿又称巨大荨麻疹，是一种发生于皮下疏松结缔组织或黏膜的局限性水肿，可分为获得性血管性水肿和遗传性血管性水肿两种类型。食物诱发的血管性水肿为获得性水肿，IgE 参与变态反应。临床症状表现为单个或多个突发的皮肤局限性肿胀，边界不清楚，多发生于眼睑、口唇、舌、外生殖器、手和足等部位，常伴有荨麻疹，偶可伴发喉头水肿引起呼吸困难，甚至窒息导致死亡；消化道受累时可有腹痛、腹泻等症状。

（4）过敏性紫癜

过敏性紫癜又称为亨诺-许兰综合征，是儿童期常见的一种以 IgA 免疫复合物沉积于全身小血管壁而导致的系统性血管的变态反应性炎症，涉及呼吸、消化和泌尿等多个系统。临床表现以皮肤紫癜为特征，伴有恶心、呕吐、腹泻、便血、关节肿痛等症状，多发于冬春季节，最常见于儿童，成人患者仅占 5%，多在 40 岁以下，部分病人发病前有发热、咽痛、乏力等症状。有 30%~60% 的患儿肾脏受到损害，称为过敏性紫癜肾炎，临床表现为单纯性尿检异常（血尿和蛋白尿最常见）或典型的急性肾炎综合征、肾病综合征，甚至肾功能衰竭。海鲜发物和辛辣刺激食物都有可能诱发过敏性紫癜。

（5）过敏性哮喘

过敏性哮喘是由 IgE 介导的，涉及皮肤、呼吸道、胃肠道乃至全身的变态反应性疾病。临床表现为反复发作的喘息、气促、胸闷和咳嗽等症状，可以是单纯性哮喘，但多数情况下伴有全身过敏症状，多在夜间或凌晨发生，症状可自行或经治疗缓解。近年来，美国、英国、澳大利亚、新西兰等国家哮喘患病率和死亡率有上升趋势，全世界约有 1 亿哮喘患者，哮喘已成为严重威胁公众健康的一种主要慢性疾病。据文献报道，中国成人哮喘患病率 4.2%，患者数达 4570 万。食物诱发性哮喘多见于婴幼儿，成人发病率较低。蛋白质含量高的食品通常具有较高的变应原性，例如牛奶、鸡蛋、大豆等。诱发婴幼儿哮喘的主要食物是牛奶及奶制品，对牛奶过敏的儿童中有 26% 出现哮喘。

（6）过敏性结肠炎

过敏性结肠炎是一种原因不明的肠道疾病。一般认为可能与高级神经功能失调有关，一部分也可能是变态反应在结肠的表现。婴儿过敏性结肠炎，是由过敏原引起的胃肠道功能紊乱性变态反应性疾病，以结肠、直肠炎性改变为特征。过敏性结肠炎患儿占全部婴儿结肠炎

发病人数的 20％。牛奶、大豆及其配方制品为引发婴儿过敏性结肠炎主要过敏食物。婴儿
过敏性结肠炎，是一种暂时性、预后良好的疾病。治疗方法，主要是清除食物中的致敏原。
出生 2 个月左右的婴儿食入牛奶后易发过敏性结肠炎，大多数的患儿在 1～2 岁左右即可耐
受牛奶。

8.1.2.5　常见的致敏食物

引起食物过敏的食物有 160 多种，但常见的致敏食品主要有以下 8 类：
①乳及乳制品；②大豆及其制品；③含有麸质的谷物及其制品；④坚果及其果仁类制
品；⑤花生及其制品；⑥鱼类及其制品；⑦甲壳纲类动物及其制品；⑧蛋类及其制品。

8.1.2.6　防治措施

由于引起食物过敏的因素和引发的症状都呈现差异性，因此防治食物过敏的方法也各不
相同。目前比较可取的方法主要有以下四种。

（1）避免疗法

避免疗法即完全不摄入含致敏物质的食物，这是预防食物过敏最有效的方法。也就是说
在经过临床诊断或根据病史已经明确判断出过敏原后，应当完全避免再次摄入此种过敏原食
物。比如对牛奶过敏的人，就应该避免食用含牛奶的一切食物，如添加了牛奶成分的雪糕、
冰激凌、蛋糕等。

（2）对食品进行加工

通过对食品进行深加工，可以去除、破坏或者减少食物中过敏原的含量，比如可以通过
加热的方法破坏生食品中的过敏原，也可以通过添加某种成分改善食品的理化性质、物质成
分，从而达到去除过敏原的目的。

（3）标识致敏食物标签

食物致敏原的标识已经成为许多国家法规的强制性要求，这有利于避免食物过敏者
食用。

（4）一旦发生食物过敏需对症处理

对 IgE 介导的过敏反应，可适当给予抗组胺类药物。

8.1.3　食物中毒

8.1.3.1　食物中毒概念

食物中毒（food poisoning）是指摄入了含有生物性、化学性有毒有害物质的食品或误
把有毒有害物质当作食品摄入后，出现的非传染性急性、亚急性疾病，以急性感染或中毒为
主要临床特征。食物中毒是最常见的食源性疾病，但不包括因暴饮暴食而引起的急性胃肠
炎、食源性肠道传染病和寄生虫病，也不包括因一次大量或者长期少量摄入某些有毒有害物
质而引起的以慢性毒性为主要特征（如致畸、致癌、致突变）的疾病。

8.1.3.2　食物中毒的发病特点

食物中毒的发生，因食物中所含有的生物性或化学性病原物不同而原因各异，但其发病

却具有以下相似的共同特征。

① 发病潜伏期短，来势急剧，呈爆发性，短时间内可能有多数人发病。

② 发病与食物有关，病人有食用同一有毒食物史，流行波及范围与有毒食物供应范围相一致，停止该食物供应后，流行即告终止。

③ 中毒病人临床表现基本相似，以恶心、呕吐、腹痛、腹泻等胃肠道症状为主。

④ 通常人与人之间无直接传染。

8.1.3.3　食物中毒原因

食物中毒原因主要有以下 5 个方面：

① 食物在采购、储藏、加工、运输、烹饪等环节被某些病原微生物污染，并且在其适宜条件下急剧繁殖或产生毒素；

② 食物因物理、化学、生物因子的作用腐败变质产生毒素；

③ 食物被已达中毒剂量的有毒化学物质污染；

④ 误食外形与食物相似含有有毒成分的物质；

⑤ 食物本身含有有毒物质，且该物质达到中毒剂量水平。

8.1.3.4　食物中毒的分类及流行特点

（1）食物中毒分类

一般按病原分为细菌性食物中毒、真菌性食物中毒、有毒动植物食物中毒、化学性食物中毒及其他食物中毒五类，其中微生物性食物中毒的发生率最高。表 8-1 显示了 2011—2019 年云南食物中毒致病因素情况，野生菌引起的中毒事件、中毒人数、死亡人数居首位，分别占总数的 59.16%、34.94%、56.18%，其次为植物毒素、微生物污染；微生物污染导致的食物中毒波及人数最多，平均每起 28 人；酒类和毒鼠强中毒病死率分别为 15.74%、12.93%，其次为动物毒素，不同致病因素病死率差异有显著性。

表 8-1　2011—2019 年云南食物中毒致病因素情况

中毒分类	中毒起数（构成比/%）	中毒人数（构成比/%）	死亡人数（构成比/%）	病死率/%
野生菌	2973(59.16)	12665(34.94)	250(56.18)	1.97
植物性	994(19.78)	7093(19.57)	69(15.51)	0.97
微生物	342(6.81)	9852(27.18)	42(9.44)	0.43
动物性	115(2.29)	582(1.61)	21(4.72)	3.61
化学性	84(1.67)	951(2.62)	15(3.37)	1.58
四亚甲基二砜四胺（毒鼠强）	22(0.44)	116(0.32)	15(3.37)	12.93
酒类	9(0.18)	108(0.30)	17(3.82)	15.74
混合因素	486(9.67)	4880(13.46)	16(3.60)	0.33
合计	5025(100.00)	36247(100.00)	445(100.00)	1.23

（2）流行特点

尽管引起食物中毒的原因多样，但各类食物中毒具有以下共同特点。

① 发病具有季节性　夏秋季是食物中毒的高发期，气候潮湿，适于细菌生长繁殖，食

品易于腐败变质，一旦食品储存、加工不当，极易被细菌污染，为食物中毒提供了机会和条件。

② 发病具有地区性　绝大多数食物中毒的发生有明显地区性，如我国沿海地区多发生副溶血性弧菌食物中毒，肉毒梭菌中毒主要发生在新疆等地，霉变甘蔗中毒多见于北方地区，农药污染食品引起的中毒多发生在农村地区等。但由于近年来食品快速配送，食物中毒发病的地区性特点越来越不明显。

③ 食物中毒原因的分布特点　根据近年来通报资料，微生物引起的食物中毒事件报告起数和中毒人数最多，其次为有毒动植物引起的食物中毒，再次为化学性食物中毒。微生物导致的食物中毒事件中，主要是由沙门菌、副溶血性弧菌、金黄色葡萄球菌及其肠毒素等引起；中毒动植物中毒主要是毒蘑菇、未煮熟菜豆、野生蜂蜜等引起；化学性食物中毒主要是污染了亚硝酸盐、毒鼠强、农药、甲醇的食品引起。

④ 食物中毒的病死率特点　食物中毒的病死率较低。每年微生物性食物中毒事件中毒人数最多，占总数的 60% 以上。有毒动植物及毒蘑菇引起的食物中毒事件死亡人数最多，占总数的 70% 以上；不明原因或尚未查明原因的食物中毒事件的报告起数、中毒人数和死亡人数都在减少。

⑤ 食物中毒发生场所的分布特点　食物中毒发生的场所多见于集体食堂、饮食服务单位和家庭。发生在集体食堂的食物中毒事件中毒人数最多，中毒主要原因是食品加工、贮藏不当导致食品交叉污染或变质。近年发生在家庭的食物中毒事件报告起数及死亡人数最多，其中导致死亡的主要原因是食用有毒动植物（毒蘑菇）中毒和化学性食物中毒。其中，农村自办家宴引起食物中毒事件的中毒人数占家庭食物中毒事件中毒总人数的比例较大。

8.2　细菌性食物中毒

细菌性食物中毒是指进食被细菌或细菌毒素污染的食品而引起的急性感染性中毒性疾病，是最常见的一类食物中毒。

8.2.1　细菌性食物中毒的特点

8.2.1.1　地区差异

不同国家或地区由于环境因素、饮食习惯、食品种类、加工方法、贮藏、运输、厂房条件和个人卫生等有所不同，因而引起食物中毒的类型也有较大的差异。如美国人主食肉、蛋、奶和糕点，金黄色葡萄球菌食物中毒最多；日本人喜食生鱼片，副溶血性弧菌食物中毒最多。

8.2.1.2　季节性明显

细菌性食物中毒随气温的变化而变化，一般发生于夏秋季，5～10 月份较多。因为夏秋季节气温高，细菌在食物中容易生长繁殖。值得注意的是，随着全球气温的逐年变暖、近几年的异常气候以及全球性自然灾害的增多，一些新的病菌引起人类细菌性食物中毒报道也增加，并且无明显季节差异。

8.2.1.3　病原菌模式已发生变化

以往统计居首位的沙门菌、副溶血性弧菌、志贺菌、葡萄球菌现在呈下降趋势，而过去报道较少的变形杆菌属、大肠埃希菌呈上升趋势。近年来还出现了许多新的病原菌致食物中毒的报道，如"O_{157}"大肠埃希菌、"O_{139}"霍乱弧菌等。

8.2.1.4　急性胃肠炎为主要临床症状

主要表现为呕吐、腹痛、腹泻、发热等。起病急、病程短、恢复快、预后良好、死亡率低，发病者常有集体用餐经历。

8.2.2　细菌性食物中毒的发病机制

根据临床表现，可将细菌性食物中毒分为胃肠型和神经型两类。

8.2.2.1　胃肠型食物中毒

主要发生在温暖潮湿季节，特点为潜伏期短，集体发病，大多数伴有恶心、呕吐、腹痛、腹泻等急性胃肠炎症状。根据腹泻发生的机理不同，可分为感染型、毒素型和混合型。

（1）感染型

病原菌大量进入胃肠道后，可侵入肠黏膜上皮细胞，并在其中繁殖，进而侵入固有层。或者先激活上皮细胞将其摄入并形成吞噬泡，然后再离开细胞侵入固有层引起炎症反应，抑制水及电解质的吸收而产生腹泻，且病菌大量死亡后释出的内毒素亦可继续作用于人体产生胃肠症状。如志贺菌、变形杆菌、致病性大肠埃希菌的某些菌株、粪链球菌等。

（2）毒素型

各种微生物的肠毒素主要作用于肠壁上皮细胞，与小肠黏膜上皮细胞膜的受体结合，使细胞膜上腺苷酸环化酶活力增强，将细胞质中的三磷酸腺苷转化为环磷酸腺苷，促进胞质内蛋白质磷酸化过程并激活细胞有关酶系统，改变细胞分泌功能，使氯离子的分泌亢进，并抑制肠壁上皮细胞对钠离子和水的吸收，导致腹泻。如致病性大肠埃希菌耐热或不耐热肠毒素、产气荚膜梭菌肠毒素、志贺菌肠毒素、蜡样芽孢杆菌肠毒素、副溶血性弧菌肠毒素、霍乱弧菌肠毒素等。

（3）混合型

病原菌进入肠道后，除侵入黏膜引起肠黏膜的炎性反应外，还产生肠毒素，引起急性胃肠道症状。这类病原菌引起的食物中毒是致病菌对肠道的侵入与它们产生的肠毒素协同作用而引起，因此其发病机制为混合型。常见的混合型有副溶血性弧菌食物中毒。

8.2.2.2　神经型食物中毒

又称肉毒中毒，是由于进食含有肉毒梭菌毒素的食品而引起的食物中毒。肉毒梭菌毒素是目前已知的化学毒素与生物毒素中毒性最强烈的一种神经毒素，经消化道吸收进入人的血液循环后，作用于神经肌肉接点和植物神经末梢，尤其对运动神经与副交感神经有选择性作用，抑制神经末梢传导的化学介质即乙酰胆碱的释放，从而引起肌肉麻痹。在临床表现上以中枢神经系统症状为主，眼肌或咽部肌肉麻痹，重症者亦可影响脑神经，若抢救不及时，死亡率很高，但对感觉神经和交感神经无影响。

8.2.3　常见细菌性食物中毒的病原体

细菌性食物中毒主要是由于致病菌污染食品引发的，常见的细菌性食物中毒病原体主要包括：金黄色葡萄球菌、沙门菌、副溶血性弧菌、致病性大肠埃希菌、肉毒梭菌等，具体的参见本书第 2 章的介绍。

除上述常见细菌性食物中毒外，近年来由李斯特菌、变形杆菌、蜡样芽孢杆菌、链球菌、空肠弯曲菌、假单胞菌、结肠炎耶尔森菌等引起的食物中毒，在发达国家和发展中国家不断爆发，因此也应当引起食品安全工作者的高度重视。

8.2.4　预防措施

① 加强食品卫生的宣传教育，改变不良饮食习惯，加强食品动物的屠宰管理，食品加热要彻底等。

② 加强食品卫生质量检查和监督管理，如饮食服务单位的卫生检验等。

③ 建立快速、可靠的病原菌检测技术，为食物中毒的快速诊断提供相关资料。

8.3　真菌性食物中毒

真菌性食物中毒是指食用被产毒真菌及其毒素污染的食品而引起的急性疾病，发病率较高，病死率因菌种及其毒素种类而异。真菌广泛存在于自然界中，多数对人体有益，只有自身具有毒性或可以产生毒素的真菌才能引发食物中毒。产毒真菌污染食品后，既可以使食品发生变质产生各种有毒有害物质，也能在食品中产生真菌毒素，不仅降低了食品的可食用性，造成巨大的经济损失，同时也直接引起机体中毒，严重威胁人类健康。

8.3.1　真菌性食物中毒的特点

（1）与进食某种被真菌及其毒素污染的特定食品有关

各种食品中出现的霉菌以一定的菌种为主。如玉米、花生以黄曲霉为主，小麦以镰刀菌为主，大米中以青霉为主。

（2）无传染性和免疫性

真菌毒素一般都是小分子化合物，一次暴露机体不产生抗体，因此机体对该类毒素无免疫性，中毒可反复发生。

（3）有明显的季节性和地区性

真菌生长繁殖及产生毒素需要一定的温度和湿度，因此中毒往往有明显的季节性和地区性。例如，我国南方气候湿润、温度适中，是真菌性食物中毒的常发地区。

8.3.2　真菌毒素分类

引起真菌性食物中毒的主要诱因是被污染的食品中产生了真菌毒素。真菌毒素是某些丝状真菌产生的具有生物毒性的次级代谢产物，一般分为霉菌毒素和蕈类毒素。霉菌可以产生有毒代谢物，常见的产毒霉菌主要包括曲霉属（如黄曲霉、杂色曲霉、赭曲霉等）、青霉属（如展青霉、橘青霉、黄绿青霉等）、镰刀菌属（单端孢霉烯族化合物、玉米赤霉烯酮、丁烯酸内酯等）、交链孢霉属等；有毒蕈类在形状上与食用菌相似，俗称野生蘑菇，人们一旦误食就会引起严重的中毒症状。

8.3.3　引起真菌性食物中毒的常见真菌毒素

引起真菌性食物中毒的常见真菌毒素包括黄曲霉毒素、杂色曲霉素、赭曲霉毒素、展青霉素、单端孢霉烯族毒素、玉米赤霉烯酮、橘青霉素等。

8.3.4　常见真菌性食物中毒——赤霉病麦中毒

8.3.4.1　概述

赤霉病麦中毒是指食用了被镰刀菌等侵染并发生赤霉病的麦类谷物等引起的食物中毒。禾谷类作物的赤霉病是一种世界性的病害，也是我国麦类和玉米等谷物的重要病害之一，波及面广，特别在长江中下游地区。赤霉病流行时，轻者减产 30% 左右，重者减产达 80% 以上，并往往引起大面积人畜中毒。如在 2011—2018 年，我国小麦生产中由于赤霉病造成的损失达 65.40 万吨，占总损失的 20.64%。赤霉病麦中毒是我国最重要的真菌性食物中毒之一，早在 20 世纪 30 年代，我国就有赤霉病麦中毒的记载，许多地区都发生过赤霉病麦中毒，尤其是长江以南，每隔 3~5 年就会有一次较大的爆发。

赤霉病麦的流行除造成严重减产外，谷物中存留镰刀菌的有毒代谢物，可引起人畜中毒。赤霉病麦中的毒素是由镰刀菌产生镰刀菌毒素，包括单端孢霉烯族化合物中的脱氧雪腐镰刀菌烯醇（deoxynivalenol，DON）（DON 主要引起呕吐，又称呕吐毒素）、雪腐镰刀菌烯醇（nivalenol，NIV）、玉米赤霉烯酮（zearalenone，Zen）和 T-2 毒素。赤霉病麦毒素对热稳定，常规烹调加工不能将其破坏。

8.3.4.2　流行病学特点

赤霉病多发生于多雨、气候潮湿地区。在全国各地均有发生，以淮河和长江中下游一带最为严重。

8.3.4.3　中毒表现

赤霉病麦毒素对热稳定，常规烹调加工不能将其破坏，也不被低浓度的酸、碱和氧化剂所破坏，在常温下库存 6~7 年仍保持其毒性。摄入的数量越多，发病率越高，病情也越严重。但不同的镰刀菌毒素，其中毒机制与临床表现有所差异。

① 脱氧雪腐镰刀菌烯醇（DON）　主要是由禾谷镰刀菌、黄色镰刀菌和雪腐镰刀菌产生，是人类赤霉病麦中毒的主要病原物，主要污染玉米、小麦、大麦等谷物。它的毒性作用主要是导致呕吐反应，因此也被称作呕吐毒素。DON 具有很强的细胞毒性，对生长较快的细胞如胃肠道黏膜细胞、淋巴细胞、骨髓造血细胞均有损伤。

② 玉米赤霉烯酮（Zen）　是禾谷镰刀菌、尖孢镰刀菌、三线镰刀菌、串珠镰刀菌等产

生的一类结构相似的二羟基苯酸内酯化合物，也称 F2 毒素。该毒素具有类雌激素样的作用，表现出强烈的生殖毒性。

③ T-2 毒素　是三线镰刀菌和拟枝孢镰刀菌产生的 A 型单端孢霉烯族类代谢产物，是食物中毒性白细胞缺乏症（ATA）的病原物质。T-2 毒素主要破坏分裂迅速、增殖活跃的组织器官，导致多系统多器官的损伤，尤其是骨髓、胸腺组织受损严重，表现为白细胞减少、凝血时间延长、骨髓坏死。

④ 雪腐镰刀菌烯醇（NIV）　为 B 型单端孢霉烯族类化合物，可引起恶心、呕吐、头痛、疲倦等，也可引起实验动物体重下降、肌肉张力下降、腹泻等。

赤霉病麦中毒潜伏期较短，一般 10～30min，也可长至 2～4h，主要症状为胃肠道症状（尤其呕吐），少数病人出现体温升高。严重者，四肢酸软，形似醉酒，也称"醉谷病"。一般病人无需治疗而自愈，对呕吐严重者应补液。

8.3.4.4　预防措施

预防措施包括：
① 防止麦类、玉米等谷物受到真菌侵染和产毒；
② 按照粮食中赤霉病麦毒素限量标准，加强监管；
③ 去除或减少粮食中的病粒或毒素；
④ 加强田间和贮藏期间的防霉措施。

8.3.5　常见真菌性食物中毒——霉变甘蔗中毒

8.3.5.1　概述

霉变甘蔗是受真菌污染所致，其中毒的病原菌是节菱孢霉（*Arthrinium*），占检出霉菌总数的 26% 左右，其产生的毒素为耐热的 3-硝基丙酸（3-nitropropionic acid，3-NPA），长期贮藏的变质甘蔗是其生长、繁殖、产毒的良好培养基。节菱孢霉最适宜的产毒条件是 15～18℃，pH 值为 5.5，培养基含糖量 2%～10%。

霉变甘蔗质地较软，瓤部颜色较深，一般呈浅棕红色，闻起来有霉变味或酒糟味、呛辣味，截面和尖端有白色絮状或绒毛状霉菌菌丝体，组织若切成薄片在显微镜下观察，可见有大量真菌菌丝的侵染。

8.3.5.2　流行病学特点

霉变甘蔗中毒首次报告是 1972 年 3 月发生于河南郑州的一起食用变质甘蔗中毒的事件。此事件共计 36 人中毒，重症 27 人，死亡 3 人，病死率为 8.33%。霉变甘蔗中毒多发生于北方地区，以河北、河南最多，其次是山东、辽宁、山西、内蒙古、陕西等地。发病季节多在 2～4 月份，因甘蔗主要是秋季收获，从南方运往北方，需长时间储存、运输，在这个过程中极易被霉菌污染，如果是还未完全成熟的甘蔗，因其含糖量低（约为 7.76%）和渗透压低，则更利于霉菌的生长。运到北方后，遇到寒冷天气而受冻，待初春气温回暖，也到了细菌、霉菌等微生物生长繁殖的理想时期，甘蔗中的霉菌就会大量产毒。一般节菱孢霉污染甘蔗后在 2～3 周内即可产生毒素。发病者多为 3～10 岁儿童，且重症病人和死亡者多为儿童。但也有大年龄组发病和死亡者。发病特点多为散发型。

8.3.5.3 中毒表现

霉变甘蔗中毒的潜伏期较短，中毒表现潜伏期多在 10min～17h，一般为 2～8h，而最短仅十几分钟即可发病。3-NPA 是引起甘蔗中毒的主要物质，3-NPA 的排泄较慢，具有很强的嗜神经性，主要损害中枢神经，也累及消化系统。症状出现越早，提示病情越重，预后越不良。中毒症状最初表现为一时性的消化道功能紊乱，如恶心、呕吐、腹痛、腹泻等，随后出现神经系统症状如头晕、头痛、复视或幻视、眩晕至不能睁眼或无法站立。24h 后恢复健康，不留后遗症。较重者呕吐频繁剧烈，有黑便、血尿及神志恍惚、阵发性抽搐、两眼球偏向一侧凝视（大多向上）、瞳孔散大、手呈鸡爪状、四肢强直、牙关紧闭、出汗流涎、意识丧失，进而昏迷不醒。其他如体温，心肺、肝、眼底检查，血、尿、大便常规化验，脑脊液化验均未见异常。严重者可在 1～3d 内死于呼吸衰竭，病死率一般在 10% 以下，高者达 50%～100%。重症及死亡者多为儿童。重症幸存者中则多留有严重的神经系统后遗症，如痉挛性瘫痪、语言障碍、吞咽困难、眼睛同向偏视、身体蜷曲状、四肢强直等，少有恢复而导致终身残疾。

8.3.5.4 预防措施

对于霉变甘蔗中毒，目前尚无有效的治疗方法。一旦发现中毒，应尽快送医院救治，进行洗胃、灌肠、导泻处理，从而去除未吸收的毒物。

预防措施包括：

① 甘蔗成熟后再收割，收割后防冻；

② 贮存及运输过程中要防冻、防伤，防止霉菌污染繁殖，贮存期不宜太长，而且要定期对甘蔗进行检查，如果发现霉变甘蔗应立即销毁；

③ 加强食品卫生监督检查，严禁出售霉变甘蔗，亦不能将霉变甘蔗加工成鲜蔗汁出售；

④ 宣传变质甘蔗中毒的有关知识，使广大消费者提高警惕，以减少或杜绝霉变甘蔗中毒。

8.4 有毒动物食物中毒

有毒动物食物中毒是指误食有毒动物或食入因加工、烹调、贮存方法不当而未除去有毒成分的动物食品引起的中毒。自然界中有毒的动物所含的有毒成分复杂，常见的动物食物中毒主要有河鲀中毒、鱼的组胺中毒等。

8.4.1 河鲀食物中毒

8.4.1.1 概述

河鲀（globefish）在我国沿海各地及长江下游均有出产，属于无鳞鱼的一种，在淡水和海水中均能生活。河鲀味道鲜美，民间自古就有"拼死吃河鲀"的说法。

引起中毒的河鲀毒素（tetrodotoxin，TTX）是一种非蛋白质神经毒素，可分为河鲀素、河鲀酸、河鲀肝脏毒素及河鲀卵巢毒素。TTX 存在于除鱼肉之外的所有组织中，其中以卵巢毒素毒性最强，肝脏次之。河鲀卵巢毒素的急性毒性是氰化钾的 1000 倍，0.5mg 可致人死亡。TTX 为无色针状结晶、微溶于水，易溶于稀醋酸。该毒素理化性质稳定，对热稳定，煮沸、盐腌、日晒均不能将其破坏。通常，河鲀的肌肉大多不含毒素或仅含少量毒素，但产于南海的河鲀不同于其他海区，肌肉中也含有毒素。不同品种的河鲀所含毒素量相差很大，人工养殖的河鲀（红鳍东方鲀和暗纹东方鲀）毒素含量相对较少。

8.4.1.2　流行病学特点

我国河鲀中毒多发生在沿海地区，以春季中毒的次数、中毒人数和死亡人数为最多。河鲀鲜鱼、内脏，以及冷冻的河鲀和河鲀鱼干都会引起中毒，主要来源于市售、捡拾、渔民自己捕获等。

8.4.1.3　中毒表现

TTX 可直接作用于胃肠道，引起局部刺激作用；潜伏期 10min 至 3h。起初感觉手指、口唇和舌有刺痛，然后出现恶心、呕吐、腹泻等症状。TTX 主要作用于神经系统，通过选择性地阻断细胞膜对 Na^+ 的通透性，使神经传导阻断，呈麻痹状态。中毒后四肢肌肉麻痹，甚至全身麻痹；最后出现语言不清、血压和体温下降。常因呼吸麻痹、循环衰竭而死亡。

TTX 极易从胃肠道吸收，也可从口腔黏膜吸收，因此，中毒的特点是发病急速而剧烈，潜伏期很短，短至 10～30min，长至 3～6h 发病。发病急，来势凶猛。初有恶心、呕吐、腹痛等胃肠症状，口渴，唇、舌、指尖等发麻，随后发展到感觉消失，四肢麻痹，共济失调，全身瘫痪，可有语言不清、瞳孔散大和体温下降。重症因呼吸衰竭而死，病死率 40％～60％。

8.4.1.4　预防措施

河鲀毒素中毒尚无特效解毒药，一般以排出毒物和对症处理为主。

预防河鲀中毒应从渔业产销上严加控制，同时也应向群众反复深入宣传。

① 凡在渔业生产中捕得的河鲀均应送交水产收购部门并送至指定单位处理，鲜活河鲀不得进入水产市场或混进其他水产品中。

② 养殖河鲀加工企业应当按照河鲀加工技术要求去除有毒部位和河鲀毒素，河鲀可食部位（皮和肉可带骨）经检验合格后附检验合格证方可出厂。

③ 禁止经营养殖河鲀活鱼和未经加工的河鲀整鱼；禁止加工经营所有品种的野生河鲀。

④ 加强卫生宣教，提高消费者对河鲀识别能力，防止误食。

8.4.2　鱼类引起的组胺中毒

8.4.2.1　概述

鱼类引起的组胺（histamine）中毒主要是食用不新鲜（含组胺较高）的鱼类引起的过敏性食物中毒。组胺是组氨酸的分解产物，因而鱼类组胺的产生与其含组氨酸多少有关。青皮红肉的鱼类（如鲐鱼、鲣鱼、鲭鱼、金枪鱼、沙丁鱼、秋刀鱼、竹荚鱼等）肌肉中含血红蛋白较多，因此组氨酸含量也较高。当受到富含组氨酸脱羧酶的细菌如组胺无色杆菌、大肠埃希菌、葡萄球菌、链球菌等污染，并在适宜的环境条件下，产生脱羧酶，使组氨酸被脱羧而产生组胺。环境温度在 10～37℃特别是 15～20℃下、鱼体含盐 3％～5％、pH 值为弱酸性条件下易于产生组胺。成人摄入组胺超过 100mg（相当于每千克体重 1.5mg）就有中毒的可能。若按鱼肉组胺含量为 1.6~3.2mg/g 计算，食用 50~100g 鱼肉即可中毒。日常以鱼类组胺含量＜100mg 作为评价能否食用的卫生指标。

8.4.2.2 流行病学特点

鱼类引起的组胺中毒在国内外均有报道，多发生在夏秋季，在 15~37℃、有氧、弱酸性（pH 值 6.0~6.2）和渗透压不高（盐含量 3%~5%）条件下，组氨酸易于分解形成组胺引起中毒。

8.4.2.3 中毒表现

鱼类组胺中毒的机制是组胺可刺激心血管系统和神经系统，促使毛细血管扩张充血和支气管收缩，使血浆大量进入组织，血液浓缩、血压下降，引起反射性的心率加快，刺激平滑肌使之发生痉挛。

组胺中毒特点是发病快，症状轻，恢复快。潜伏期一般为 0.5~1h，短者仅有几分钟，主要表现为面部、胸部及全身皮肤潮红、刺痛、灼烧感，眼结膜充血，并伴有头痛、头晕、心动加速、胸闷、呼吸急速、血压下降，有时可有荨麻疹，个别出现哮喘，但体温正常，一般多在 1~2d 恢复健康，预后良好，未见死亡。

8.4.2.4 预防措施

发生组胺中毒可采用抗组胺药物和对症治疗的方法。常用药物是口服盐酸苯海拉明，或静脉注射 10% 葡萄糖酸钙，同时口服维生素 C。

预防措施包括：

① 防止鱼类腐败变质　在鱼类生产、储运和销售等各环节进行冷冻冷藏，保持鱼体新鲜，并减少污染途径。鱼类腌制加工时对体形较厚者应劈开背部，以利盐分渗入，用盐量不应低于 25%。

② 加强对青皮红肉鱼类中组胺含量的监测　国标《食品安全国家标准　鲜、冻动物性水产品》（GB 2733—2015）中规定高组胺鱼类含量小于等于 40mg/100g，其他海水鱼类含量小于等于 20mg/100g。

③ 做好群众的宣传工作　消费者购买青皮红肉鱼类时要注意其鲜度质量，并及时烹调。烹调时加醋烧煮和油炸等可使组胺减少（可使组胺含量下降 2/3 左右）。

8.4.3 有毒贝类中毒

8.4.3.1 概述

有毒贝类中毒系由于食用某些贝类如贻贝、蛤蜊、螺类、牡蛎等引起，中毒特点为神经麻痹，故称为麻痹性贝类中毒（paralytic shellfish poisoning，PSP）。

贝类之所以有毒与海水中的藻类有关。海洋浮游生物中的双鞭藻属有多种含有剧毒，当某些本来无毒的贝类摄食了有毒藻类后，即被毒化。已毒化了的贝体，本身并不中毒，也无生态和外形上的变化，但当人们食用以后，毒素可迅速从贝肉中释放出来，呈现毒性作用。目前已从贝类中分离出 18 种毒素，依基因相似性将这 18 种毒素分为 4 类：石房蛤毒素（saxitoxin，STX）、新石房蛤毒素、膝沟藻毒素及脱氨甲酰基石房蛤毒素。其中 STX 发现得最早、毒性最强。STX 是一种白色、溶于水、分子量较小的非蛋白质毒素，容易被胃肠道吸收而不被消化酶所破坏。该毒素对酸、热稳定，常规烹调很难将其破坏。对人的经口致死量为 0.5～0.9mg。

8.4.3.2　流行病学特点

麻痹性贝类中毒在全世界均有发生，有明显的地区性和季节性，以夏季沿海地区多见，这一季节易发生赤潮。赤潮发生时，海中毒藻密度增加，贝类被毒化。中毒多发生于沿海地区，我国的浙江、福建、广东等地均曾多次发生，导致中毒的贝类有蚶子、香螺、织纹螺等。

贝类中毒的发生，往往与"赤潮"有关。由于贝类的毒素主要积聚于内脏，因此有的国家规定贝类要去除内脏才能出售，或规定仅留下白色肌肉供食用。

8.4.3.3　中毒表现

STX 为神经毒，中毒机制是对细胞膜 Na^+ 通道的阻断，造成神经系统传导障碍而产生麻痹作用。

麻痹性贝类中毒潜伏期短，仅数分钟至 20min。开始为唇、舌、指尖麻木，随后颈、腿部麻痹，最后运动失调。病人可伴有头痛、恶心和呕吐，最后出现呼吸困难。重症者常在 2～24h 因呼吸麻痹而死亡，病死率为 5%～18%。病程超过 24h 者，则预后良好。

8.4.3.4　预防措施

目前对贝类中毒尚无有效解毒剂，有效的抢救措施是尽早采取催吐、洗胃、导泻的方法，及时去除毒素，同时对症治疗。

预防措施包括：

① 建立疫情报告及定期监测制度　监测、预报海藻生长情况。有毒贝类中毒的发生与"赤潮"有关，因此许多国家规定在藻类繁殖季节 5～10 月份，对贝类生长的水样进行定期检查，当发现海藻密度大于 $2×10^4$ mg/mL 时，即发出可能造成贝类中毒的报告，甚至禁止该海域贝类的捕捞和销售。根据赤潮发生地域和时期的规律性对海贝类产品中的 PSP 含量进行监测，贝类从不带毒到突然带毒，或从持续带低毒到普遍升高，都是危险的信号。

② 加强监测　我国《食品安全国家标准　鲜、冻动物性水产品》（GB 2733—2015）规定，贝类中 PSP 最高允许含量不应超过 4MU/g（1MU 相当于 0.16～0.22μg STX）。

③ 做好卫生宣传　针对 PSP 耐热、水溶及在贝体内脏部分积聚较多等特点，指导群众安全食用。如食前清洗漂养，去除内脏，食用时采取水煮捞肉弃汤等方法，使摄入的毒素降至最低程度。

8.4.4　其他有毒动物性食物中毒

8.4.4.1　雪卡鱼中毒

雪卡鱼中毒泛指食用热带和亚热带海域珊瑚礁周围的鱼类而引起的中毒（ichthyosarcotoxism）现象。雪卡鱼中毒常发生在热带地区。雪卡鱼栖息于热带和亚热带海域珊瑚礁附近，因食用有毒藻类而被毒化，目前有 400 多种鱼被认为是雪卡鱼，其种类随海域不同而有所不同，实际含毒的有数十种，其中包括几种经济价值较高的海洋鱼类，如梭鱼、大口黑鲈和真鲷等。但在外观上与相应的无毒鱼无法区别。

雪卡鱼中毒的毒素称雪卡毒素（ciguatoxin），雪卡中毒主要影响人类的胃肠道和神经系统。中毒的症状有恶心、呕吐、口干、腹痉挛、腹泻、头痛、虚脱、寒战、口腔有食金属味和广泛性肌肉痛等，重症可发展到不能行走。症状可持续几小时到几周，甚至数月。在症状出现的几天后可有死亡发生。

由雪卡鱼中毒症状的广泛性也可看出雪卡中毒可能是由几种不同来源的毒素所造成的。目前已从雪卡鱼中分离到一些毒素，如雪卡毒素、刺尾鱼毒素（maitotoxin）和鹦嘴鱼毒素（scaritoxin），它们的分子量和化学性质不同，现今还没有弄清这些化合物的结构。雪卡毒素对小鼠的 LD_{50} 为 $0.45\mu g/kg$ 体重，毒性比河鲀毒素强 20 倍。刺尾鱼毒素对小鼠的 LD_{50} 为 $0.17\mu g/kg$ 体重。同一种群中体形较大者通常毒性更强，说明雪卡毒素在鱼体中有累积效应，可导致累积性中毒。由于加热和冷冻均不能破坏雪卡鱼的毒性，因此，预防雪卡鱼中毒主要以不食用含毒鱼类和软体动物为主。目前对雪卡鱼毒素的预防尚缺乏行之有效的方法。

8.4.4.2　动物甲状腺中毒

动物甲状腺中毒一般皆因牲畜屠宰时未摘除甲状腺而使其混在喉颈等部位碎肉中被人误食所致。甲状腺所分泌的激素为甲状腺素，其毒理作用是使组织细胞的氧化率突然提高，分解代谢加速，产热量增加，过量甲状腺素扰乱了人体正常的内分泌活动，使各系统、器官间的平衡失调，出现类似甲状腺亢奋的症状。

误食甲状腺中毒一般多在食后 12～24h 出现症状，如头晕、头痛、烦躁、乏力、抽搐、震颤、脱皮、脱发、多汗、心悸等。部分患者于发病后 3～4d 出现局部或全身出血性丘疹、皮肤发痒，间有水疱、皮疹，水疱消退后普遍脱皮。少数人下肢和面部浮肿、肝区痛，手指震颤。严重者发高热、心动过速，从多汗转为汗闭、脱水。个别患者全身脱皮或手足掌侧脱皮，也可导致慢性病复发和流产等。病程短者仅 3～5d，长者可达月余。有些人较长期遗有头晕、头痛、无力、脉快等症状。

甲状腺素的理化性质非常稳定，在 600℃ 以上的高温时才能被破坏，常规烹调方法不能达到去毒无害。因此预防甲状腺中毒的方法，主要是在屠宰牲畜时严格摘除甲状腺，以免误食。

8.4.4.3　鱼胆中毒

鱼胆中毒是食用鱼胆而引起的一种急性中毒。我国民间有以鱼胆治疗眼病或作为"败火、解热药"的传统习惯，但因服用量、服用方法不当而发生中毒者也不少。所用鱼胆多取自青、草、鳙、鲢、鲤等淡水鱼。因胆汁毒素不易被热和乙醇（酒精）所破坏，因此不论生吞、熟食或用酒送服，超过 2.5g 就可中毒，甚至导致死亡。

鱼胆的胆汁中含胆汁毒素，此毒素不能被热和乙醇所破坏，能严重损伤人体的肝、肾，使肝脏变性、坏死，肾脏肾小管受损、集合管阻塞、肾小球滤过减少，尿液排出受阻，在短时间内既导致肝、肾功能衰竭，也能损伤脑细胞和心肌，造成神经系统和心血管系统的病变。据资料报道，服用鱼重 0.5kg 左右的鱼胆 4 或 5 个就能引起不同程度的中毒；服用鱼重

2.5kg 左右的青鱼胆 2 个或鱼重 5kg 以上的青鱼胆 1 个，就有中毒致死的危险。

鱼胆中毒潜伏期一般为 2～7h，最短半小时，最长约 14h。初期恶心、呕吐、腹痛、腹泻，随之出现黄疸、肝脏肿大、肝功能变化、尿少或无尿、肾功能衰竭，中毒严重者死亡。肾脏损害表现常发生在食用鱼胆 3d 以后。

由于鱼胆毒性大，常规烹调方法（蒸、煮等）都不能去毒，预防鱼胆中毒的唯一方法就是不要滥用鱼胆治病，必需使用时，应遵医嘱，并严格控制剂量。

8.5　有毒植物食物中毒

有毒植物食物中毒是指食入植物性食品引起的食物中毒。植物中有各种不同的有毒植物，稍有不慎，就会引起中毒。特别是一些有毒植物的外形和我们日常食用的蔬菜、香料等非常相似，有的野生果外形极其鲜艳，而内部却含有毒素，很容易被人们，尤其是儿童当作普通水果采食。因此，应当正确辨别有毒植物，做好安全防毒工作，避免发生中毒事故。

8.5.1　毒蕈中毒

8.5.1.1　概述

蕈类又称菇类，属于真菌植物，子实体通常肉眼可见。毒蕈是指食后可引起食物中毒的蕈类。我国目前已鉴定的蕈类中，可食用蕈 300 种，有毒蕈类约 100 种。对人生命有威胁的有 20 多种，其中含有剧毒可致死的约有 10 种：褐鳞环柄菇、肉褐鳞环柄菇、白毒鹅膏菌、鳞柄白毒鹅膏菌、毒鹅膏菌、秋盔孢伞、鹿花菌、包脚黑褶伞、毒粉褶菌、残托斑鹅膏菌等。毒蕈中所含有的有毒成分很复杂，一种毒蕈可含有几种毒素，而一种毒素又可存在于数种毒蕈之中。

8.5.1.2　流行病学特点

国家食源性疾病监测结果显示，我国近几年毒蕈中毒事件呈上升趋势，除西南、华中等传统高发区外，其他地区也呈现多发态势，多以家庭散发为主，严重威胁人民群众身体健康和生命安全。我国毒蘑菇中毒事件主要发生在 5～10 月份高温多雨季节，各省发病高峰虽然具有明显差异，但均与温度和降水有密切关系。在雨后，气温开始上升，毒蕈迅速生长。常由于个人采摘野生鲜蘑菇，又缺乏识别有毒与无毒蘑菇的经验，将毒蘑菇误认为无毒蘑菇食用。

8.5.1.3　中毒表现

毒蕈种类繁多，其有毒成分和中毒症状各不相同。因此，根据所含有毒成分的临床表现，一般可分为以下 5 种类型。

① 胃肠型　误食含有胃肠毒素的毒蕈所引起，常以胃肠炎症状为主。中毒的潜伏期比较短，一般 0.5～6h。主要症状为剧烈的腹痛、腹泻、恶心、呕吐，体温不高。病程短，一般经过适当对症处理可迅速恢复，病程 2～3d，死亡率低。引起此型中毒的毒蕈代表为黑伞蕈属和乳菇属的某些蕈种，毒素可能为类树脂物质（resinlike）。

② 神经精神型　误食毒蝇伞、豹斑鹅膏等毒蕈所引起。导致此型中毒的毒蕈中含有引

起神经精神症状的毒素。此型中毒潜伏期为 1~6h。临床表现除有胃肠症状外，尚有副交感神经兴奋症状，如多汗、流涎、流泪、大汗、瞳孔缩小、脉搏缓慢等，少数病情严重者可出现谵妄、精神错乱、幻视、幻听、狂笑、动作不稳、意识障碍等症状，亦可有瞳孔散大、心跳过速、血压升高、体温上升等症状。如果误食牛肝菌属中的某些毒蕈中毒时，还有特有的"小人国幻觉"，患者可见一尺高、穿着鲜艳的小人在眼前跑动。经及时治疗后症状可迅速缓解，病程一般 1~2d，死亡率低。引起此类型中毒的毒素主要有：

a. 毒蝇碱（muscarine） 为一种生物碱，溶于酒精和水，不溶于乙醚。存在于毒伞属、丝盖伞属及豹斑毒鹅膏菌等中。这几种蕈在我国北方许多省市均有生长。

b. 鹅膏蕈氨酸（ibotenic acid）及其衍生物 毒伞属的一些毒蕈含有此类物质。这种毒素可引起幻觉症状，色觉和位置觉错乱，视觉模糊。

c. 光盖伞素（psilocybin，又名裸盖菇素）及脱磷酸光盖伞素（psilocin） 存在于裸盖菇属及花褶伞属蕈类，一般食入 1~3g 干蕈即可引起中毒。这种毒素可引起幻觉、听觉和味觉改变，发声异常，烦躁不安。

d. 致幻剂（hallucinogens） 主要存在于橘黄裸伞中，我国黑龙江、福建、广西、云南等地均有此蕈生长。摄入此蕈 15min 即出现幻觉，视力不清，数小时后可恢复。

③ 溶血型 误食鹿花菌等引起。其毒素为鹿花菌素（gyromitrin），属甲基联胺化合物，有强烈溶血作用，可使红细胞遭到破坏。可出现贫血、黄疸、血尿、肝脏肿大，严重的有生命危险。此毒素具有挥发性，对碱不稳定，可溶于热水。此类中毒潜伏期一般 6~12h，多于胃肠炎症状后出现溶血性黄疸、肝脾肿大，少数病人出现蛋白尿，有时溶血后有肾脏损害。严重中毒病例可因肝、肾功能受损和心衰而死亡。

④ 肝肾损害型 此型中毒最严重，病死率非常高。可损害人体的肝、肾、心脏和神经系统，其中对肝脏损害最大，可导致中毒性肝炎。按其病情发展一般可分为 6 期：a. 潜伏期；b. 胃肠炎期；c. 假愈期（胃肠炎症状消失后，病人精神状态较好，无明显症状，给人以病愈感觉，其实此时毒素已进入肝脏等器官并造成损害，大约经过 1d，病情突然恶化，进入内脏损害期，轻度病人肝损害不严重，可由此期进入恢复期）；d. 内脏损害期（严重中毒病人在发病 2~3d 后出现内脏损害症状）；e. 精神症状期（主要由肝损伤后出现肝性昏迷引起）；f. 恢复期。有毒成分主要为毒肽类（phallotoxins）和毒伞肽类（amatoxins），存在于毒伞蕈属、褐鳞环柄菇及秋盔孢伞中。此类毒素剧毒，对人致死量为 0.1mg/kg 体重，可使体内大部分器官发生细胞变性。含此毒素的新鲜蘑菇 50g 即可使成人致死，几乎无一例外。发生中毒如不及时抢救死亡率很高，可达 50%~60%，其中毒伞属中毒可达 90%。

⑤ 光过敏性皮炎型 误食胶陀螺菌引起。中毒时身体裸露部位如颜面出现肿胀、疼痛，特别是嘴唇肿胀、外翻，形如猪嘴唇。还有指尖疼痛、指甲根部出血等。

8.5.1.4 预防措施

发生毒蕈中毒要及时催吐、洗胃、导泻、灌肠，迅速排出毒物。根据症状和毒素情况采取不同治疗方案，如胃肠炎型可按一般食物中毒处理；神经精神型可采用阿托品治疗；溶血型可以用肾上腺皮质激素治疗，同时给予保肝治疗；肝肾损伤型可用二巯基丙磺酸钠治疗，可保护体内含巯基酶的活性；光过敏性皮炎型可使用马来酸氯苯那敏、苯海拉明、氢化可的松、维生素 C 等药物。

预防毒蕈中毒最安全的方法——不采、不买、不卖、不吃野生蘑菇。毒蕈与可食用蕈很难鉴别,百姓虽有一定实际经验,如在阴暗肮脏处生长的、颜色鲜艳的、形状怪异的、分泌物浓稠易变色的、有辛辣酸涩等怪异气味的蕈类一般为毒蕈。但以上经验没有科学依据,无法适用。还要加大预防毒蘑菇中毒相关知识的宣传力度,充分利用微信、抖音、广播、电视等宣传媒体和广泛在高发区张贴宣传画册、警示牌、公告等形式,务必将宣传工作做到家喻户晓、妇孺皆知。此外,各地相关部门要健全完善毒蘑菇中毒防控工作责任体系,加大对农村宴席、街头摊点、农贸市场的监管力度,禁止销售、加工、食用自采或来路不明的野生蘑菇。

8.5.2　含氰苷类食物中毒

8.5.2.1　概述

许多植物中都含有氰苷,含氰苷类食物有苦杏仁、桃仁、李仁、枇杷仁、樱桃仁、亚麻仁及木薯等,其中以苦杏仁及木薯中毒最常见。在木薯、亚麻仁中含有的氰苷为亚麻苦苷(linamarin),苦杏仁、桃仁、李仁、枇杷仁、樱桃仁中含有的氰苷为苦杏仁苷(amygdalin),二者的毒性作用及中毒表现相似。

苦杏仁苷引起中毒的原因是苦杏仁苷在酶或酸作用下水解释放出具有挥发性的氢氰酸。苦杏仁苷溶于水,食入果仁后,其所含有的苦杏仁苷在口、食管、胃和肠中遇水,经本身所含有的苦杏仁酶水解释放出氢氰酸,迅速被胃肠黏膜吸收进入血液。氰离子可抑制体内许多酶的活性,其中细胞色素氧化酶最敏感,它可与线粒体中的细胞色素氧化酶的三价铁离子结合,形成细胞色素氧化酶-氰复合物,从而使细胞的呼吸受抑制,组织窒息,导致死亡。同时,氢氰酸还能作用于呼吸中枢和血管运动中枢,使之麻痹,最后导致死亡。苦杏仁苷为剧毒,氢氰酸的最低致死口服剂量为每千克体重 $0.5 \sim 3.5mg$。儿童吃 6 粒苦杏仁,成年人吃10 粒就能引起中毒;儿童吃 $10 \sim 20$ 粒,成年人吃 $40 \sim 60$ 粒即可致死。

亚麻苦苷水解后也释放出氢氰酸,但亚麻苦苷不能在酸性环境的胃中水解,而要在小肠中进行水解。因此,木薯中毒病情发展较缓慢。

8.5.2.2　流行病学特点

苦杏仁中毒多发生于杏熟时期,多见于儿童因不了解苦杏仁毒性,生吃苦杏仁;或不经医生处方自用苦杏仁治疗小儿咳嗽而引起中毒。木薯中毒原因主要是木薯产区(特别是新产区)群众不了解木薯的毒性,食用未经合理加工处理的木薯或生食木薯。

8.5.2.3　中毒表现

苦杏仁中毒者的体温一般正常,中毒的潜伏期为 $0.5 \sim 12h$,病程为数小时或 $1 \sim 2d$。主要症状为口中苦涩、流涎、头晕、头痛、恶心、呕吐、心悸、四肢无力等。重者胸闷、呼吸困难,呼吸时有时可嗅到苦杏仁味。严重者意识不清、呼吸微弱、昏迷、四肢冰冷,常发生尖叫。继之意识丧失、瞳孔散大、对光反射消失、牙关紧闭、全身阵发性痉挛,最后因呼吸麻痹和心跳停止而死亡。此外,亦有引起多发性神经炎的。

木薯中毒的潜伏期稍长,一般 $6 \sim 9h$。临床症状与苦杏仁中毒的表现相似。

8.5.2.4　预防措施

预防措施包括:

① 加强宣传教育工作　尤其是向儿童宣传苦杏仁中毒的知识，不吃苦杏仁、李仁、桃仁等。

② 合理的加工及食用方法　氰苷有较好的水溶性，水浸可除去含氰苷食物的大部分毒性。类似杏仁的核仁类食物在食用前均需较长时间浸泡和晾晒，充分加热，使其失去毒性。不生食木薯且食用木薯前必须去皮（木薯所含氰苷90%存于皮内），洗涤切片后加大量水于敞锅中煮熟，换水再煮一次或用水浸泡16h以上弃去汤、水后食用。

8.5.3　发芽马铃薯中毒

8.5.3.1　概述

马铃薯（*Solanum tuberosum*）俗称土豆或洋山芋，含有龙葵素（solanine，也称茄碱）。龙葵素是一种难溶于水而溶于薯汁的生物碱。马铃薯的龙葵素含量随品种和季节不同而有所不同，一般不超过0.01%。在成熟的马铃薯块茎中，龙葵素含量极微，一般每千克新鲜组织含20~100mg，主要集中在芽眼、表皮和绿色部分，正常食用不会引起中毒。但在未成熟的马铃薯块茎中，或因存放不当导致表皮发绿、发芽的马铃薯块茎的绿皮部位、芽及芽孔周围，龙葵素含量较高，可达0.06%，有时甚至高达0.43%，食用时未妥善处理就会中毒。而一般人只要进食200~400mg龙葵素就会引起中毒。

8.5.3.2　流行病学特点

马铃薯中毒一般发生在春季及初夏季节，原因是春季潮湿温暖，若马铃薯贮存不当，则易发芽，龙葵素大量增加，烹调时未能将其除去或破坏，食后发生食物中毒。

8.5.3.3　中毒表现

龙葵素对胃肠道黏膜有较强的刺激作用，对呼吸中枢有麻痹作用，并能引起脑水肿、充血。此外，龙葵素对红细胞有溶血作用。

潜伏期一般1~12h。先有咽喉抓痒感及烧灼感，上腹部烧灼感或疼痛，其后出现胃肠炎症状。此外可有头晕、头痛、瞳孔散大、耳鸣等症状，严重者出现抽搐。可因呼吸麻痹而死亡。

8.5.3.4　预防措施

一旦发生中毒，应立即对中毒者进行催吐，用1:5000高锰酸钾，以减少龙葵碱在体内的进一步吸收；对于轻症者可让其喝淡盐水或糖水以补充体液纠正失水，重症者则必须立即进行静脉补液及其他相应的对症治疗。

预防措施包括：

① 改善马铃薯的贮存条件，马铃薯宜贮存于无阳光直射、通风、干燥的阴凉处，防止发芽、变绿。

② 食用已发芽的马铃薯时应去皮、去芽、挖去芽周围组织，经充分加热后食用。因龙葵素遇醋易分解，故烹调时放些食醋可加速破坏龙葵素。发芽多者或皮肉变黑绿者则不能食用。

8.6　化学性食物中毒

化学性食物中毒是指食用了被化学性有毒物质污染的食品引起的中毒。引起食源性化学性中毒的常见原因有 4 个，即被有毒化学物质污染的食品；误将有毒化学物质当作食品、食品添加剂或营养强化剂加入食品中食用的；食用添加非食品级或禁止使用的食品添加剂、食品营养强化剂以及超量滥用食品添加剂的食品；食用食品成分或营养素发生了变化的食品等。污染食品的化学性有毒物质主要包括有毒金属、非金属及其化合物、化学农药及亚硝酸盐等其他化学物质。化学性食物中毒的特点是：潜伏期短，发病快；中毒程度较为严重，病程较长，发病率和死亡率高；季节性和地区性不突出，偶然性较明显。

8.6.1　亚硝酸盐中毒

8.6.1.1　概述

常见的亚硝酸盐有亚硝酸钠和亚硝酸钾，为白色和嫩黄色结晶，呈颗粒状粉末，无臭，味咸涩，易潮解，易溶于水。

亚硝酸盐食物中毒近年来时有发生，归纳起来主要有以下几方面原因。

① 亚硝酸盐的外观及口感与食盐相似，易被当成食盐加入食品中而导致中毒。此类中毒多发生于建筑工地。

② 大量食用不新鲜的蔬菜（特别是叶菜类蔬菜）而引起的亚硝酸盐中毒。许多蔬菜（如菠菜、甜菜叶、萝卜叶、韭等）都含有较多的硝酸盐，特别是土壤中大量施用氮肥及除草剂或缺乏钼肥时，蔬菜中硝酸盐的含量更高。如果蔬菜储存温度较高、时间过久，特别是发生腐烂时，则菜内的硝酸盐可在硝酸盐还原菌（如大肠埃希菌、沙门菌、产气荚膜杆菌、枯草芽孢杆菌等）的作用下转化为亚硝酸盐，大量食用后则可引起中毒。

③ 煮熟的蔬菜在较高的温度下存放时间过长时也会使其中的亚硝酸盐含量升高。

④ 腌制不久的蔬菜中含有大量的亚硝酸盐（特别是食盐浓度低于 15％时），食后易引起食物中毒。一般蔬菜腌制 2～4d 时，亚硝酸盐含量即升高；7～8d 时，亚硝酸盐含量最高；变质腌菜中亚硝酸盐含量更高。

⑤ 有些地区的井水中含有较多的硝酸盐及亚硝酸盐，一般称为苦井水。如用这种水烹调食物并在不卫生的条件下存放过久，由于细菌的作用，使硝酸盐转变成亚硝酸盐，导致食物中亚硝酸盐的含量增高而引起中毒。

⑥ 肉类食品加工时，常用硝酸盐和亚硝酸盐作为发色剂，使用过量时亦可引起中毒。

8.6.1.2　流行病学特点

亚硝酸盐食物中毒全年均有发生。多数由于误将亚硝酸盐当作食盐食用而引起食物中毒，也有食入含有大量亚硝酸盐的蔬菜而引起的食物中毒。多发生在农村或集体食堂。

8.6.1.3　中毒表现

亚硝酸盐为强氧化剂，经消化道吸收进入血液后，可使血液中的正常铁血红蛋白氧化成高铁血红蛋白，从而失去携带氧的功能，造成组织缺氧，产生一系列相应的中毒症状。亚硝酸盐的中毒剂量为 0.3～0.5g，致死量为 1～3g。亚硝酸盐中毒潜伏期的长短与摄入的亚硝酸盐量和中毒的原因有关。由于误食纯亚硝酸盐而引起的中毒一般在食后 10min 左右发病，而大量食用含亚硝酸盐蔬菜或其他原因引起的中毒多在食后 1～3h 发病，潜伏期也可长达 20h。亚硝酸盐摄入过量会使血红蛋白中的 Fe^{2+} 氧化为 Fe^{3+}，使正常血红蛋白转化为高铁血红蛋白，失去携氧能力导致组织缺氧。中毒的主要症状有：由于组织缺氧引起的发绀现象，如口唇、舌尖、指（趾）甲及全身皮肤发绀，称肠源性发绀，并有头晕、头痛、乏力、心率加快、恶心、呕吐、腹痛、腹泻等症状，严重者昏迷、惊厥、大小便失禁，常死于呼吸衰竭。

8.6.1.4 预防措施

预防措施包括：

① 加强对集体食堂的管理，禁止采购、贮存和使用亚硝酸盐，避免误食。

② 肉类食品企业要严格按国家标准规定添加硝酸盐和亚硝酸盐，肉制品中硝酸盐和亚硝酸盐使用量不得超过 0.5g/kg 和 0.15g/kg，最终残留量（以亚硝酸钠或亚硝酸钾计）不得超过 30mg/kg。

③ 保持蔬菜新鲜，勿食存放过久或变质的蔬菜。

④ 避免用苦井水煮饭。

8.6.2 锌化合物中毒

8.6.2.1 概述

锌是人体必需微量元素，保证锌的营养素供给对于促进人体的生长发育和维持健康具有重要意义。正常人体内含锌量为 2～2.5g，但锌过量摄入也会导致中毒。锌的供给量和中毒剂量相距很近，即安全带很窄。如人的锌供给量为 10～20mg/d，而中毒量为 80～400mg。锌中毒主要由于用镀锌的器皿制备或储存酸性饮料，此时酸性溶液可分解出较多的锌以致中毒。其他原因为误服药用的氧化锌（常用为收敛剂）或硫酸锌（常用于治疗结膜炎）或大面积创面吸收氧化锌（常为轻度收敛或防腐的扑粉）等。误用锌盐后出现口、咽及消化道糜烂，唇及声门肿胀，腹痛，泻、吐以及水和电解质紊乱。重者可见血压升高、气促、瞳孔散大、休克、抽搐等危象。吸入大量锌蒸气可引起急性金属烟雾热。慢性锌中毒极少见。

锌中毒常与以下原因有关：①空气、水源、食品被锌污染以及电子设备的辐射均可造成锌过量进入人体；②临床误治，若大量口服、外用锌制剂或长期使用锌剂治疗，都可以引起锌中毒；③意外口服氧化锌溶液，其腐蚀性强，将出现急性锌中毒症状；④吸入氧化锌烟雾引起的锌中毒，多见于铸造厂工人；⑤长期过量摄取含锌食物，会造成体内锌蓄积，造成慢性食物中毒。

8.6.2.2 流行病学特点

锌化合物中毒全年均可发生，没有明显地域性。国内报告了几起由于使用锌桶盛装食醋、大白铁壶盛装酸梅汤和清凉饮料而引起的锌中毒事件，也有儿童因为补锌过量而导致锌中毒的报道。

8.6.2.3　中毒表现

中毒表现包括：

① 大量服用锌制剂等引起的中毒，临床表现为腹痛、呕吐、腹泻、消化道出血、厌食、倦怠、昏睡等。

② 服用氧化锌溶液中毒，临床表现为出现急性腹痛、流涎、唇肿胀、喉头水肿、呕吐、便血、脉搏增快、血压下降。严重者由于胃肠穿孔引起腹膜炎，甚至休克而死亡。

③ 吸入氧化锌烟雾中毒，临床表现为患者吸入初期口中有甜味、口渴、咽痒、食欲不振、疲乏无力、胸部发紧、有时干咳。吸入 3～6h 后发病，先发冷后寒战，继后高热，同时伴有头痛、耳鸣、乏力、四肢酸痛，有时恶心、呕吐、腹痛，脉搏、呼吸增快，肺部可听到干啰音。发作时血糖暂时上升，白细胞增多，淋巴细胞增多；尿中有尿胆素。体温下降时可出现大汗，症状逐渐消退，2～3d 后才好转。经排锌治疗 2 周后可痊愈。

④ 慢性锌中毒临床表现为顽固性贫血，食欲下降，合并有血清脂肪酸及淀粉酶增高。同时可影响胆固醇代谢，形成高胆固醇血症，并使高密度脂蛋白降低 20％～25％，最终导致动脉粥样硬化、高血压、冠心病等。

8.6.2.4　预防措施

预防措施包括：

① 禁止使用锌铁桶盛装酸性食物、食醋及清凉饮料；食品加工、运输和储存过程中均不可使用镀锌容器和工具接触酸性食品。

② 补锌产品的服用应在医生指导下进行，不可盲目乱补。

8.6.3　砷化合物中毒

8.6.3.1　概述

砷广泛分布于自然界中，几乎所有的土壤中都存在砷。砷元素本身毒性很小，但砷的化合物则具有显著毒性。砷化合物在工农业生产及医药上用途很广，特别是在农业上作为杀虫剂而被广泛应用。常见的砷化合物有三氧化二砷、砷酸钙、亚砷酸钙、砷酸铅、砷酸钠、亚砷酸钠等。一般来说，三价砷化合物的毒性大于五价砷化合物，亚砷酸化合物的毒性大于砷酸化合物。引起中毒的砷化合物，最常见的是三氧化二砷。三氧化二砷俗称砒霜、白砒或信石，为白色粉末，无臭无味，较易溶于水。三氧化二砷经口服 10～50mg 即可中毒，60～300mg 即可致死。除个体敏感性外，三氧化二砷的颗粒大小对经口毒性有明显影响，粒度越细、毒性愈大。敏感者 1mg 可中毒，20mg 致死；亦有可耐受较高剂量者。三价砷的无机化合物是细胞原浆毒物，此类砷化合物被吸收至体内后，可与细胞酶蛋白的巯基结合，从而抑制酶的活性，使细胞代谢发生障碍，细胞死亡；也可使神经细胞代谢障碍，引起神经系统功能紊乱；麻痹血管运动中枢并直接作用于毛细血管，导致毛细血管扩张、麻痹和渗出性增高，使胃肠黏膜和其他脏器出现充血和出血，甚至全身出血，并可引起肝细胞变性、心肌脂肪变性、脑水肿等。此外，三价砷化合物对消化道具有直接的腐蚀作用，引起口腔、咽喉、食管、胃的溃疡、糜烂及出血等，进入肠道可导致腹泻。

中毒原因包括：①由于误食引起砷化合物中毒是常见的中毒原因，因纯的三氧化二砷外观与食盐、淀粉、苏打、小苏打等很相似，因此易造成误食而中毒，或误食含砷农药拌过的种子引起中毒；②盛放过砷化合物的容器、用具或运输工具等又用来盛放、加工或运送食物而造成食品的砷污染中毒；③滥用含砷杀虫剂（如砷酸钙、砷酸铅等）喷洒果树和蔬菜，造成水果、蔬菜中残留量过高；④食品加工时所使用的加工助剂（如无机酸、盐、碱等）或添加剂中砷含量过高。

8.6.3.2 流行病学特点

砷化合物中毒多发生在农村，夏秋季节多见，常是由于误食或误用引起中毒。

8.6.3.3 中毒表现

砷化合物中毒的潜伏期为数十分钟至数小时，平均1～2h出现症状。口服急性砷中毒早期常见消化道症状，如口及咽喉部有干、痛、烧灼、紧缩感，声嘶、恶心、呕吐、咽下困难、剧烈腹痛及腹泻等，同时还可见眼睑水肿、皮肤显著发红、头痛、头晕、烦躁不安等，症状加重时可出现严重脱水、电解质失衡、腓肠肌痉挛、体温下降、四肢发冷、血压下降，甚至休克。重症患者可出现神经系统症状，有剧烈头痛、头昏、烦躁不安、惊厥、昏迷等，如抢救不及时可因呼吸衰竭于发病后1～2d死亡。砷化合物中毒会造成肾脏损害，可出现尿闭、尿蛋白、血尿，还可造成肝脏、心肌损害，砷化合物中毒还可严重引起皮肤黏膜的损伤。

8.6.3.4 预防措施

预防措施包括：

① 严格砷化物的管理。砷化物应有专库储存，严密加锁，并由专人管理；储存库要远离食堂、水井、住房；在盛装砷化物的包装上必须做"有毒"标记。

② 严禁砷化物与粮食及其他食品混放、混装、混运；盛放或处理砷化物的器具不能用于盛放或处理食品。

③ 严禁食用拌过农药的粮种及因食用含砷农药中毒死亡的家禽，并对其进行妥善处理。

④ 使用含砷化合物的农药防治果树、蔬菜害虫时，要确定安全施用期，以减少水果蔬菜中的残留量。有的国家规定用含砷杀虫剂喷雾的苹果中残留砷不得超过1.4mg/kg。

⑤ 食品企业和食堂严禁使用含砷杀虫剂及灭鼠剂。

⑥ 加强食品添加剂的卫生管理。食品生产过程中使用的各种添加剂及加工助剂（酸、碱等）含砷量不能超过国家标准。

 思考题

1. 什么是食源性疾病？引起食源性疾病的因素有哪些？
2. 食物过敏的流行特征包括哪些？常见的过敏性疾病有哪些？
3. 分析旋毛虫食物中毒的原因及预防措施。
4. 分析亚硝酸盐食物中毒的原因及预防措施。
5. 发芽马铃薯中毒的发病机制是什么？
6. 生吃或食用未经彻底煮熟的肉类可能会引发哪些感染？

第 9 章

食品安全风险分析与控制

 导言

> 各种因素如食物供应链结构的复杂性、饮食习惯和食品加工方式的持续变化，不仅会导致一些已知的食品安全危害和风险重新出现，而且也可能导致出现新的或未知的食品安全的危害与风险。风险分析是保证食品安全的一种新模式，其目的在于保护消费者的健康和促进食品贸易的公平。

食品安全是社会性问题，食品安全风险管控是世界各国普遍面临的共同难题。食品安全问题越来越严重地威胁着人类的健康，特别是随着食品生产的工业化和新技术、新原料、新产品的采用，造成食品污染的因素日趋复杂化。全世界范围内的消费者普遍面临着不同程度的食品安全风险问题，随着经济全球化的发展、社会文明程度的提高，人们越来越关注食品的安全问题。食品安全风险分析是针对食品安全性问题而提出的一种宏观管理模式，是现代科学技术最新成果在食品安全管理方面实际应用，被认为是制定食品安全标准的基础，对保证食品的安全性具有重要意义。

9.1 食品风险分析概述

风险分析（risk analysis）是对风险进行评估，根据评估结果制定相应的风险管理措施，以便将风险控制在可接受的范围内，并且保证风险各相关方能够顺畅地交流风险信息的过程。风险分析最早出现于环境科学危害控制领域，随着最近食品安全事件的爆发和食品国际贸易的增长，20 世纪 80 年代，食品安全领域开始引进并日益完善分析制度。

食品风险分析贯穿于"从农田到餐桌"整个食品供应链，各环节的食源性危害均列入风险评估的范围。风险分析包括风险评估、风险管理和风险交流三个方面的内容。其中，风险评估是整个风险分析体系的核心和基础，也是有关国际组织今后工作的重点。食品安全风险分析是风险分析在食品安全领域的应用，保证消费者在食品安全性风险方面处于可接受的水平。风险分析在食品安全管理中的目标是：分析食源性危害，确定食品安全性保护水平，采取风险管理措施，使消费者在食品安全性风险方面处于可接受的水平。也即风险分析的根本目标在于保护消费者的健康和促进公平的食品贸易。

9.1.1 风险分析基本概念

国际食品法典委员会（CAC）对风险分析的相关术语的定义如下。

（1）危害（hazard）

食品中潜在的将对人体健康产生不良作用的生物/化学或物理性因子。

（2）风险（risk）

将对人体健康或环境产生不良效果的可能性和严重性称为风险，这种不良效果是由食品中的一种危害引起的。

（3）风险源（risk source）

主要指具有潜在的引发不良效果的药剂、媒介物、商业/工业加工过程、加工步骤或加工场地。

（4）风险分析（risk analysis）

指对可能存在危害的预测，并在此基础上采取规避或降低危害影响的措施，是由风险评估、风险管理和风险交流三部分共同构成的一个过程。

（5）风险评估（risk assessment）

在特定条件下，当风险源暴露时，将评估对人体健康和环境产生不良效果的事件发生的可能性。风险评估过程包括：危害识别、危害描述、暴露评估和风险描述。

（6）风险描述（risk characterization）

在危害识别、危害描述和暴露评估的基础上，定量或定性估计（包括伴随的不确定性）在特定条件下相关人群发生不良影响的可能性和严重性。

（7）风险管理（risk management）

根据风险评估的结果，对备选政策进行权衡，并且在需要时选择和实施适当的控制，包括管理和监控过程。

（8）风险交流（risk communication）

在风险评估人员、风险管理人员、消费者和其他有关的团体之间就与贯穿风险分析整个过程风险有关的信息和意见进行相互交流。

9.1.2 风险分析框架

风险分析是一个结构化的过程，主要包括风险评估、风险管理和风险交流三个方面。在一个食品安全风险分析过程中，这三部分看似独立存在，但其实三者是一个高度统一融合的整体。在解决具体的食品安全问题上，具有非常密切的相互关系，在食品安全风险分析过程中缺一不可。在这一过程中，包括风险管理者和风险评估者在内的各个利益相关方通过风险交流进行互动，由风险管理者根据风险评估的结果以及与利益相关方交流的结果制定出风险管理措施，并在执行风险管理措施的同时，对其进行监控和评估，随时对风险管理措施进行修正，从而达到对食品安全风险的有效管理。

风险评估指对人体接触食源性危害而产生的已知或潜在的对健康不良作用的可能性及其严重程度所进行的一个系统的科学评估程序。风险管理是指在风险评估的科学基础上，为保护消费者健康、促进国际食品贸易而采取的预防和控制措施。风险交流是指在风险评估者、危险性管理者、消费者、企业、学术团体和其他组织间就危害、风险、与风险相关的因素和理解等进行广泛的信息和意见沟通，包括风险评估的结论和风险管理决策。三者在开展工作时是相互独立的，但是在任何一项食品安全任务中，只有三个部分的工作都得到了开展，才能称之为运用了风险分析（图 9-1）。风险评估是一个纯粹的专家行为，是独立评估，即专家在工作中不受任何政治、经济、文化、饮食习惯等的影响。但风险评估专家与风险管理者（政府）在工作中密切相关。一方面风险评估专家的任务来自风险管理者。另一方面，风险评估专家也要发挥积极主动性，向风险管理者建议评估对象的选择，风险评估所得到的结果要报告给风险管理者。

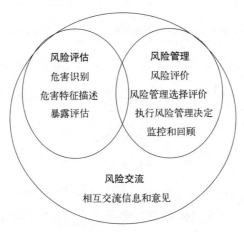

图 9-1　食品安全风险分析框架

风险管理是一个纯政府行为。政府接到专家的评估报告以后，根据当时当地的政治、经济、文化、饮食习惯等因素来制定政府的管理措施，如法律、法规、标准、检验技术等。

风险交流就是把所有的管理信息和评估信息都告诉与食品安全相关的利益相关者，包括专家、政府、消费者（最大的利益相关者）、媒体、食品生产经营者（包括养殖、种植产品生产者）以及消费者权益保护组织和行业协会等。风险交流是食品安全风险分析的三大组成部分之一，贯穿于整个风险分析的过程之中，也是食品安全管理的重要内容和目的所在。

9.2　食品风险评估

风险评估是风险分析过程的关键和核心，以科学研究为基础，系统地、有目的地评价已知的或潜在的一切与食品有关的对人体产生负面影响的危害。世界贸易组织（WTO）在《实施卫生与植物卫生措施协定》（SPS 协定）中将风险评估定义为："在食品贸易中，进口国根据可能采用的 SPS 措施，评价某些害虫或疾病进入其领土或存在、传播的可能性，以及潜在的生物学影响和经济影响，或对食品、饮料和饲料中的添加剂、污染物、毒素或致病菌的存在对人体和动物的健康可能造成的不良作用进行评估"。

国际食品法典委员会将风险评估定义为一个以科学为依据的过程，并在其程序手册中规定了明确的步骤。

① 危害识别　识别是否存在已知的或潜在的危害，证据是什么，并描述危害的程度等相关因素。

② 危害特征描述　定量、定性地评估食品中化学性、物理性和生物性风险，对化学性因素进行剂量-效应的评估。如果能够获得相关数据，对生物性因素进行剂量-效应评估。

③ 暴露评估　描述某种危害的暴露途径，并估计其摄入总量。

④ 风险特征描述　通过危害因素识别、危害描述和暴露评估，评估对特定人群可能产生的危害及其不确定性（图 9-2）。

风险评估的具体方法很多，使用较多的是四阶段法，即危害识别、危害特征描述、暴露评估和风险特征描述。

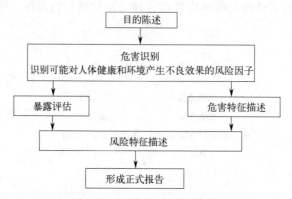

图 9-2　风险评估基本流程图

2021 年 4 月新修订的《中华人民共和国食品安全法》在第二章第十八条规定，有下列情形之一的，应当进行食品安全风险评估：①通过食品安全风险监测或者接到举报发现食品、食品添加剂、食品相关产品可能存在安全隐患的；②为制定或者修订食品安全国家标准提供科学依据需要进行风险评估的；③为确定监督管理的重点领域、重点品种需要进行风险评估的；④发现新的可能危害食品安全因素的；⑤需要判断某一因素是否构成食品安全隐患的；⑥国务院卫生行政部门认为需要进行风险评估的其他情形。

9.2.1　风险评估的基本过程

9.2.1.1　目的陈述

风险评估的目的陈述是清楚地说明风险评估的特定目的，定义风险评估的输出形式和可能的替代形式。主要针对风险评估的原因、目标、广度与重点等做出规定，还应包括所要求的数据，因为这些数据可能会因评估的重点、评估的运用和需要解决的相关不确定问题的不同而有所变化。风险评估的输出可能采用不同的形式，如对每年发生疾病的估计，对每年每 10 万人中疾病发生率的估计，或对每次摄入不同的食物时疾病发生概率的估计等。

9.2.1.2　危害识别

危害识别是识别可能对人体健康和环境产生不良效果风险源，可能存在于某种或某类食品中的生物、化学和物理风险因素，并对其特性进行定性、定量描述的过程。危害识别的关键是获得有效的公众健康数据和对特定条件下的危害来源、频率和媒介数量的预测。这些信息将用于随后的暴露评估，即食品的加工、储藏及分销（包括从加工到消费）等过程对所评估的风险因子的影响。

（1）风险因子

风险因子是促使或引起风险事件发生的条件，以及风险事件发生时，致使损失增加、扩大的条件。风险因子是风险事件发生的潜在因素，是造成损失的间接和内在原因。对风险因子可以按照本身的性质和在食品生产加工的不同环节进行分类。

① 按照风险因子的性质划分　食品安全的主要风险因子按照自身性质可分为物理性风险因子、化学性风险因子和生物性风险因子三类。物理性风险因子主要包括噪声、振动、光、核辐射、电磁辐射、热辐射等，可通过一般性措施进行控制，如良好操作规范（GMP）等。化学性风险因子根据来源大致分为天然含有、环境污染、人为添加和食品加工过程产生四大类。生物性风险因子是食品安全的重要危害因素，如食品中人兽共患病病原（细菌、病毒、寄生虫）、中毒性病原体、生物体有害组织器官等。

② 按照食品生产加工的环节划分　可将食品风险因子分为三类：

a. 食品农产品本身携带的风险因子。一般由农产品源头种植、养殖过程中因工业三废、施肥、施药等原因造成的污染，包括物理、化学、生物等风险因子。

b. 生产企业加工过程形成的风险因子。一般由企业加工工艺存在问题造成的风险因子，主要表现在出口食品农产品加工企业未能按照工艺要求操作；违规使用食品添加剂，甚至使用非法添加物；应用新技术、新工艺、新原料带来的问题，如转基因技术、现代生物技术、益生菌和酶制剂等技术在食品中的应用等。

c. 跟国际要求、社会关注度等有密切关联，需要引起出口生产企业和检验检疫部门重视的风险因子。

（2）危害识别的方法

危害识别的方法很多，主要包含一般调查估计与数学方法的几种不同组合分析方法，随着科学技术的发展与经验的逐渐丰富，分析的方法和手段将更加完善和合理。目前主要的食品危害识别方法包括宏观领域中的决策分析（食品供应链分析、市场环境分析等）、微观领域的具体分析（食品生产流程分析、食品风险追溯分析等）。

① 食品供应链分析　食品生产、经营过程是一个复杂的过程，它贯穿于整个食品供应链，因此，食品危害识别就应该贯穿于"从农田到餐桌"的整个食品供应链。从每一个食品供应链成员中采集和分析食品风险信息，准确地描述食品安全状况，描述存在的潜在的食品风险因子。

② 市场环境分析　由于许多食品风险直接来自消费者，在给消费者带来健康危害后才被发现。因此，面向市场环境的食品危害识别非常重要。食品风险分析者经过实际的市场调研，对相关食品在市场环境中的状况进行检测、分析，发现其潜在风险，并及时做出预警。

③ 食品生产流程分析（流程图法）　食品生产流程又称为工艺流程或加工流程，是指在食品生产工艺中从食品原料投入到成品产出，通过一定的设备按顺序连续地进行加工的过程。食品生产流程分析强调根据不同的流程，对每一阶段和环节，逐个进行调查分析，找出食品风险存在的原因；从中发现潜在的风险因子，分析食品风险发生后可能造成的损失和对全部食品生产过程造成的影响。

④ 食品风险追溯分析　许多国家开始构建食品风险追溯体系，实现"从农田到餐桌"的追踪和"从餐桌到农田"的溯源。食品风险追溯体系的建立，更加强调食品安全的全过程管理，以及依赖于关键环节的管理。食品风险追溯分析需要以标准化和信息化为基础，从而进行潜在风险因子的识别。

⑤ 食品风险专家调查列举法　由食品风险管理人员对食品企业或食品供应链可能面临的风险因子逐一列出，并根据不同的标准进行分类，可以将食品风险分为系统性风险和非系统性风险。

⑥ 背景分析法　通过对食品生产和经营过程中获得的各类食品检测数据，采用食品微生物预测技术，应用曲线和图表的形式描述食品状态的变化趋势，以研究引起有关风险的关键因子及其后果。如当温度或时间等因素发生变化时，将出现怎样的风险，其后果如何。背景分析法主要在于考察食品风险的范围及事态的发展，并对各种情况做对比研究，选择最佳的食品风险管理方案。

⑦ 分解分析法　指将一复杂的事物分解为多个比较简单的事物，将大系统分解为具体的组成要素，从中分析可能存在的食品风险及潜在损失的威胁。食品风险可以分解为经济风险、技术风险、资源风险、人员风险、环境风险等不同要素，然后对每一种食品风险做进一步分析。

⑧ 失误树分析方法　指以图解表示的方法来调查损失发生前各种失误事件的情况，或对各种引起事故的原因进行分解分析，具体判断哪些失误最可能导致损失风险发生。食品危害的识别还有环境分析、事故分析等方法。

⑨ 证据加权分析法　由于以上分析方法所获得的资料往往不足，因此，进行危害识别的最好方法是证据加权。此法需要对来源于适当的数据库、经同行专家评审的文献及诸如企业界未发表的研究报告的科学资料进行充分的评议。此方法对不同研究的重视程序有如下顺序：流行病学研究、动物毒理学研究、体外试验以及最后的定量结构-反应关系。

9.2.1.3　暴露评估

暴露评估（exposure assessment）是对可能通过食品和其他相关的暴露途径摄入的生物、化学和物理因素的定性和/或定量评估。它描述了风险因子进入食物链的途径以及在随后的食品生产、分销、消费过程中的分布和造成危害的情况。主要根据膳食调查和各种食品中化学物质暴露水平调查的数据进行。通过计算，可以得到人体对于该种化学物质的暴露量。暴露评估的最终目标是评价食品在被消费时风险因子的水平，可能会包括对实际的或预期的暴露的评估。按照风险评估的范围，暴露评估可包括，原料的初始污染和生产、加工、处理、分销过程的影响以及消费者食用前制备过程的影响（即每一步对所涉及的风险因子的影响），食品包装、分销和储藏的方法或条件（如储藏温度、环境的相对湿度、大气中的气体组成），不同条件（包括恶劣条件，如 pH、湿度或水活性、营养成分含量、抗菌物质的存在、微生物群的竞争）下影响食品中风险因子的食品特性。

（1）暴露剂量的类型

可分为给予剂量、吸收剂量、终生平均剂量和有效剂量。给予剂量指外界给予动物及其他生物体的剂量（给予剂量＝介质中危害物的浓度×每日摄入量/体重）。吸收剂量指危害物质通过生物屏障到达血液或其他组织的浓度（吸收剂量＝给予剂量×吸收率）。终生平均剂量指考虑介质摄入量与体重等因素，在一生中各年龄阶段的变化而计算出的剂量。有效剂量指以化学伤害的程度来表示的剂量。

（2）暴露评估准则

由于暴露评估需要进行的工作项目极多，若无可依循的准则常导致评估结果有极大的差异，为此，需要制定暴露评估准则。完整的暴露量应该包括以下几个方面：

① 单一化学危害物或混合物的基本特性；

② 污染源；

③ 暴露路径及对环境的影响；

④ 通过测量或估计的危害物浓度；

⑤ 暴露人群的情况；

⑥ 整体暴露分析。

食品添加剂、农药和兽药规定的使用范围和使用量可以通过膳食摄入量来进行估计。然而，食品中食品添加剂、农药和兽药残留的实际水平远远低于最大允许量，因为仅有部分农作物或家畜使用了农药和兽药，因此食品中或食品表面有时完全没有农药和兽药残留。食品中添加剂含量的数据可以从生产商那里取得，计算膳食污染物暴露量需要知道它们在食品中的分布情况，只有通过采用敏感和可靠的食品安全与风险管理的分析方法对有代表性的食物进行分析来得到。食品中食品添加剂、农药和兽药的理论摄入量必须低于相应的每日允许摄入量（ADI 值）。通常，实际摄入量远远低于 ADI 值。确定污染物的限量会遇到一些特殊的问题，通常在数据不足时制定暂行摄入限量。污染物水平偶尔会比暂行摄入限量高。在此情况下，限量水平往往根据经济或技术方面而定。根据测定的食品中化学物含量进行暴露评估时，必须要有可靠的膳食摄入量资料。评估时，平均数/中位数居民和不同人群详细的食物消费数据很重要，特别是易感人群。另外，必须注重膳食摄入量资料的可比性，特别是世界上不同地方的主食消费情况。

（3）暴露评估模拟模型

① 结合食品消费量及化学物浓度的暴露评估模型　当分别获得某种食品的消费量数据和该食品中某化学物浓度系列数据时，使用点评估、单一分布和概率分析来整合这些数据并提供暴露评估。

② 膳食暴露的决定论与概率论模型　概率分析在暴露评估中有两个最主要的优点：一是允许模型考虑所有暴露的分布情况，从最小到最大，所有的模式和比例；二是包括了对暴露结果不确定性参数灵敏性的一个综合分析。灵敏性结果分析允许风险管理者当暴露高到让人无法接受的程度时考虑不同风险管理措施的相对优点来减少暴露。因为概率分析所提供的信息是暴露全部分布，暴露模型能够推断出不同方案是如何对各部分分布产生影响的。概率分析能促进某些风险-利益分析，对于食品中存在的急性毒性的化学成分，如农药残留，概率分析可能非常有用，因为摄入量的点评估会经常不切实际地过高，也不能给暴露模型或风险管理者提供摄入量在整个群体中的发生模式。

概率论模型可以对变化和不确定性进行全面的分析，可靠性可从分析过程和结果中得到；容易理解关键物质的变化和不确定性以及它们对于分析的影响；容易理解重要的假设以及其对于分析和结果的重要性；容易理解不重要的假设以及知道其为何不重要；容易理解实际选择的假设或者模型可能产生的结果。

③ 急性与慢性摄入量模型　是否将单个数据或分布作为代表数据输入模型中可以区别点评估、单一分布或概率分析的膳食暴露模型。在考虑参数和模型结构时，必须对程序所构建模型的暴露状态做详细说明。当考虑急性毒性作用终点时（如农药残留物），利用安全标准来处理短期暴露的方法是不恰当的，因为在急性作用时间里（通常指一餐或一天）不应超过急性参考剂量，即在理论上食品消费量的数据必须基于一餐或一天的消费量。急性摄入量模型必须使用代表每一种食品、每一餐饮食、每一天和每一单个物质调查的数据，必须首先设计好记录每一餐详细数据的调查方法。高含量急性膳食暴露可以用一个保守的浓度值乘以单餐或单日消费量的上限比例（%）来评估（如"最差情况"点评估方法）。在个体消费食品中某种化学物的浓度变化很大的情况下进行急性暴露评估时，概率分析很快就成了首选。

当使用概率分析方法进行急性暴露评估时，可运用很多方法对食品消费量和化学物浓度的数据进行整合。这些方法可能有差别，如考虑单个个体的饮食在一天中发生时就作为一天的单点概率。当涉及慢性毒性时，长期暴露的评估就很必要。很显然，测量长时期或一个人一生中的食品消费量是不可行的。考虑由于在暴露评估中引入短时间的调查数据造成的不确定性，在食品消费量调查过程中，个体或群体的营养摄入量会产生较大的影响。短期调查的影响因素包括摄入量评估的低精密度，习惯于对较高或较低摄入量的高估和对个体中营养成分摄入量的错误分类。许多方法都建议利用短期的摄入量来推断长期的摄入量，因为短期的摄入量在不断地重复。将这些数据推行到一般化，从饮食和个体日摄入量的平均数和变化规律就可能评估出通常摄入量的比例。目前已有相关的分析软件可供应用。

9.2.1.4 危害特征描述

危害特征描述是对食品中可能存在的物理、化学和生物等影响健康的因素性质的定性或定量评价。危害特征描述的目的是评价食品中有害因子引起副作用的特征、严重性和持续性，通过使用毒理数据、污染物残留数据分析、统计手段、接触量及相关参数的评估等系统科学的步骤，对影响食品安全卫生质量的各种风险因子进行评估，定性或定量描述风险特征，提出安全限值。对化学性因素应进行剂量-反应评估；对生物或物理因素，如可得到数据时，也应进行及时的剂量-反应评估。评估方法一般是由毒理学试验获得的数据外推到人，计算人体的 ADI 值。

（1）剂量-反应评估

剂量-反应评估是描述暴露于特定化学物造成的可能危险性的前提，也是安全性评价的起点。剂量-反应评估典型要求是从高剂量到低剂量、从动物到人类类推。而这种高剂量到低剂量的外推过程，在量和质上皆存在不确定性。危害的性质或许会随剂量而改变或完全消失。如果动物与人体的反应在本质上是一致的，则所选的剂量-反应模型可能有误。人体与动物在同一剂量时，药物代谢动力学作用有所不同，而且剂量不同，代谢方式也不同。化学物在高剂量或低剂量时，代谢特征可能不同。因此，毒理学家必须考虑将高剂量的不良影响外推到低剂量时，与剂量有关的变化存在哪些潜在影响。

（2）遗传毒性和非遗传毒性致癌物

在传统上，毒理学家认同不良作用存在阈值，但致癌作用除外。在理论上，少数几个分子，甚至一个分子都有可能诱发人体或动物的突变而最终演变为肿瘤。因此，在理论上通过这种机制作用的致癌物没有安全剂量可言。致癌物可分为遗传毒性致癌物和非遗传毒性致癌物，前者是能间接或直接地引起靶细胞遗传改变的化学物，其主要作用的靶是遗传物质；非遗传毒性致癌物作用于非遗传位点，可导致靶细胞增殖、持续性的靶位点功能亢进或衰竭。研究表明，遗传毒性和非遗传毒性致癌物存在种属间致癌效应差别。非遗传毒性致癌物可用阈值方法进行管理，可采用观察的无作用剂量水平-安全系数法。对遗传毒性致癌物应当采用非阈值法进行管理，一是禁止该种化学物质的使用，二是制定一个极低的可忽略不计的对健康影响甚微或社会可接受的风险水平。

9.2.1.5 风险特征描述

风险特征描述在危害识别、危害描述和暴露评估的基础上确定事件暴发的概率和严重性，或对健康产生潜在不良影响的定性和/或定量评估的过程。风险特征描述将前面步骤中的所有信息进行整合，对给定人群或特定消费群的风险进行评价。最终风险评价的可信度取决于前面所有步骤中已确认的可变性、不确定性和假设。

（1）有阈值的化学危害物

对于化学物质风险评估，如果是有阈值的化学物，则对人群风险可以用摄入量与 ADI 值（或其他测量值）比较作为风险描述。如果所评价物质的摄入量比 ADI 值小，则对人体健康产生不良作用的可能性为零，即安全限值（margin of safety，MOS）＝ADI/暴露量，MOS≤1 时表示该危害物对食品安全影响的风险是可以接受的；MOS＞1 时表示该危害物对食品安全影响的风险超过了可以接受的限度，应当采取适当的风险管理措施。

（2）无阈值的化学危害物

如果所评价的化学物质没有阈值，对人群的风险是摄入量和危害程度的综合结果，即食品安全风险＝摄入量×危害程度。对于微生物危害的风险描述依据危害识别、危害特征描述、暴露评估等数据。风险描述提供特定菌体对特定人群产生损害作用能力的定性或定量估计。在风险描述时必须说明风险评估过程中每一步所涉及的不确定性及反映了前几个阶段评价中的不确定性。在实际工作中依靠专家判断和额外的人体研究以克服各种不确定性。

9.2.1.6　形成正式报告

风险评估应有完整而系统的记录。为确保风险评估的透明性，最终报告应特别指出所有与风险评估有关的限制条件和假设。

9.2.2　风险评估的方法

9.2.2.1　主观估计法

主观估计法就是用主观概率对风险进行估计，主观概率是根据对某事件是否发生的个人观点，取一个 0～1 的数值来描述事件发生的可能性和发生后所带来的后果。主观估计法常表现为某人对风险事件发生的概率和带来的后果做出的判断，这种判断比客观全面的显性信息判断所需的信息量要少。虽然主观估计是由专家或风险决策者利用较少的统计信息做出的估计，但它是根据个人或集体的合理判断加上经验和科学分析所得，因此在应用中有一定的成效。

（1）适用范围

主观估计法主要适用于资料严重不足或根本无可用资料的情况。对于那些不能进行多次实验的事件，主观估计法常常是一种可行的方法，使用这种方法关键是要有经验丰富的风险分析人员。

（2）具体操作步骤

① 选择对风险进行主观估计的相关人士；
② 确定被选相关人士的权重系数；
③ 各被选相关人士分别对风险进行评估；
④ 综合各被选相关人士的评估结果；
⑤ 确定风险水平。

（3）主观估计法优缺点

主观估计法决策速度快，无需太多的信息资料，但容易出现偏差，即估计的风险偏差较大，所以一般需要多人、多次对风险进行估计，如采用德尔菲法。

9.2.2.2 模糊数学法

风险的不确定性常常是模糊的,模糊数学法可用于风险分析和风险评估。在风险评估过程中,有很多影响因素的性质和活动无法用数字来定量描述,其结果也是含糊不清的,无法用单一的准则来判断。模糊数学从二值逻辑的基础上转移到连续逻辑上来,把绝对的"是"与"非"变为更加灵活的东西。在相当的限度上去相对地划分"是"与"非",这并不意味着数学放弃了它的严格性去造就模糊性,相反是以严格的数学方法去处理模糊现象。

(1) 适用范围

风险具有不确定性,而不确定性常常是模糊的。模糊数学方法普遍适用于各种风险的分析和评估。

(2) 具体操作步骤

① 确定模糊集合和模糊关系;

② 确定集合中各元素对应于模糊关系的隶属度;

③ 运用模糊运算确定被评估对象的程度大小。

(3) 模糊数学法优缺点

模糊理论给不清晰的问题提供了一种充分的概念化结构,并以数学的语言去分析和解决它们,使模糊问题可以量化,以致风险评估更加科学化和准确化,但是,在确定模糊集合中各元素对应于模糊关系的隶属度时仍然需要根据专家的经验。

9.2.2.3 蒙特卡罗模拟法

蒙特卡罗模拟法是由法国数学家 Johnyon Neumann 创立,由于该方法与轮盘、掷骰子等赌博原理类同,所以采用欧洲著名的赌城蒙特卡罗(Monte Carlo)命名。该方法又称随机抽样技巧或统计试验方法,是估计经济风险和工程风险常用的一种方法。蒙特卡罗模拟法的基本思想是将待求的风险变量当作某一特征随机变量,通过分析某一给定分布规律的大量随机数值,算出该数字特征的统计量,作为所求风险变量的近似解。具体方法是通过随机变量函数发生器产生一定随机数的概率模拟,理论上试验次数越多,分布越接近真实值,但实际中达到 50300 次后分布函数便趋于稳定,不再有显著变化。

(1) 适用范围

具有许多风险因素的风险事件评估,尤其在大型的、复杂的食品安全与风险管理中使用极为合理。

(2) 具体操作步骤

① 编制风险清单;

② 采用专家调查法确定风险因素的影响程度和发生概率;

③ 建立数学模型;

④ 用随机数发生器产生随机数序列;

⑤ 将随机抽样的数据进行模拟试验,取得计算结果后从中找出规律;

⑥ 分析与总结,用标准差检验结果,确定模拟可靠性程度,并根据可靠性确定是否另行试验。

(3) 优缺点

蒙特卡罗模拟法全面考虑风险事件的风险因素,可以直接处理每一个风险因素的不确定性，使决策更加合理和准确。它是一种多元素变化的方法，在模拟过程中可以编制计算机软件对模拟过程进行处理，节约了时间。此方法较注重对风险因素相关性的识别和评价，也给应用带来了难度，通常费用也比较高，但它对概率的分析偏差一般最小，从整个工程项目的经济性上来说，是最节省的方法之一。

9.2.2.4　故障树分析法

故障树分析法（fault tree analysis，FTA）是美国的沃森于 1962 年首先提出。FTA 是一种演绎的逻辑分析方法，遵循从结果找原因的原则，分析项目风险及其产生原因之间的因果关系，即在前期预测和识别各种潜在风险因素的基础上，运用逻辑推理的方法，沿着风险产生的路径，求出风险发生的概率，并能提供各种控制风险因素的方案。

（1）适用范围

具有清晰的风险事件结构以及新的、复杂系统的风险评估。

（2）故障树分析步骤

① 选取顶事件；

② 建立故障树；

③ 求故障树的最小交割集；

④ 求系统故障概率。

因为故障树的完善与否将直接影响分析结果的准确性，所以正确建立故障树是关键一步。

（3）故障树分析方法的优缺点

该方法表达直观，逻辑性强，不仅可以分析单一系统的风险，而且还可用于多重系统及人为因素、环境因素、控制因素及软件因素等引起的风险分析；既能用于定量分析，又能用于定性分析，同时能找出系统的薄弱环节；对于新的、复杂的、系统的风险分析结果可信度高。故障树的建造及计算过程复杂，限制了底事件的数量，因此复杂系统的 FTA 难以做到对事件详细研究，假定所有底事件之间相互独立，所有事件仅考虑正常和失效两种状态。

9.2.2.5　敏感性分析法

敏感性分析法是针对潜在的风险性，研究食品供应链体系中各种不确定因素，当其变化一定幅度时，计算主要的食品安全性指标变化率及敏感程度的一种方法。一般是分析食品供应链体系中的食品安全性随不确定因素变化的情况，从中找出对食品供应链影响较大的因素，然后绘出敏感性分析图，分析敏感度，找出不确定因素变化的临界值，即最大允许的变化范围。

（1）适用范围

在存在不确定因素的确定环境中，用于分析各种不确定因素的敏感性（贡献率）、寻找影响最大的不确定因素。

（2）敏感性分析法步骤

① 选定不确定因素，并设定这些因素的变动范围；

② 确定分析指标；

③ 进行敏感性分析；

④ 绘制敏感性分析图；

⑤ 确定变化的临界点。

（3）敏感性分析法的优缺点

敏感性分析法就各种不确定因素的变化对食品供应链安全性的影响进行定量分析，并且找出最敏感的不确定性因素，求出不确定性因素的临界值，有助于决策者了解食品供应链的风险情况，确定在决策过程中及食品供应链运营过程中需要重点研究与控制的因素。敏感性分析过程没有考虑各种不确定因素在未来发生变动的概率。在食品供应链运营过程中可能有这样的情况，通过敏感性分析得到的某个最敏感的不利因素对食品供应链影响十分严重，但在食品供应链运营过程中发生的可能性很小，也就是说实际的风险并不大；而不敏感的因素在未来发生不利变化的可能性却很大，它给食品供应链安全性所带来的风险就可能比那个最敏感因素更大。可见，敏感性分析无法解决风险的动态变化问题。

9.2.2.6 影响图

影响图（influence diagrams，ID）是表示决策问题中决策、不确定性和价值的新型图形工具，是一个由终点集和弧集构成的有向图。只有随机节点的影响图称为概率影响图，是影响图的一种特殊形式，其将概率论和影响图理论相结合，专门处理随机事件间的相互关系，对随机事件进行概率推理，并在推理过程中对事件发生的概率及其依赖于其他事件发生的概率做出完整的概率评估。影响图是复杂不确定性决策问题的一种新颖而有效的图形表征语言，数学概率完整，概率估计、备选方案、决策者偏好和状态信息完备。

（1）适用范围

影响图作为处理含有不确定性问题的工具，可广泛应用于决策分析、不确定性建模、工业控制、投资风险分析和人工智能等领域。

（2）具体操作步骤

① 对流程的每一阶段、每一环节逐一进行调查分析，从中发现潜在风险；

② 找出导致风险发生的因素；

③ 分析风险产生后可能造成的损失及对整个组织可能造成的不利影响。

（3）影响图的优缺点

影响图是决策分析模型的网络表示，图形直观明了、概念明确、表达力强；影响图能清晰地表示变量之间的时序关系、信息关系和概率关系；对于事件的状态描述不仅限于正常和失效两种方式，还可以描述事件的各种可能存在的状态。在分析问题方面，可以利用一个概率影响图进行多种顺序的评估过程，可以克服传统分析方法中分析顺序单一性的局限。目前还没有一种描述影响图的规范化方法和程序，描述影响图方法有较大的主观因素。

9.2.2.7 贝叶斯推断（Bayesian inference）原理

贝叶斯一词源于18世纪英国的一名牧师 Thomas Bayes，由于他的发现，使带有主观经验性的知识信息被用于统计推断和决策中。当未来决策因素不完全确定时，必须利用所有能够获得的信息，包括样本信息和先于样本的所有信息（其中包括来自经验、直觉、判断的主观信息），来减少未来事物的不确定性，这就是贝叶斯推断原理。贝叶斯推断原理的实质就是根据先验概率和与先验概率相关的条件概率，推算出所产生后果的某种原因的后验概率。

（1）适用范围

用于众多风险因素引起风险事件的情况，并且各种风险因素发生的概率和在每个风险因素条件下风险事件发生的概率均可以确定，由此在可确定各种风险因素影响程度的情况下进行风险事件评估。

（2）具体操作步骤

① 确定被评估的风险事件和引起风险事件发生的所有风险因素，且使各风险因素互不相关；

② 确定先验概率和条件概率；

③ 根据有关公式计算，计算结果即为各种风险因素对风险事件的影响程度；

④ 根据计算结果对所有风险因素进行分析和评估。

（3）贝叶斯推断原理优缺点

贝叶斯推断原理用于风险评估时，可在众多的风险因素中抓住主要因素，提高风险分析的效率，但运用这种方法时，先验概率和条件概率确定难度较大。

9.2.3　风险评估原则

风险评估应遵循以下原则，但在实施时需要根据评估任务的性质作具体调整。

① 风险评估应该是客观的、透明的、记录完整的和接受独立审核查询的。

② 尽可能地将风险评估和风险管理的功能分开。即使是在人力资源不足的国家，有些人既是风险评估者又是风险管理者的情况下，也要做到两者的功能分开。一方面要强调功能分开，但另一方面也要保持风险评估者和风险管理者的密切配合和交流，使风险分析成为一个整体，而且有效。

③ 风险评估应该遵循一个有既定架构的和系统的过程，但不是一成不变的。

④ 风险评估应该基于科学信息和数据，并要考虑从生产到消费的全过程。

⑤ 对于风险估算中的不确定性（uncertainty）及其来源和影响以及数据的变异性（variability），应该清楚地记录，并向管理者解释。

⑥ 在合适的情况下，对风险评估的结果应进行同行评议。

⑦ 风险评估的结果需要基于新的科学信息而不断更新。风险评估是一个动态的过程，随着科学的发展和 /或评估工作的进展而出现的新的信息有可能改变最初的评估结论。

9.2.4　风险评估的应用举例

联合国粮农组织和世界卫生组织对鸡蛋携带沙门菌的问题进行了风险评估，根据其最后整理形成的说明性概要，我们可以更好地理解风险评估的实际应用。

9.2.4.1　目的陈述

鸡蛋沙门菌风险评估的目标是：

① 为所有现存的有关鸡蛋沙门菌风险评估的信息建立资源文件，同时确定当前在资料方面需要填补的空缺，以便更加全面地处理这一问题。

② 开发样板风险评估框架和可供全球应用的模型。

③ 运用本项风险评估工作，来衡量风险管理中处理与鸡蛋沙门菌有关问题若干干预措施的效能。

虽然对潜在的缓解措施进行成本-效益分析将有助于风险管理人员决定实施哪些措施，但这不属于本项研究工作的范畴。

9.2.4.2 危害识别

沙门菌病是全世界报道最频繁的食源性疾病之一，其临床表现复杂，可分为胃肠炎型、类伤寒型、败血症型、局部化脓感染型，亦可表现为无症状感染。感染后出现发热、腹痛、腹泻、里急后重、脓血便等症状。沙门菌病潜伏期从8~72h不等。症状可能长达一个星期，程度由轻度到严重，偶尔也可致死。死亡病例多见于易感染人群，包括婴儿、老人和免疫系统缺陷者。据WHO的统计数据，每年全球约有1.15亿人感染沙门菌，其中约37万人死亡。

自20世纪70年代以来，沙门菌肠炎已经成为美洲和欧洲主要的沙门菌病。芬兰、瑞典、挪威和英国报告沙门菌肠炎发病率有了大幅度的提高。鸡蛋已经成为病原体的主要来源。肠炎沙门菌在许多国家之所以成为人类沙门菌疾病的主要病因，是由于这种血清型病菌具有定植于母鸡卵巢组织的能力，并且能够存在于蛋壳完整的蛋黄和蛋清里。

许多食物引起的肠炎沙门菌感染与食用生鸡蛋和含有生鸡蛋的食品有关，如家庭自制的蛋奶酒、面包蛋糊、冰激凌、蛋黄酱等。事实上77%~82%的沙门菌肠炎暴发与A级带壳鸡蛋或含鸡蛋食品、未完全煮熟鸡蛋和含有未完全煮熟鸡蛋的食品相关，如法式吐司、嫩煎鸡蛋和荷包蛋，这些也是沙门菌肠炎的重要来源。

沙门菌通过两种途径传入鸡蛋：通过卵巢传播（纵向传播）或通过蛋壳传播（横向传播）。在纵向传播过程中，沙门菌在蛋壳形成之前从被感染的卵巢或输卵管组织传入鸡蛋。而横向传播则一般来自排泄物对蛋壳的污染，其中也包括环境中带菌媒介的污染，如农民、宠物和啮齿动物。纵向传播被认为是沙门菌污染的主要途径，而且较难控制，而横向传播能通过对环境的清洁和消毒得到有效的抑制。

9.2.4.3 危害特征描述

（1）资料来源

联合国粮农组织和世界卫生组织通过法典通报函请各成员国提供资料。关于沙门菌病暴发的资料是通过各种途径获取的，包括发表的文献、国家报告和未公布的资料。日本厚生劳动省提供了其从1997年以来通过调查所取得的16次暴发的未公布资料。这些资料特别有用，因为其中包含了致人患病食物中所含微生物数量的数据。

（2）关于数据库的说明

在联合国粮农组织和世界卫生组织所收到的33份有关暴发情况的报告中，23份包含充分的数据说明受影响人群的数量、患病人数和所涉及食品里微生物的数量，使计算剂量反应关系成为可能。23次暴发中有3次被排除在外，因为受影响人员的免疫状况无法确定。余下的20次就构成了数据库，用来计算剂量反应关系。在数据库所存的20次暴发情况中，11次发生在日本，9次发生在美国。在日本的11次暴发中，受影响的人数（约14037人，占数据库总人数的52%）与美国9次的受影响人数（约12728人，占48%）大致相当。这些数字都是近似值，因为在某些情况下受影响的人数只能根据暴发报告进行估计。数据库里的总发病率为21.0%（在26765受影响人员中有5636人发病）。日本的发病率（27.4%）高于美国（15.6%）。这些暴发与几种血清型相关，包括肠炎型（12次）、鼠伤寒型（3次）、海德尔堡型、婴儿型、新港型和奥拉宁堡型等。其中涉及几种媒介物，包括食品（肉类、鸡蛋、奶制品及其他）、水和医用染色胶囊（胭脂红染色剂）。

　　日本厚生劳动省提供的报告是很有参考价值的信息来源，它们提供了基于现实生活的剂量反应关系并且在很大程度上扩大了沙门菌致病性的数据库。这些报告里的数据产生于对日本一次由食物引起的暴发后所作的流行病学调查。根据日本的一份通知（于 1997 年 3 月生效），建议大规模的食品加工点（每天准备 750 以上人次的饭菜或一餐 300 道以上食品）留出部分食品，以便将来疾病暴发时可供分析使用。这一通知也适用于规模较小但负有社会责任的厨房，如学校、日托中心以及其他儿童和社会福利机构的厨房。每一种未加工食品原料和已烹饪食品须保留 50g，在 −20℃ 的环境中冷冻保存两周。虽然这一通知不是强制性的，但却得到了很大程度的遵守。日本一些地方政府也通过地方性法规要求保留食品，但对保存时间和储存温度的要求各不相同。

　　（3）剂量反应关系的说明

　　因为拥有相当大量、反映对暴露于沙门菌引起疾病可能性（关于暴发的数据）所作实际观察的数据集，这为确立以数据为依据的剂量反应关系提供了独特的机会。使用了 β-泊松模型作为这一关系的数学形式，并且把它拟合进了疾病暴发的数据。运用了极大似然法，以使所生成的曲线能最好地与数据相符。并运用了以双重假设为基础的使统计偏差最小化的迭代法，以优化相符性。

　　通过复核暴发数据和把不确定因子分布到所观察到的具有潜在不确定性的变量上，把暴发数据集里的不确定因子拟合进了相应的程序。说明了与每次暴发相关各种假设的详细汇总和对每一种变量不确定因素的估计范围。表 9-1 提供了数据集的汇总，其中含有各种变量的不确定因子。

表 9-1　在所报告暴发数据中赋予变量的不确定性范围

暴发	血清型	对数剂量(不确定性)		反应(发病率)(不确定性)	
		最小	最大	最小	最大
1	鼠伤寒型	1.57	2.57	11.20%	12.36%
2	海德尔堡型	1.48	2.48	28.29%	36.10%
3	库伯纳型	4.18	4.78	60.00%	85.71%
4	婴儿型	6.06	6.66	100.00%	100.00%
5	鼠伤寒型	3.05	4.05	52.36%	57.64%
7	纽波特型	0.60	1.48	0.54%	2.59%
11	肠炎型	4.00	5.00	100.00%	100.00%
12	肠炎型	1.00	2.37	6.42%	7.64%
13	鼠伤寒型	8.00	8.88	100.00%	100.00%
18	肠炎型	5.13	5.57	60.00%	60.00%
19	肠炎型	6.03	6.48	87.70%	103.51%
20	肠炎型	2.69	3.14	18.61%	36.41%
22	肠炎型	6.02	6.47	52.17%	61.32%
23	肠炎型	5.53	5.97	84.62%	84.62%
24	肠炎型	1.45	1.89	12.19%	23.96%
25	肠炎型	3.36	3.80	39.85%	39.85%
30	肠炎型	3.53	3.97	60.14%	70.90%
31	肠炎型	2.37	2.82	25.62%	30.04%
32	肠炎型	1.11	1.57	26.92%	26.92%
33	奥拉宁堡型	9.63	10.07	100.00%	100.00%

　　注："暴发"是指报告主体中所列的暴发数。

　　为了剂量-反应模型适合不确定的暴发数据，根据不确定性的分布对数据作了重新取样，在每一样本的基础上又产生出了一套新的数据集。然后把剂量-反应模型拟合进每一个重新取样所生成的数据集。这个过程重复了大约 5000 次，生成了 5000 个剂量-反应数据集，向其中拟合了 5000 条剂量-反应曲线。就疾病暴发所影响的人群而言，所使用的拟合程序更加强调通过数量较大人群把曲线拟合，这主要是双名假设的结果，并且与数量较大的人群相比，对数量较小人群观察所取得数据的偏差比较大。

不可能获得在统计学上显著的单个"最恰当的"、适合所有暴发数据点预期值的曲线。然而，对所观察到的暴发数据与拟合剂量-反应模型的相符要优于其他已发表剂量-反应模型的描述。有一点很重要，需要加以说明：图 9-3 背景中所示任何一个已定剂量的可能反应范围并不表示剂量-反应适合性的统计置信度范围，而是 β-泊松模型在考虑不确定性的前提下对被观察数据在不同情况下实现的最佳适合。

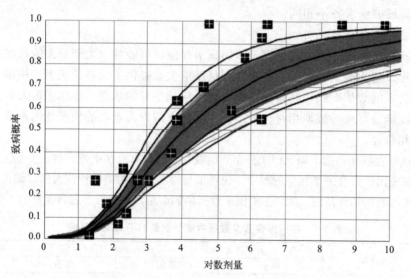

图 9-3 剂量-反应曲线的不确定性范围与不确定暴发观察样本拟合，叠置于所生成的剂量-反应曲线之上

图 9-3 比较了拟合曲线和预期值，也显示了上界、下界、预期值、符合 5000 个数据集的剂量-反应第 97.5 和第 2.5 的百分位。拟合剂量-反应范围很好地契合了观察到的暴发数据，特别是在较低和中等剂量的范围内。高剂量的范围比较大，这是因为曲线通过几次低剂量和中等剂量的大范围暴发，而两个高剂量数据点所代表的是规模较小的暴发，从而就允许有比较大的拟合"弹性"。因为这个拟合程序为 5000 个数据集中的每一个产生一条剂量-反应曲线，所以也就有了 5000 个 β-泊松剂量-反应参数（α 和 β）。为了把剂量-反应关系应用于风险评估，理想的方法是在所生成的参数集中随机取样，由此画出所示剂量-反应曲线。作为另一种选择，也可能运用上界、下界、预期值、第 2.5 百分位或第 97.5 百分位来表示剂量-反应关系的不确定性范围，这与参数集取样得出的充分说明不同。在进行剂量-反应分析时，关键的区域是低剂量区，因为这些是现实生活中最可能存在的剂量。遗憾的是这也是现有实验数据最少的区域。暴发数据所包括的范围要远远低于实验性饲养试验常用的量，从而给暴发剂量-反应模型所生成的剂量近似值提供更大的可信度。

（4）剂量-反应关系的分析

肠炎沙门菌的一些菌种，特别是近年来从有所增加的与鸡蛋相关的暴发中分离出来的噬菌体型菌种，可能比其他血清型沙门菌的感染性更强。针对肠炎沙门菌评价了 12 个数据集，而对其他的血清型只评价了 8 个。根据用来研究剂量-反应关系的暴发数据，不能得出肠炎沙门菌有可能导致与其他血清型沙门菌病不同的疾病的结论。然而一旦感染病情会日益严重的情况未被评价。曾经试图发现不同的剂量-反应曲线是否适用于以年龄和"易感染性"为基础划分的不同人群。把五岁以下儿童沙门菌的发病率与人口的其余部分做了比较，但是并没有显示这一部分人群的风险更大一些。需要说明的是可能是暴发数据库还没有大到足以显示所存在的真正差异。病况的严重程度可能潜在地受到病人的年龄和沙门菌种血清类型的影响。但是以现有数据库的信息还不足以获得这些因素的定量估计值。

与暴发数据拟合的剂量-反应模型为摄取某一剂量沙门菌后的发病概率提供了一个合理的估计值。这个模型建立在观察到的实际数据基础之上，所以不存在运用纯粹实验数据所不可避免的缺陷。然而，现有的暴发数据也存在相关的不确定性，并且有些暴发数据点还需要对之作出推测。但从总体上考虑，本项工作所生成的剂量-反应模型可以用于风险评估，而且所得出的估计值符合从暴发中所观察到的数据。

9.2.4.4　暴露评估

鸡蛋沙门菌的暴露评估由生产单元、带壳鸡蛋加工和分销单元、蛋制品加工单元和烹饪、食用单元组成。生产单元预测鸡蛋被肠炎沙门菌污染的概率。带壳鸡蛋加工和分销单元以及烹饪、食用单元预测人类由于被污染的鸡蛋而暴露于各种剂量肠炎沙门菌的概率。该工作所开发的模型结合了已经在国家一级开发出来的各种模型。一般把暴露评估的结果输入危害特征鉴定，由此得出风险特征鉴定的最终结果，此结果即为人类食用一份含鸡蛋食品患病的概率（图 9-4）。

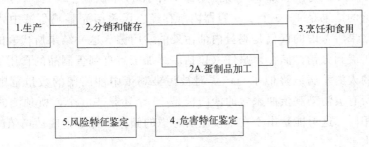

图 9-4　鸡蛋沙门菌风险评估的分阶段图解表

9.2.4.5　风险特征描述

本风险特征描述是经专门研究而形成的，有意使它不代表任何一个具体的国家和地区。然而若干模型的输入数据是以源于具体国家情况的事实或假设为依据的，所以在用此模型推断其他国家的具体情况时需要谨慎。

暴露评估考虑了蛋黄遭污染鸡蛋和在加工成蛋制品前沙门菌在鸡蛋内增殖的情况，而这些问题是以前鸡蛋沙门菌暴露评估所没有处理的。与蛋黄未遭污染的鸡蛋相比，蛋黄遭污染鸡蛋内部的沙门菌或许会增殖得更快。带壳鸡蛋模型得出的结果是食用一份鸡蛋菜肴致人患病的概率。这个概率是人群所食用所有（已污染和未污染的）鸡蛋菜肴的加权平均值。显然，如果我们对各鸡蛋菜肴分别加以考虑，那么每一份所引起的风险是可变的（例如，一份含有 100 个微生物的菜肴比仅仅含有一个微生物菜肴的致病性要大得多），但是有意义的数值是人群患病的可能性。这种每份食品的风险可以解释为一个人食用了一份随机的食品后患病的可能性。

本模型所预测患病风险的范围从至少 0.2 病例/1000000 份带壳鸡蛋到 4.5 病例/1000000 份带壳鸡蛋。所考虑的情况代表了近似于世界若干国家和地区的各种现实。然而本模型的输入和输出数据没有特意反映某个具体国家。考虑了鸡群带菌率的三个数值（5%、

25％和50％）和鸡蛋储存的三种时间和储存温度（低、基本水平、高）。当鸡群的带菌率为5％和储存时间与温度为低水平时（表9-2），预测的患病风险最低。在这种情况下，计算得出的风险是一千万份食品引起2个病例（0.00002％）。当鸡群的带菌率为50％和储存时间与温度为高水平时，预测的患病风险最高。在这种情况下，计算得出的风险是一百万份食品引起4.5个病例（0.00045％）。

表9-2　每份鸡蛋食品致病概率预测

鸡群的带菌率	储存时间、温度情况		
	低	基本水平	高
5％	0.00002％	0.00002％	0.00004％
25％	0.00009％	0.00012％	0.00022％
50％	0.00017％	0.00024％	0.00045％

风险的变化大致与鸡群带菌率的变化成比例。例如，鸡群5％的带菌率是25％的五分之一，相应的5％带菌率情况下的发病风险也是25％带菌率情况的五分之一。同样在其他输入数据稳定的条件下，把鸡群25％带菌率翻倍到50％，发病风险也大致增加一倍。

虽然风险变化的程度反映了基于基本情况的变化，但是这些模拟显示，例如，改变从农场到餐桌过程中的储存时间和温度意味着对致病风险会引起不成比例的巨大影响。此外，得出的每份食品的致病概率可以用来估计某一人群患病的数量。例如，一个地区有100群产蛋母鸡，每群有10000只母鸡，那么可以预期每年有1300个病例。

蛋制品模型的结果是4500个1kg容器内所存经巴氏杀菌完整鸡蛋液中残余沙门菌数量的分布。这一结果所考虑的仅仅是鸡蛋内部污染的沙门菌。这一结果所代表的人类健康风险并不包括模型扩展到分销、储存、烹饪（包括后续加工）直到蛋制品的食用等情况。

每份食品的人类发病风险似乎与产蛋时被污染鸡蛋中沙门菌的数量范围关系不大。例如，无论假设所有被污染鸡蛋原来含的沙门菌是10个还是100个，所预测的每份食品引起的发病率大致相同。这可能是由于在本模型所考虑的储存条件下沙门菌增殖的影响大于鸡蛋原来的受污染水平。

应该注意作为本风险评估基础的现有数据是有限的。对于鸡蛋内含微生物计数的依据仅仅是63个被沙门菌污染的鸡蛋，而且部分是对被污染鸡蛋中微生物密度的估计值。因为数据有限，难以反映不确定性和可变性。此外，对于统计不确定值和模型不确定值都没有充分地加以探索。

9.3　食品风险管理

风险管理是根据专家的风险评估结果权衡可接受的、减少的或降低的风险，并选择和实施适当措施的管理过程，包括制定和实施国家法律、法规、标准以及相关监管措施。风险管理的目标是根据风险评估的结果，选择和实施适当的管理措施，尽可能有效地控制食品风险，从而保障公众健康。风险评估的评价结果适用于任何国家和社会。风险管理要受不同政治、文化、经济因素的影响，它的目的是选择管理上述风险的必要措施，具有政策性的功能。当监测数据显示某种食品对消费者的健康可能造成危害时，即需要进行风险管理。政府风险管理者必须采取适当的控制措施来管理这种风险，为了使消费者能更清楚地理解风险，风险管理者必须邀请食品科学专家进行风险评估。

9.3.1　风险管理的程序

风险管理的程序可分为四个部分：风险评价、风险管理选择评价、执行风险管理决定，以及监控和回顾。

（1）风险评价

风险评价的基本内容包括确认食品安全性问题、确定风险概况、对危害的风险评估和风险管理优先性进行排序、为进行风险评估制定风险评估政策、进行风险评估、风险评估结果的审议。

（2）风险管理选择评价

风险管理选择评价包括确定现有的管理选项、选择最佳的管理选项（包括考虑一个合适的安全标准）和最终的管理决定。

（3）执行风险管理决定

指的是有关主管部门，即食品安全风险管理者执行风险管理决策的过程。

（4）监控和回顾

指的是对实施措施的有效性进行评估，以及在必要时对风险管理和（或）评估进行回顾。

9.3.2　风险评估政策

风险评估政策是指价值的判断准则和可能用于风险评估过程中特定决策点的政策选择。确定风险评估政策是风险管理的一部分，风险评估政策是风险管理者与风险评估人员共同制定的，并要确保风险评估的科学完整性。这些政策应当文件化，以保证连续性和透明性，如建立暴露于风险的群体、建立危害等级划分标准以及安全因子应用准则等都属于风险评估政策确定的范围。

9.3.3　风险概括

风险概括是描述食品安全问题及其原因的过程，是为了识别与各种风险管理决策相关的危害或风险因子。风险概括包括了对与优先排列和确立风险评估政策相关的各种危害的识别，也包括了对与安全标准和管理选择有关的风险的识别。典型的风险概括可能包括：情况简介；涉及的产品或商品；风险预期值，如人类健康、经济发展；潜在的结果；消费者对风险的洞察以及风险与利益的分布。

9.3.4　风险管理原则

（1）风险管理具有一个基本程序

包括风险评价、风险管理选择评估、执行管理决定以及监控和回顾。通常情况下，完整的风险管理过程要依照上述程序进行，但该程序也不是严格确定的，要根据具体情况加以选择应用。

（2）在风险管理决策中要坚持以人为本的原则

保护人健康应当是首先考虑的因素，风险的可接受水平应主要取决于对人体健康的影响，同时可适当考虑如经济费用、效益、技术可行性、对风险的认知程度等因素。

（3）要正确处理风险评估和风险管理之间的关系

首先，为了保证风险评估的科学性，风险评估人员的评估活动必须是独立自主的，不能受到风险管理者或者是企业的干扰。其次，风险管理是在风险评估结果的基础上，结合当时当地的政治、经济、文化、饮食习惯等因素来制定政府的管理措施。

（4）风险评估政策的确定是风险管理的一个重要组成部分

风险评估政策是为价值判断和政策选择制定准则，这些准则将在风险评估的特定决定点上应用，因此最好在风险评估之前，与风险评估人员共同制定。从某种意义上讲，决定风险评估政策往往成为进行风险分析实际工作的第一步。

（5）对于未知风险的预防性原则

由于科学发展水平的限制，某些风险往往不能被完全估计或及时发现。在这种情况下，为了使风险降至最低，风险管理可采纳预防性原则。一方面要根据当前最新最可靠的科学研究成果作出判断，同时也要考虑将要采取的风险管理措施对社会及经济发展的影响。

（6）在确定风险管理决策时应当充分考虑风险评估结果的不确定性

风险评估本身就是对某种事件发生的可能性的估计，因此，风险评估结果并非确定无疑。在风险管理者制定合适的风险管理政策时，要与风险评估专家进行密切联系，以减少评估结果的不确定性带来的限制。

（7）风险管理的交流、决策以及执行都要坚持透明性的原则

只有公开、透明的风险管理过程才能赢得风险利益链上相关人员的理解和认可，才能争得消费者的信心，最大限度满足消费者的需求，确保食品安全管理的效果。同时，公开透明的交流可以更加有效地综合考虑各方的意见和建议，减少不必要的误解和由此带来的风险管理上的阻力。

（8）重视风险管理的监控和回顾

执行管理决定之后，应当对控制措施的有效性以及对暴露消费者人群的风险影响进行监控，以确保食品安全目标的实现，同时给食品风险管理的后续发展打下良好的基础。

9.4 食品风险交流

风险交流（risk communication）是在风险评估人员、风险管理人员、消费者和其他有关的团体之间就与风险有关的信息和意见进行相互交流。也包括通过适当的工具和渠道将决策形成过程的结果与消费者进行交流。无论是专家的风险评估结果，还是政府的风险管理决策，都应该通过媒体或政府渠道向所有与风险相关的集团和个人进行通报，而与风险相关的集团和个人也可以并且应该向专家或政府部门提出他们所关心的食品安全问题和反馈意见，这个过程就是风险信息交流。交流的信息应该是科学的，而交流的方式应该是公开和透明的。交流的主要内容包括危害的性质、风险的大小、风险的可接受性以及应对措施。食品安全风险交流并不是食品安全风险分析的最后一步，而是自始至终贯穿于评估者、管理者和利益相关方信息交流过程中。

9.4.1 风险交流目的

人们希望通过风险交流达到以下目的：

① 提高风险分析的效果和效率，使得各风险分析机构间可以更好地进行沟通和互动，共享掌握的信息和数据，提高评估结果的可靠性；

② 通过有效的风险交流消除消费者对潜在危害的误解，消费者通过深入参与风险评估

和风险管理过程，从更科学的角度审视食品质量安全问题，增强了风险防范的意识和能力，也必然会增强对食品质量安全的信心，从而形成良性的循环；

③ 确保各利益相关方对风险分析全过程信息的了解，使得风险分析的局限性能够被公众所理解和接受，进而使风险管理决策的制定、选择和执行能够被广大消费者和食品行业从业者所认同。

9.4.2　风险交流原则

① 在制作风险交流的信息资料时，应分析交流对象，了解他们的动机和观点，倾听所有相关方的意见。

② 交流过程中风险评估者必须有能力解释风险评估的概念和过程。使风险管理者和其他相关方能清楚地了解其所处风险。

③ 风险交流工作者应当具有向各方传达容易理解的信息的专门技能，包括培训等，同时应确保信息来源可靠。

④ 参与风险交流的各方（如政府、企业、媒体）尽管职能不同，都应对交流的结果负有共同的责任。即管理措施必须以科学为基础，所有参与风险交流的各方，均应了解风险评估的基本原则、内容以及作出风险管理决策的政策依据。

⑤ 在考虑风险管理措施时，有必要将"事实"与"价值"分开。风险交流者应能够向公众说明设定可接受风险水平的理由。许多人将"安全的食品"理解为零风险的食品，但众所周知零风险通常是不可能达到的。在实际生活中，"安全的食品"通常意味着食品是"足够安全的"。解释清楚这一点，是风险交流的一个重要功能。

⑥ 为了使公众接受风险分析过程及其结果，这个过程必须保持透明。除因为合法原因需保密外（如专利信息或数据），风险分析中的透明度必须体现在其过程的公开性和可供有关各方审议这两方面。

⑦ 所有各方都应正确认识风险。

9.5　食品风险控制概述

针对产生的食品风险，政府和食品供应链成员应建立有效的食品安全管理体系进行食品风险控制。风险控制是食品安全管理的核心，在全球经济一体化的背景下，食品安全已经不再是某一个国家和地区的问题，任何一个国家或地区的食品安全问题，都会对全球的食品生产与食品贸易带来深远影响。加强食品安全的风险控制尤为紧要。

9.5.1　食品风险控制的定义

食品风险控制是指依据在食品风险识别、评估和预测基础上获得的风险信息而制定预防性对策，并采取一定方法控制食品风险的过程。包括食品风险规划制定、食品风险解决方案编制、食品风险监控计划生成、食品跟踪和纠正等活动。食品风险控制对整个食品供应链，对个人，乃至对整个社会都会产生重要影响。食品风险等级的建立，使风险管理者能够针对不同的食品风险等级，采用不同的控制措施。

9.5.1.1　食品的风险等级

根据食品的高风险、中风险和低风险分类，应采取相应的对策。对于高风险食品应实时监测食品供应链全过程，并对风险及时做出反应；对于中风险食品应定期监测食品供应链的关键环节，并对风险做出有效反应；对于低风险食品应采取一定的措施对食品生产和经营的关键环节进行监测，进行风险控制。

9.5.1.2　食品风险的等级划分

通常将食品风险分为四级：食品风险等级为一级的是不可承受的，极其危险的，必须果断地采取控制措施加以控制；风险等级为二级的是高度危险，必须立即采取措施进行风险控制；风险等级为三级的是显著风险，应尽可能采取措施降低风险程度；风险等级为四级的是可接受的风险，不必采取另外的控制措施，需要监测来确保控制措施的有效性得以维持。

9.5.2　食品风险控制数学模型

食品风险控制的核心问题是实现对风险发生的自然因素及人为因素等的合理调控。从理论上讲，食品风险控制是一个自然控制论的具体工程技术问题。因此，可以描述食品风险控制的数学模型。目前国内外关于食品安全评价的模型已有不少，主要包括综合指数法和整体状态评估法。综合指数法最具有代表性，首先筛选出能够评价食品安全的指标，建立综合评价指标模型并对需要评价的问题进行评价。设欲利用或调控的自然因素的一部分变量及与之有相互作用的变量全体为集合 X（P，t），它是随空间点 P 和时间点 t 而变化的。设 X 由 m 个分量 X_i（$i=1$，2，$\cdots$，m）组成，即 X 为依赖于 P 和 t 的 m 维向量：

$$X（P，t）=[X_1，X_2，\cdots，X_m]^{\mathrm{T}} \tag{9-1}$$

又设与之有关的人类活动或人为变量为 Y（P，t），它是一个 n 维向量，其分量为 Y_j（$j=1$，2，$\cdots$，m），则有：

$$Y（P，t）=[Y_1，Y_2，\cdots，Y_n]^{\mathrm{T}} \tag{9-2}$$

这些变量直接或间接地作用于自然因素变量 X（P，t）上，从而改变着或扰动着 X（P，t）的演变过程，于是自然因素 X 的演变，同时由其自身及人为因变量 Y 所决定，这种演变过程的规律性由偏微分方程所制约，即：

$$\frac{\partial X}{\partial t}=L（X，Y，t） \tag{9-3}$$

初始条件 $X\mid_{t=t_0}=X^{(0)}$（P）以及边界条件（X，Y，t）$\mid \partial\Omega=G$。式中，t_0 为研究该自然因素过程的起始时刻，$\partial\Omega$ 为所研究的自然因素空间 Ω 的边界，$X^{(0)}$ 和 G 为已知函数，而 L 为某些算子。

显然，人类对自然因素的实际调控活动受其自身的能力（如技术、经费）所限，因此，Y 受其某些泛函或范数 $\parallel \cdot \parallel$ 所限，即：

$$\parallel Y \parallel \leqslant C \tag{9-4}$$

式中，C 为限制常数，或人类要求改变后的自然因素与人们期望的自然因素条件（X_{p}）之间的差距较小，即 $X-X_{\mathrm{p}}$ 的某种范数 $\parallel \cdot \parallel$ 要满足一定的限制条件：

$$\parallel X-X_{\mathrm{p}} \parallel \leqslant D \tag{9-5}$$

式中，D 为限制常数。

食品风险控制就是要在满足式（9-4）和式（9-5）或式（9-4）或式（9-5）的限制条件下，寻找一种合理或最优的人为活动 Y，使得风险控制效益最优，这个效益自然是由改变后的自然因素变量 X 和人为因素变量 Y 决定的，即要求某种反函数最优。这"最优"的意义可以是"最大"，也可以是"最小"。

9.5.3　食品安全风险控制

9.5.3.1　食品安全风险控制模式的设计

食品安全风险控制模式是指通过一定的技术手段、方式、方法及管理制度，对食品供应链从源头到消费的各环节实施系列方案的集合，目的在于消除食品链各环节的潜在危害，防范食品安全风险或降低风险程度。食品安全风险控制模式设计的思路是：根据食品安全风险管理的基本流程，以食品安全风险因素及风险形成机理分析为基础，综合确定食品供应链关键控制环节及各环节风险控制方式。影响食品安全风险的因素主要体现在源头供应、食品加工、食品物流及分销、餐饮等四个环节，每个环节都存在多个导致食品风险发生的危害源。从本质上看，致使这些危害因素存在和产生影响的根本原因在于食品供应链的不协调和信息不共享，因此，食品安全风险控制必须以食品供应链的协调和信息共享为前提，从食品链的关键环节进行风险控制。

另外，由于食品供应链的多环节特性，在设计风险控制模式时还应遵循以下两条原则。一是层次可分性。由于影响因素涉及从宏观到微观、从外部环境到食品链内部环节的诸多因素，利用系统的层次性特点，将食品安全风险按照其危害源进行分解，相应的风险控制模式也表现出层次可分的特点，每一具体环节将采取不同的防范、控制措施，使控制方式可操作和有效。二是集成性，影响食品安全风险的因素除技术层和管理层的因素外，供应链节点的组织模式、人员素质也是非常重要的因素，因此，应将技术、管理与组织模式和员工管理进行综合考虑。

9.5.3.2　食品安全风险控制总体模式

根据食品安全风险控制模式的设计可建立食品安全风险控制总体模式（图9-5）。

① 从食品供应链层面看，在从农田到餐桌的食品供应链中，源头供应、食品加工、物流/分销、餐饮消费对食品安全风险有显著影响，因此，在基于供应链的食品安全风险控制模式示意图协调和信息共享的基础上，通过"组织模式优化""技术投入""过程管理""员工培训"等方式，实行对食品供应链各环节的风险控制。对食品供应链整个过程同时进行重点控制，必须以各环节之间的协调及各环节控制主体之间的合作为前提，以供应链范围共享的信息平台为基础。食品供应链的协调、信息共享平台是风险控制模式的重要组成。

② 从宏观环境来看，国家政策法规、标准、食品安全检测条件、消费者需求及媒体监督作用等，对食品安全风险亦具有重要影响，而且风险控制微观措施的实施也需要这些外部条件的支撑。因此，政策法规标准、执法监管部门、国家范围的风险监测网及食品安全风险预警系统、消费者和媒体的监督等，对于食品安全风险防范具有积极的作用，应纳入风险控制模式的宏观层面（图9-6）。

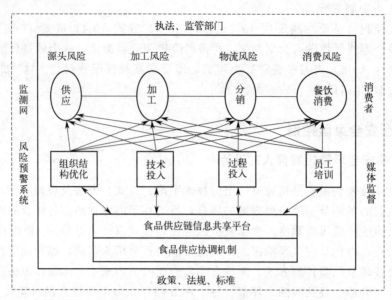

图 9-5　基于供应链的食品安全风险控制模式示意图

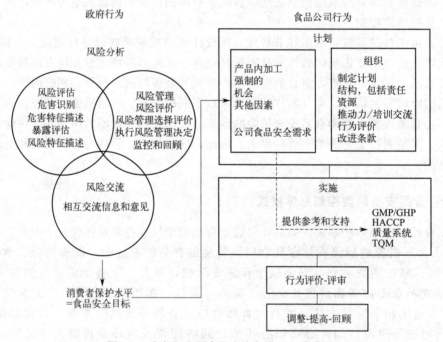

图 9-6　政府和公司食品安全行为的相互作用

9.5.3.3　食品供应链关键环节风险控制

（1）食品链源头供应环节风险控制策略

小规模的、分散的农产品种植方式使一些先进的农业生产技术和安全管理规范难以推广应用，导致农产品质量、数量的不稳定，难以从根本上保证农产品质量安全。因此，源头农产品供应环节风险控制既复杂又重要。

① 优化农产品供应组织模式　打破农产品分散种植、完全凭经验管理的模式，建立便

于集约化管理和规范化操作的先进农产品生产供应组织模式，有利于推广良好农业规范（good agricultural practice，GAP），对农药、化肥、饲料等生产要素本身的质量和施用方式进行监控管理，从而控制农产品残留物风险。我国农产品生产的主体是广大分散的小农户，农业发展相对比较滞后。但近年来，整合分散生产的新模式被引入，最为典型的就是农业专业合作组织，合作组织对分散的农户进行整合，减少了投机行为，同时也提高了农户的议价能力和食品质量安全保障能力。但总体上来看，合作组织的发展还处于初级阶段，规模普遍偏小，也缺乏有效的运行规范和管理体系，能够有实力组建食品供应链的合作组织还非常少，在组织协调供应链和保证食品质量安全等方面的作用还比较有限，对供应链下游的影响力很小。该模式不仅能将分散的农户组织起来，对农田种植过程进行科学监控管理，还能通过农产品供应商对其上游生产要素供应商进行管理，控制机会主义行为，防止不合规定的农（兽）药、化肥、饲料添加剂等造成的源头污染和危害。

② 通过技术投入提升源头风险控制能力　提高农产品种植过程的科技水平，对于改善食品安全问题具有长远意义。通过对科技创新项目的投入，可有效提高农产品供应环节风险控制能力。可在以下方面加强投入和管理，为改善土壤酸碱度和长期施用化肥的不利影响，进行土壤改良剂的研发；产地环境监测技术及手段；适应不同地区气候及土质特点的科学种植/养殖技术，例如品种培育及优选、农药/兽药和肥料/饲料的施用方案及其他技术；现代化的设施及设备，例如自动化的农机设备、标准化仓库、清洁无菌的畜舍建设等；农产品检测技术及手段；种植/养殖过程信息管理技术及信息系统的建设。

③ 严格实施规范的过程管理　对农产品种/养殖过程实施科学的、规范的管理的最佳途径是推行 GAP。根据 FAO 的定义，GAP 是指应用现有知识来处理农场生产及生产过程中的环境、经济和社会可持续问题，从而获得安全、健康的食物和非食用农产品。GAP 以能持续改进农作物体系的先进技术为载体，以 HACCP 基本原理为指导，对农产品的种植、采收、清洗、摆放、包装和运输等过程进行综合管理和微生物危害控制，可从根本上解决农产品源头的污染问题。目前我国农产品生产中 GAP 应用尚处于起步阶段，相关机构应结合我国不同地区的发展水平、生产方式和技术水平，研究制定具有可操作性的 GAP 标准，并在农产品生产企业推广。

④ 加强农业生产者的教育培训　农业生产者作为食品链源头的实施主体，其文化程度和安全意识的高低直接影响农业发展进程和食品安全风险程度。首先，政府应重视对农业科技人才的培养教育，为农业现代化发展提供智力支撑；其次，通过各种方式，对农户开展农业生产技术培训，提高农业生产者和管理者的技术水平，养成良好农业生产习惯；另外，还要加强对农业生产者的食品安全意识教育和社会责任道德教育，减少人为因素产生的农产品安全危害。

（2）食品加工环节风险控制

在目前分段监管体制下，食品生产加工企业既承接上游农产品作为加工原辅料，又是流通领域中食品来源之一。食品加工过程中导致食品安全风险的危害源较多，是食品安全风险控制的又一个关键环节，相应的风险控制方式及策略如下。

① 构建基于风险控制的组织模式　对于食品加工企业来说，成立一个以食品安全为核心的领导机构和职责明确的组织结构是进行食品安全风险控制的前提。食品加工环节的危害源主要包括原料、辅料中存在的有害物污染，场所环境不卫生和设备不卫生所致的污染，生产过程不规范所致的危害等。根据这些危害源特点，并参照 ISO 22000：2018 标准体系要求，可建立以食品安全风险控制为目标的加工企业组织模式，从而为有效控制加工环节的风险提供保障。

② 食品加工技术的创新　科学的、先进的食品加工技术能为食品安全提供技术支撑。

针对我国目前的食品安全主要问题，应优先对食品冷藏技术、食品包装技术、加工技术、检测技术进行创新研究。在冷藏技术方面，主要有食品制冷技术（设备与系统设计）、解冻技术（高湿度下空气解冻、喷淋冲击解冻）、隔热层（保温板）技术、全程冷链管理技术及系统等。在食品包装技术方面，应重点开展能延长食品货架期、减少食品渗透性危害的包装材料和包装方式的研制。在食品加工技术方面，研究开发能耗低、使用安全、食品质量可控的加工工艺及设备，例如超临界 CO_2 萃取技术、脱水蔬菜加工技术、水力切割技术、冷杀菌技术、膜分离技术、栅栏技术、超高压处理及辐照技术等，既能提高食品质量安全度，又能提高食品附加值，是促进我国食品加工企业发展的关键。在食品检测技术方面，将现代检测技术引入食品安全检测过程中，开展食品有害残留物的检测技术研究，严格执行食品检测过程，是降低食品安全风险、保护公众健康的重要防线。

③ 完善食品加工过程管理　实施食品加工的过程控制与管理，全面贯彻食品安全管理体系，才能确保食品安全风险最小化。ISO 22000 的目标是协调全球食品安全管理的要求。该标准有助于确保从农场到餐桌整个食品供应链的食品安全。ISO 22000：2018 采用了所有 ISO 标准所通用的 ISO 高阶结构（HLS）。由于它遵循与其他广泛应用的 ISO 标准（如 ISO 9001 和 ISO 14001）相同的结构，因此与其他管理体系的整合更加容易。该标准在 ISO 22000：2005 标准（已废止）基础上进行了更深层次的升级更新，对食品安全管理体系、管理者职责、资源、安全食品的策划与实现、食品安全管理体系的验证与更新等五个方面进行了明确规定，是目前最为完善的食品安全管理标准，适合食品链上的任何组织。食品加工企业首先应依据该标准体系进行管理，并将其融入企业全面质量管理战略框架中。另外，良好操作规范（GMP）、良好卫生规范（GHP）、卫生标准操作程序（sanitation standard operation procedure，SSOP）等规范是食品加工企业保证食品安全的基础，也是 HACCP 体系实施的前提，这样可构建一个完整的食品加工企业质量安全管理体系。

④ 加工环节人员培训　"培训教育"是 ISO 22000 标准对人力资源的基本要求。培训的对象涉及所有其活动对食品安全有影响的人员，包括食品生产线上的操作人员、原/辅料采购等各部门的管理人员、检测人员以及食品安全小组的成员。对全体员工进行全面质量安全意识培训，使员工了解从事食品相关活动必要的健康知识、基本卫生知识和卫生操作知识；对采购、检测等部门管理人员和安全小组成员进行专业知识培训，如 HACCP 原理、危害评价及控制措施识别、食品安全检测方法等；对生产操作人员展开 GMP、SSOP 等基本知识和技术措施的培训。通过全方位的人员培训，提高所有相关人员的食品安全意识和风险防范意识，杜绝人为因素所致的风险。

9.5.3.4　建立食品安全追溯体系进行风险控制

食品安全追溯体系是一种旨在加强食品安全信息传递、控制食源性疾病危害、保障消费者利益的食品安全信息管理体系，目的是解决食品自生产到消费过程的质量安全问题。所谓可追溯性（traceability），又称为溯源，国际食品法典委员会（CAC）和国际标准化组织（ISO）把可追溯性定义为"通过登记的识别码，对商品或行为的历史和使用或位置予以追踪的能力"。欧盟《通用食品法》（EC 178/2002）对食品可追溯性的定义是"食品、畜产品、饲料及其原料在生产、加工，以及流通等环节所具备的跟踪、追溯其痕迹的能力"，认为"食品可追溯系统"是追踪食品从生产到流通全过程的信息系统，目的在于食品质量控制和出现问题时召回。CAC 对食品可追溯性的定义是"追溯食品在生产、加工、储运、流通等任何过程的能力，以保持食品供应链信息流的完整性和持续性"。在我国，《质量管理体系　基础和术语》（GB/T 19000—2016）将可追溯性界定为：追溯可感知或可想象到的任何事物的历史、应用情况或所处位置的能力。产品的可追溯性包括原材料和零部件的来源，加工过程的历史，以及产品交付后的分布和场所。

食品安全可追溯系统需充分涵盖食品原材料生产、产品加工、储运、销售等食品供应链各个环节，通过对整个链条、各环节业务流程的分析，采用 HACCP 原理及方法，研究提出食品追溯链各环节的质量安全要素及关键控制点，采用国家及行业的相关编码标准，设计食品安全追溯链编码体系，并利用信息采集、数据交换等技术获取食品追溯链上的相关信息，构建食品生产过程、加工过程、储运过程、消费过程质量安全信息管理系统，并在此基础上构建食品安全可追溯平台，除满足企业日常管理及内部追溯的需要外，开发基于网站、短信、电话的服务接口，研发移动溯源终端，提供面向消费者、监管部门的服务。

与此同时，食品安全可追溯系统还可从信息采集、信息处理、信息服务三个层面对整体架构进行分解。信息采集层次的主要功能是依据 HACCP 原理及方法确定的食品追溯链各环节质量安全要素，采用生产环境信息实时在线采集技术、生产履历信息现场快速采集技术、冷链设施环境实时采集技术等，实现对食品生产、产品加工、储运及消费环节的相关质量安全信息获取，为实现食品安全溯源提供数据支持；信息处理层面主要通过信息编码技术、信息交换、数字化技术，构建食品生产、加工、储运、消费环节质量安全信息管理系统，实现食品安全信息自产地至销售的有序、规范管理；在信息服务层，通过构建食品安全可追溯平台，通过短信、电话、网络平台、移动溯源终端等多种方式为消费者、监管者提供质量安全信息查询服务（图 9-7）。

美国的 HarvestMark 是食品可追溯体系的一个领军人物，也是食品可追溯体系的成功案例。HarvestMark 已经收录了 200 余家公司 15 亿件食品，为消费者提供了零售商、批发商、分销商和食品链中涉及的其他人的详尽资料。消费者登录 HarvestMark 网站或使用手机应用程序日志记录就能获得产品的相关信息。除了包括传统的成品所有关键安全事件数据的角度外，还包括农药使用。HarvestMark 的手机应用程序还有评价按钮，消费者可以直接将意见反馈给农产品的生产者。

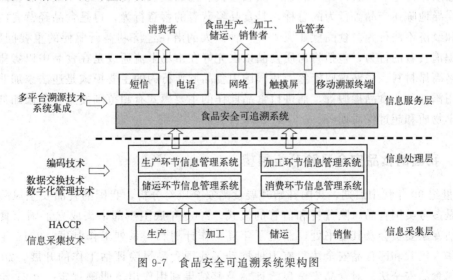

图 9-7　食品安全可追溯系统架构图

9.6 我国风险分析和风险控制概述

9.6.1 我国食品安全的主要风险源

9.6.1.1 致病性微生物引起的食源性疾病

数据显示，在病因清楚的事件中，致病性微生物引起的食性疾病的暴发占全国食源性疾病暴发总数的48.3%。据统计，在食源性疾病中，由肠道致病菌（如沙门菌、副溶血性弧菌、大肠埃希菌、单核细胞增生李斯特菌、伤寒沙门菌、霍乱弧菌、志贺菌等）污染食品而引起的食物中毒是食品安全的主要问题。食源性致病性微生物引起的食品安全问题已成为一个日益引起关注的全球性问题。我国目前疾病预防控制部门所掌握的仅仅是集体发生的食物中毒，但对散发的食源性疾病有严格的报告制度。WHO估计，发达国家食源性疾病的漏报率在90%以上，发展中国家则为95%以上。以此推论，我国目前掌握的食物中毒数据仅为实际发病的食源性疾病的"冰山一角"。而存在如此高的漏报率，除了管理上的问题外，致病性微生物（包括细菌、病毒、寄生虫）的检测和追查传染源手段的限制也是一个重要因素。

9.6.1.2 化学污染

我国的农业结构是以分散的种植及养殖结构为主，科学技术水平不高，食品安全意识较差，造成我国农产品源头污染问题日益严重。如为了追求利益最大化，用未达到排放标准的污水进行灌溉，造成污水中的大量污染物进入食物链；为了达到防治虫害的目的而违规使用高毒高残留农药，由于虫害抗药性的增加，使得农药种类越来越多；为追求养殖业效益非法使用生长激素、滥用抗生素的现象日益严重。这些原因造成的化学污染在食品加工过程中是很难去除的，带来诸多食品安全隐患。

9.6.1.3 食品欺诈

食品欺诈是企业为获得经济利益，故意替代、添加或篡改食品、食品配料和食品包装或错误、误导地陈述产品等行为的总称，是食品经营者的蓄意行为，也是食品经营者的机会主义行为和经济不法行为。食品欺诈属于"一种巨大的潜在经济利益所驱使的重要问题"，是一种欺骗消费者的行为，包括将劣质食品以次充好在市场上流通或是在食品中以劣质原辅料代替价格高昂材料、张贴虚假标签。我国国内食品欺诈行为的主要模式是违法添加非食用物质和滥用添加剂、食品掺假等，而进口食品欺诈的主要模式有超范围使用食品添加剂、违规使用化学物质和超过保质期等。

9.6.2 我国的食品安全风险分析展望

20世纪90年代中后期，我国开始开展食品安全风险分析，我国的食品安全风险分析理论主要是参考美国食品风险分析和监管的模式。2009年底卫生部牵头成立了国家食品安全风险评估专家委员会及其秘书处，制定了年度工作计划和一系列工作制度。2015年起实施的《中华人民共和国食品安全法》有力地推动了我国食品风险评估工作的开展。2018版修正后的《食品安全法》对食品安全风险评估及其结果利用作出了明确规定。2021年对《食品安全法》进行了第二次修正。《食品安全法》规定"国家建立食品安全风险监测制度，对食源性疾病、食品污染以及食品中的有害因素进行监测"，表明建立食品安全风险监测制度已经成为国家需要。《食品安全法》同时规定："国务院卫生行政部门会同国务院食品安全监督管理等部门，制定、实施国家食品安全风险监测计划"。《食品安全法》颁布实施及修订，表明我国已经把风险监测纳入法治轨道，已开始用法律的形式来保证风险监测的实施。

9.6.2.1　改革食品安全质量管理体制和运作机制

食品质量安全管理体系庞大，不仅涉及生产条件、生产资料、生产过程、包装标识、储存运输、经营销售、使用消费等诸多环节，而且涉及标准制定、标准实施、检测检验、认证鉴定、监督执法等诸多领域。我国食品质量安全管理权限分属不同部门，多头管理，权责不清，在很大程度上存在管理职能错位、缺位、越位和交叉分散现象，难以形成协调配合、运转高效的管理体制。

通过建立国家食品安全风险评估中心，实施以科学为基础的协调一致的立法、检测、监控、执法、科研、教育计划，对食品的各个环节（从原材料生产、加工、包装、贮运，直到销售）进行严格监管，从源头抓起，最大限度地减少由食品引起的危害和风险，以保护消费者的健康，促进我国食品产业的发展。

9.6.2.2　加强食品安全风险分析应用流程的管理

食品安全风险分析为食品质量安全管理工作的开展提供真实可靠的数据支持，使管理人员可以快速排查安全隐患。为了更好地发挥食品安全风险分析效果，需要明确应用流程，将此作为各项工作顺利实施的前提，构建科学的食品质量管理工作环境。首先，制定完善的食品安全风险分析应用过程控制制度，根据流程进行操作，以此保证工作的有效性。其次，提升食品安全风险分析的控制意识，针对食品安全问题做好风险防控工作，加强细节管理。最后，提升责任意识，要求工作人员根据要求进行操作的同时，制定相应的管理制度，工作人员的责任意识是流程管理的前提，也是保证各项工作顺利实施的基础。

9.6.2.3　加强食品安全队伍的建设

食品安全监管队伍是监管主体，是确保食品安全的主要力量之一，加强食品安全监管队伍建设具有重要意义。食品安全监管队伍的数量、质量以及职能设置共同决定了监管质量。

9.6.2.4　广泛应用风险分析原则

在食品安全控制体系中应广泛应用风险分析原则，并在国家和有条件的地区实施风险分析行动计划，包括建立健全化学、微生物、有害生物和新的病原体的专家评价机构，分析与消费者健康有关的各种因素，并在风险管理中应用这些因素来保护我国人民的健康（对内）和我国合法的经济权益（对外）等。

9.6.2.5　政府做好协调者

政府应致力于食品安全法规的建立和实施，在法律的框架范围内改进国家食品安全管理机构的组织形式和管理模式。同时协调与国际组织，尤其是国内涉及食品安全的各行政机构的信息收集、交换和整合工作。收集国内外的有关信息，尽早掌握事态的发展，协调有关行政机关迅速应对。建立系统高效的科学监测体系，对食品安全性、环境影响和社会经济效果等进行有效的综合评价，提高监测能力。这些都为风险管理提供了保证。

9.6.2.6 充分发挥企业和行业协会的作用

HACCP体系是一种以风险分析为基础的用于食品安全质量的控制措施，也是迄今为止控制食源性危害最经济有效的手段。我国许多食品企业已经在生产过程中引用了HACCP管理。风险分析是对HACCP管理体系的进一步补充和完善，也是实行HACCP管理体系的基础。作为主体的企业自律行为和实践经验，行业协会的监督约束，均为进行风险管理提供了宝贵的经验。

9.6.2.7 消费者参与

食品安全与消费者的健康息息相关，消费者对风险分析的认知程度是实施风险分析的基础。加强信息交流，消费者积极参与，一方面使消费者了解影响食品安全的各种危害、危害的特征、危害的严重程度、危害的变化趋势、最高风险人群、风险人群的特点和规模、风险人群对风险的接受程度、风险人群的利益等信息；另一方面可促进政府综合考虑各种信息，提高决策的透明度和科学性，制定更加合理的食品安全政策，将食源性风险减少到最低限度，实现食品安全水平的不断提高。

9.6.2.8 灵活运用信息技术，提升食品质量管理效果

信息技术可以有效提升食品安全风险分析的效果。实际工作中，可以从以下几个方面入手：一是提升食品质量管理人员的信息意识，明确信息技术的价值与作用，并将此运用在食品安全分析应用中，为食品质量管理工作开展提供信息资源，优化食品安全风险分析应用效果。二是做好相关信息的分析与研究，为食品质量安全管理提供技术支持。三是提升从业人员的正确认知。实际上，信息技术能够有效提升食品质量管理效果。因此应培养从业人员的正确认知，加强食品质量管理的信息化发展。

 思考题

1. 何为风险分析？简述开展食品风险分析的必要性。
2. 风险评估常用方法有哪些？并试述它们各自优缺点及适用范围。
3. 风险管理概念及风险管理程序有哪些？
4. 风险交流目的及原则分别是什么？
5. 结合我国国情谈谈如何有效加强食品安全风险控制？

第 10 章
食品安全监管与法律法规体系

 导言

> 食品安全的监管工作目前已纳入国家公共卫生事务管理的职能范围以内。中国共产党的十八大以来，把保障食品安全放在更加突出的位置，完善食品安全监管体制机制，大力实施食品安全战略，坚持用"最严谨的标准、最严格的监管、最严厉的处罚、最严肃的问责"来确保食品安全，不断提高人民群众满意度和获得感。

食品安全不仅关系到消费者的健康，还关系到国家经济、社会稳定和政府威望。随着食品贸易全球化的不断深入，各国政府越来越重视食品安全，加强了监管力度和法规体系的建设。食品安全监管包括食品安全法规行政体系和食品安全控制技术体系。本章对国内外食品安全管理制度、法律法规及安全控制技术体系进行了介绍，包括国内外食品安全事务行政体系、与食品安全相关的国际组织、食品安全技术体系及国内外食品标准和法规等。

10.1 我国食品安全的监管体制

10.1.1 我国食品安全监管体制的历史沿革

新中国成立以来，我国食品安全监管体制，从单一事后消费环节的食品卫生监管到从"田间到餐桌"的全过程食品安全综合监管，经历了从卫生部门监管食品卫生时期到多部门分段式监管食品安全时期，又到大部门统一监管食品安全时期。纵观新中国食品监管的发展历史，大致可分为三个阶段。

10.1.1.1 国家卫生部门为主监管食品卫生时期（1949—2004 年）

这一时期有关食品安全的规定，多是针对某一种或某一类食品所做出的规章、所制定的标准，围绕着某种、某类食品所出现的突出问题进行监督管理，随着各种规定、办法越来越多，更多的食品得到了有效的安全保障。比如，卫生部 1953 年颁布的《关于统一调味粉含麸酸钠标准的通知》《清凉饮食物管理暂行办法》，1954 年下发的《关于食品中使用糖精含量的规定》，1957 年下发的《关于酱油中使用防腐剂问题》。自 1965 年国务院批准了卫生部、商业部等五部委制定的《食品卫生管理试行条例》起，《食品卫生管理条例》（1979

年）、《中华人民共和国食品卫生法（试行）》（1982年）、《中华人民共和国食品卫生法》（1995年）等法律法规，都把监督执行卫生法令、负责对本行政区内食品卫生进行监督管理、抽查检验等食品卫生监管职能明确赋予了卫生部门。《食品卫生法》规定，国务院卫生行政部门主管全国食品卫生监督管理工作；国务院有关部门在各自的职责范围内负责食品卫生管理工作。

10.1.1.2　多部门分段式监管食品安全时期（2004—2013年）

2003年十届全国人大一次会议后，食品安全监管体制发生了重大变革，设立了国家食品药品监督管理局，赋予其承担食品、保健品、化妆品安全管理的综合监督、组织和协调、开展重大食品安全事故查处的职责，但并未履行过具体食品安全职责。2004年，《国务院关于进一步加强食品安全工作的决定》提出新要求，"按照一个监管环节由一个部门监管的原则，采取分段监管为主、品种监管为辅的方式，进一步理顺食品安全监管职能"，对农业、质检、卫生、工商、食品药品、发展改革和商务等部门的职责进行了划分。同时，商务、出入境、公安、城管等部门也分别承担了一些相关职责，形成了"多部门分段式"食品安全监管体制。其好处在于，职责简单而明确，有利于各司其职，然而弊端也显而易见，造成了多头执法或是监管链条断裂，"几个部门都管不了一头猪，十几个部门也管不了一桌菜"的现实让这种监管体制颇受诟病；"三鹿奶粉三聚氰胺事件"爆发，虽然找到了非法添加三聚氰胺的源头，但原奶收购这一奶制品生产中的重要环节，却不知道归哪个部门监管，奶粉生产的源头，在监管上竟然是个空白点。2010年2月6日设立了国务院食品安全委员会，主要职责是分析食品安全形势，研究部署、统筹指导工作，提出重大监管政策措施，督促落实食品安全监管责任，并没有改变多部门分段式食品安全监管体制。

10.1.1.3　大部门全过程统一监管食品安全时期（2013年至今）

2013年，国家食品药品监督管理局（2003年设立）更名为国家食品药品监督管理总局，意味着食品安全多头分段管理的"九龙治水"局面结束。2018年，十三届全国人大一次会议审议国务院机构改革方案，组建国家市场监督管理总局，不再保留国家食品药品监督管理总局。这既标志着市场监管进入了一个新阶段，也是食品安全监管进入了一个新阶段，不再由各部门各管一段，而是建立了从农产品种植、养殖、生产、储藏、流通直至餐饮环节的全过程严格监管机制，全面推进食品安全监管法治化、标准化、专业化、信息化建设。实行"预防为主、风险管理、全程控制、社会共治"的食品安全基本原则，明确规定了国家市场监督管理总局以及卫生、工商等部门的职责，强化了食品安全的基层监管。强调食品生产经营者的主体责任、食品安全的源头治理，以及社会媒体和广大人民群众作为监督食品安全的重要补充，共同参与食品安全监管，弥补行政监督的不足和滞后。

我国食品安全监管的范围和体制变迁，由最初仅限事后消费环节的食品卫生管理，逐步转向贯穿于事前、事中、事后从"田间到餐桌"的全过程食品安全风险管控，从"粮食安全，解决温饱"，到"粮食安全，解决温饱，逐步保障食品安全"，再到"粮食安全与食品安全"，从更多侧重消费环节，到侧重生产、加工环节，再到侧重生产、加工、流通、销售与消费一体化的监管模式，我国的食品安全监管范围和内容也不断得到完善。

10.1.2　《中华人民共和国食品安全法》下的监管体制

2015 版《食品安全法》对我国食品安全管理体制的规定为："国务院设立食品安全委员会，其职责由国务院规定。国务院食品药品监督管理部门依照本法和国务院规定的职责，对食品生产经营活动实施监督管理。国务院卫生行政部门依照本法和国务院规定的职责，组织开展食品安全风险监测和风险评估，会同国务院食品药品监督管理部门制定并公布食品安全国家标准。国务院其他有关部门依照本法和国务院规定的职责，承担有关食品安全工作。"修订后的《食品安全法》围绕建立最严格的食品安全监管制度这一总体要求，对原法在完善统一权威的食品安全监管机构、加强食品生产经营过程控制、强化企业主体责任、突出特殊食品严格监管、加大违法行为惩处力度等方面作了修改完善，对于解决食品安全领域存在的突出问题，更好地保障人民群众食品安全具有重要意义。

原国务院食品安全委员会是我国食品安全工作的总指挥，负责分析我国的食品安全形势，对食品安全工作进行研究部署、统筹指导，提出国内食品安全监管重大措施和督促落实食品安全监管责任等。原国务院食品安全委员会的具体工作由食品安全委员会办公室承担，办公室设在原国家食品药品监督管理总局（现为国家市场监督管理总局）。原国家食品药品监督管理总局加挂原国务院食品安全委员会办公室牌子，承担食品安全委员会的日常工作。由国务院食品药品监督管理部门负责对食品生产、销售和餐饮服务进行统一监督管理，这一体制调整有利于解决分段监管体制下造成的监管责任不清、相互推诿、扯皮等问题，真正做到全链条无缝监管。对于地方人民政府在食品安全监督管理工作中的职责，新修订《食品安全法》第六条规定："县级以上地方人民政府对本行政区域的食品安全监督管理工作负责，统一领导、组织和协调本行政区域的食品安全监督管理工作以及食品安全突发事件应对工作，建立健全食品安全全程监督管理工作机制和信息共享机制。县级以上地方人民政府依照本法和国务院的规定，确定本级食品药品监督管理、卫生行政部门和其他有关部门的职责。有关部门在各自职责范围内负责本行政区域的食品安全监督管理工作。县级人民政府食品药品监督管理部门可以在乡镇或者特定区域设立派出机构"。

2018 年 3 月，根据第十三届全国人民代表大会第一次会议批准的国务院机构改革方案，方案提出，将国家工商行政管理总局的职责，国家质量监督检验检疫总局的职责，国家食品药品监督管理总局的职责，国家发展和改革委员会的价格监督检查与反垄断执法职责，商务部的经营者集中反垄断执法以及国务院反垄断委员会办公室等职责整合，组建国家市场监督管理总局，作为国务院直属机构。食品安全监督管理的综合协调工作由新组建的国家市场监督管理总局负责，具体工作由食品安全协调司、食品生产经营安全监督管理司、特殊食品安全监督管理司及食品安全抽检监测司等内设机构负责。其中食品安全协调司负责拟订推进食品安全战略的重大政策措施并组织实施。承担统筹协调食品全过程监管中的重大问题，推动健全食品安全跨地区跨部门协调联动机制工作。承办国务院食品安全委员会日常工作。食品生产经营安全监督管理司负责分析掌握生产流通领域食品安全形势，拟订食品生产、流通监督管理和食品生产经营者落实主体责任的制度措施，组织实施并指导开展监督检查工作。组织食盐生产经营质量安全监督管理工作。组织查处相关重大违法行为。指导企业建立健全食品安全可追溯体系。特殊食品安全监督管理司负责分析掌握保健食品、特殊医学用途配方食品和婴幼儿配方乳粉等特殊食品领域安全形势，拟订特殊食品注册、备案和监督管理的制度措施并组织实施。组织查处相关重大违法行为。食品安全抽检监测司负责拟订全国食品安全监督抽检计划并组织实施，定期公布相关信息。督促指导不合格食品核查、处置、召回。组织开展食品安全评价性抽检、风险预警和风险交流。参与制定食品安全标准、食品安全风险监测计划，承担风险监测工作，组织排查风险隐患。而药品安全的监督管理工作则由国家药品监督管理局承担，将食品与药品的监督管理分割开来，从而明确区分了食品与药品的不同性质，使食品与药品的监督管理步入科学的管理轨道，有助于实现食品安全的长治久安。

在食品安全监管过程中，国家卫生健康委员会在居民膳食健康指导、发现食品中的危险因素、保障国民健康等方面也发挥着重大的作用，如开展拟定食品安全国家标准，开展食品安全风险检测、评估和交流，对新食品原料、食品添加剂新品种、食品相关产品新品种的审查等工作。农业农村部是从源头对农业投入品和污染源进行治理，是保障食品安全第一道关口的部门。农业农村部主要负责初级农产品的生产环节监管，即粮、肉、菜等各类初级农产品从种植、养殖环节到进入批发、零售市场或生产加工企业前的质量安全监督管理，包括动植物的疫病防控、畜禽屠宰环节、生鲜乳收购环节质量安全以及转基因生物安全等的监督管理。除了产自国内的食品，进口食品安全监管由海关总署负责。该部门负责监管从国外进口的食品是否安全、是否符合我国的食品安全国家标准；也会评估国外食品安全事件对我国境内的影响；或在发现重大食品安全问题时，及时采取风险预警或控制；在口岸检疫检验监管中，如果发现不合格或存在安全隐患的食品，海关总署还会负责依法实施技术处理、退运、销毁等措施。在食品安全监管过程中，各监管部门若发现了制假售假等严重的食品安全违法行为，都需要移送至公安机关进行食品犯罪的侦查、审查，并依法作出是否立案的决定。从农田到餐桌，食品的监管还有一些其他部门的参与，如工业和信息化部承担指导食品行业发展、优化产业布局、完善行业标准，以及指导盐业和储备盐的行政管理等工作。商务部主要负责食品市场调控和流通管理，如猪肉等的价格调控、储备管理以及农贸市场等食品交易市场的管理等工作。国家粮食和物资储备局负责国家粮食、食糖等的储备管理，并对粮食收购、储存、运输环节的粮食质量安全和原粮卫生进行监督管理。因此，我国政府对食品安全问题一直坚持从源头控制、产管并重、重典治乱，确保"产"的安全、"管"的到位，并坚持推动食品安全监管由事后监管向风险预防转变。

此外，针对一些地区一些领域仍然存在监管责任不明确、协同机制不完善、风险防范能力不强以及重复检查、多头执法等问题，国务院办公厅提出在食品等直接关系人民群众生命财产安全、公共安全和潜在风险大、社会风险高的重点领域，要积极开展跨部门综合监管。依托"互联网＋监管"等现有信息系统，构建科学高效、多部门联动响应的风险隐患监测预警机制，实现风险隐患动态监测、科学评估、精准预警和及时处置。通过建立健全跨部门综合监管制度，进一步优化协同监管机制和方式，大幅提升发现问题和处置风险能力，推动市场竞争更加公平有序、市场活力充分释放。

近年来，随着区域经济一体化的推进，食品经营区域也在快速扩张，传统的行政区划治理模式已无法适应食品安全跨区域监管的新要求。为解决此问题，以长三角、京津冀为首的地方监管部门率先开启协同治理新路线，通过协同合作、资源共享形成跨区域的食品安全监管新局面。以长三角为例，自2022年以来，长三角地区联合发布了《2022年长三角区域食品安全合作工作计划》；同时针对新兴预制菜产业签署了《长三角预制菜生产许可审查一体化项目合作协议》并共同制定了《长三角预制菜生产许可审查指引》，以建立统一的预制菜生产操作规范。未来，随着区域一体化的发展、区域协同立法制度的规范，区域协同立法或将引领食品行业开启新的监管模式，形成跨区域的协同合作、资源共享的治理局面。

10.2　其他国家和组织食品安全监管体制

10.2.1　欧盟食品安全监管体制

10.2.1.1　欧盟食品安全监管机构

欧盟的食品安全的监管实行欧盟和各成员国的两级监控制度。欧盟层级的食品安全监管机构包括欧盟委员会、欧盟理事会和欧盟食品安全局。欧盟理事会负责制定食品安全的基本政策；欧盟委员会负责制定食品安全监管的法律文件和食品技术标准；欧盟食品安全局是一个独立的法律实体，其主要职责是进行风险评估和风险交流，并为欧盟制订食品安全政策提供依据。欧盟各成员国则根据本国实际建立食品安全监管体系，执行欧盟关于食品安全方面法律法规的相关规定。

（1）欧盟食品安全局（EFSA）

EFSA 是欧盟对食品安全管理的独立机构，下设管理委员会、执行董事、咨询论坛和科学委员会 4 个机构，直接管理者是执行主任，由执行主任向欧盟负责。EFSA 的主要职责是独立地对直接或间接与食品安全有关的事件提出科学建议，这些事件包括与动物健康、动物福利、植物健康、基本生产和动物饲料有关的事件；建立各成员国食品安全机构之间密切合作的信息网络，评估食品安全风险，向公众发布相关信息。具体使命是根据欧盟理事会、欧洲议会和成员国的要求，就欧盟有关食品安全和其他相关事宜（如动物卫生、植物卫生、转基因生物、营养等）立法提供科学建议以及科学技术的支持；为制定有关食品链方面的政策与法规提供技术性建议；收集和分析食品安全潜在风险的信息，监控欧盟整个食品链的安全状况；确认和预报食品安全风险，在其权限范围之内向公众提供有关信息；在动物健康、福利等方面研究中提供科学意见。

（2）其他管理机构

欧盟委员会下设的以下机构也参与食品安全行政事务，包括健康与消费者保护总司：属于监管核心部门，全权负责食品安全，负责欧盟的食品安全法令、政策、标准的起草和对成员国的日常监督和协调工作。下设多个管理机构，分别负责具体工作。食品与兽医办公室：隶属于健康与消费者保护总司，但职能相对独立，主要职责是保证欧盟食品安全法律在各国执行的一致性，负责对第三国食品安全进行监管，第三国向欧盟出口食品，必须遵守欧盟食品安全法，并通过食品与兽医办公室的检查后，才能够进入欧盟各国。食品链和动物健康常设委员会：主要职责是协助委员会进行食品安全监管。该委员会是由成员国的代表共同组成，委员会主席由欧盟委员会代表担任。内部市场与服务总司：共同协助负责食品流通安全，加强对食源性疾病的控制，加强对兽医的管理等工作。

10.2.1.2 欧盟食品安全监管体系的特点

欧盟为统一协调内部食品安全监管，陆续制订了《食品安全白皮书》《食品卫生法》《欧盟食品安全卫生制度》等 20 多部食品安全法规，形成较为完善的法律体系。《食品安全白皮书》是欧盟及其成员国完善食品安全法规体系和管理机构的基本指导，推行"从农场到餐桌"的理念，确立了食品和饲料从业者对食品安全负有主要责任的原则，提出了 84 项保证食品安全的基本措施，包括食品安全政策体系、食品法规框架、食品管理体制和食品安全国际合作等内容。此外，欧盟建立了快速反应的预警系统。"欧盟食品和饲料类快速预警系统"是一个连接欧盟委员会、欧盟食品安全局，以及各成员国食品与饲料安全主管机构的网络，为欧盟各成员国的食品安全主管机构提供并交换有关食品安全的信息。

10.2.2 美国食品安全监管体制

10.2.2.1 美国食品安全监管机构

美国食品安全监管机构由总统食品安全管理委员会综合协调，以联邦和各州的相关法律为基础，通过联邦政府授权的食品安全管理机构的通力合作，形成相互独立、互为补充、综合有效的食品安全监管体系。具体来说，美国联邦政府有 10 多个食品安全部门，其中主要的职能部门有 4 个，即卫生和公共服务部下属的食品药品监督管理局（FDA），农业部下属的食品安全检验局（FSIS）和动植物卫生检疫局（APHIS），以及环境保护局（EPA）。其他还有财政部的海关署、美国国立卫生研究院（NIH）和商业部下属的国家海洋渔业局等。FDA 是最早以保护消费者为主要职能的联邦机构，其主要职能是监督管理美国国内生产及进口的食品、膳食补充剂、药品、疫苗、生物医药制剂、血液制剂、医学设备、放射性设备、兽药和化妆品，同时也负责执行公共健康法案。FDA 是世界上最大的食品与药物管理机构，实施安全监管的范围很广，所执行的大部分联邦法律都被编入《联邦食品、药品和化妆品法》。其他交由该局执行的法律还包括《公共保健服务法》《联邦反篡改法》《家庭吸烟预防与烟草控制法》《滥用物质管理法》等。

10.2.2.2 美国食品安全监管体系的特点

（1）食品安全法律体系健全

美国食品安全监管具有健全的法律体系，从 1906 年第一部与食品有关的法规《纯净食品和药品法》开始，美国政府先后制定和修订了 35 部与食品安全有关的法规。目前，美国有关食品安全的主要法律包括：《联邦食品、药品和化妆品法》《联邦肉类检验法》《禽类产品检验法》《蛋产品检验法》《食品质量保护法》《公共健康服务法》等。其中，《联邦食品、药品和化妆品法》是美国关于食品和药品的基本法，也是世界同类法中较全面的一部法律。

（2）食品安全监管机构分工明确配合协调

美国食品安全监管实行多部门联合监管制度，整个食品安全监管体系分为联邦、州和地区三个层次，比较全面、系统。监管机构的许多部门都聘请流行病学专家、微生物学家、食品检查员以及其他食品科研专家，采取专业人员进驻食品加工厂、饲养场等方式，从原料采集、生产、流通、销售和售后等各个环节进行全方位监管，构成覆盖全国的立体联合监管网络体系。此外，其他部门如 NIH、农业研究服务部、农业市场服务部、经济研究服务部、监测包装及畜牧管理局、美国法典办公室以及国家水产品服务中心等，也负有研究、教育、预防、监测、标准制定和对突发事件做出应急对策等责任。

（3）强调从"农田到餐桌"的全程监控

美国实行的是以品种监管为主的监管模式，从而使得对某种食品"从农田到餐桌"全程监管的责任主体明确，即由一个部门负责与该种食品有关的所有活动，包括种植、养殖、生产加工、销售和进出口等监管，利于发现监管过程中存在的薄弱环节，避免出现监管真空，使监管切实有效。

（4）强调食品安全的风险分析

食品安全风险分析是美国制定食品安全管理法律的基础，也是美国食品安全监管工作的重点。食品安全的风险分析包括风险评估、风险管理和风险交流三个部分，通过采用合理的经济和技术手段，主动、有目的、有计划地对食品风险加以处理，以达到使消费者得到高水平保护的目的。

10.2.3 英国和日本的食品安全监管体制

10.2.3.1 英国食品安全监管系统

英国是较早关注食品安全并制定相关法律的国家之一，从 1984 年开始分别制定了《食品法》《食品安全法》《食品标准法》《食品卫生法》《动物防疫法》等，同时还出台了许多专项规定，如《甜品规定》《食品标签规定》《肉类制品规定》《饲料卫生规定》《食品添加剂规定》等。这些法律法规涵盖所有食品类别，涉及"从农田到餐桌"的各个环节。英国 1990年颁布的《食品安全法》主要调整食品的质量和标准，禁止生产、销售不符合食品安全要求的食品。

英国的食品安全监管由联邦政府、地方主管当局以及多个组织共同承担。食品安全质量由卫生部等机构负责；肉类的安全、屠宰场的卫生及巡查由肉类卫生服务局管理；超市、餐馆及食品零售店的检查则由相应的地方管理当局管辖。为强化监管职能，英国政府于 1999 年成立了独立的食品监督机构——食品标准局，负责食品安全总体事务和制定各种标准，代表英王履行职能，实行卫生大臣负责制，每年向议会报告工作。

英国在食品安全监管方面一个重要特征是严格执行食品追溯和召回制度。食品追溯制度是为了实现对食品"从农田到餐桌"整个过程的有效控制，保证食品质量安全而实施的全程监控制度。监管机关如发现食品存在问题，可以通过记录很快查到食品的来源。一旦发生重大食品安全事故，地方主管部门可以立即调查并确定可能受事故影响的范围、对健康造成危害的程度，通知公众并紧急收回已流通的食品；同时将有关资料送交国家卫生部，以便在全国范围内统筹安排工作，最大限度地保护消费者权益。在追溯制度方面，国家建立统一的数据库，包括识别系统、代码系统，详细记载生产链中被监控对象移动的轨迹，监测食品的生产和销售状况。建立了追踪机制，要求饲料和商品经销商对原料来源和配料保存进行记录，要求农民或养殖企业对饲养牲畜的详细过程进行记录。为追查食物中毒事件，政府还建立了食品危害报警系统、食物中毒通知系统、化验汇报系统和流行病学通信及咨询网络系统。

10.2.3.2 日本食品安全监管系统

日本是世界上食品安全监管最严厉的国家之一，在进口食品的检验检疫方面尤为突出。日本食品安全监督管理机构主要包括食品安全委员会、厚生劳动省、农林水产省和消费者厅。现在的食品质量安全监管体制主要依据 Codex 风险分析方法，其风险分析主要包括风险管理和风险评估以及风险交流。其中，风险管理由农林水产省和厚生劳动省共同协作完成，风险评估由食品安全委员会完成，而风险沟通则由这 3 个机构合作完成。

日本保障食品质量安全的法律法规体系由两大基本法和其他相关法律法规组成。《食品安全基本法》和《食品卫生法》是两大基本法律。除上述基本法外，与食品相关的法律法规还包括《转基因食品标识法》《包装容器法》《农药取缔法》《健康增进法》《家禽传染病预防法》《乳及乳制品成分规格省令》《农林物质标准化及质量标志管理（JAS 法）》和《新食品标识法》等。

10.3　食品安全事务中的国际与国外组织

10.3.1　世界卫生组织

世界卫生组织（WHO）成立于 1948 年 4 月 7 日，总部设置在瑞士日内瓦，是联合国系统内卫生问题的指导和协调机构，负责对全球卫生事务提供领导，拟定卫生研究议程，制定规范和标准，阐明以证据为基础的政策方案，向各国提供技术支持，监测和评估卫生趋势。WHO 的宗旨是使全世界人民获得尽可能高水平的健康，其对"健康"的定义为"身体、精神及社会生活中的完美状态"。中国是 WHO 的创始国之一，1972 年第 25 届世界卫生大会恢复了中国在该组织的合法席位。1981 年 WHO 在北京设立驻华代表处。

WHO 于 2000 年通过决议，将食品安全认可为一项基本的公共卫生职能。食品安全包括旨在确保所有食品尽可能安全的行动。食品安全政策和行动有必要涵盖从生产到消费整条食品链。WHO 食品安全和人畜共患疾病司领导全球努力降低疾病负担，由此加强卫生安全并确保会员国的可持续发展。食品安全和人畜共患疾病司的活动包括：为决策提供科学建议；在人类-动物-生态系统相交点管理人畜共患病方面的公共卫生风险；降低食源性抗微生物药物耐药性；估算全球食源性疾病负担；加强参与食品法典委员会的工作（粮农组织/世卫组织食品法典信托基金）；建设全球食源性感染病网络发现、控制和预防食源性疾病；通过国际食品安全当局网络进行预警、通报和预防；通过向消费者教授《食品安全五大要点》减少食源性疾病；世卫组织全球环境监测系统/食品规划：收集数据并培训人群以减少人类与受污染食品的接触。

10.3.2　联合国粮农组织

联合国粮农组织（FAO）正式成立于 1945 年，总部在意大利罗马，是联合国各成员国间专门讨论粮食和农业问题的国际机构。FAO 由七个部门组成，包括农业及消费者保护部，经济及社会部，渔业及水产养殖部，林业部，综合服务、人力资源及财务部，自然资源管理及环境部，技术合作部。我国于 1971 年被 FAO 理事国第 57 届会议接纳为正式会员。

FAO 努力的核心是确保人人获得良好的营养和粮食安全。FAO 的职能是提高营养水平，提高农业生产率，改善乡村人口的生活和促进世界经济发展。FAO 的宗旨是：保障各国人民的温饱和生活水准；提高所有粮农产品的生产和分配效率；改善乡村人口的生活状况，促进农村经济发展，并最终消除饥饿和贫困。FAO 的工作涉及很多领域，包括土地和水资源的开发、森林工业、渔业、经济和社会政策、投资、种植业与畜牧业的生产以及营养与食物标准等。

10.3.3　国际食品法典委员会

国际食品法典委员会（CAC）是 FAO 和 WHO 于 1961 年建立以保障消费者健康和确保食品贸易公平为宗旨的一个政府间协调食品标准的国际组织，致力于在全球范围内推广食品安全的观念和知识，关注并促进消费者保护。CAC 受 FAO 和 WHO 领导。委员会的章程和程序规则的制定、修订均需经这两个组织批准。CAC 的战略目标是达到对消费者最高水平的保护，包括食品安全和质量。CAC 的主要职责包括：保护消费者健康和确保公正的贸易；促进国际组织、政府和非政府机构在制定食品标准方面的协调一致；通过或与适宜的组织一起决定、发起和指导食品标准的制定工作；将其他组织制定的国际标准纳入 CAC 标准体系；修订已出版的标准。CAC 和成员国主要的机制接触渠道是各国的法典联络处。根据法典程序手册，法典联络处的核心职能包括：充当法典委员会秘书处与成员国之间的联系纽带，并协调国家一级与食品法典有关的所有活动。

中国于 1984 年正式加入国际食品法典委员会，1986 年成立了中国食品法典委员会，由与食品安全相关的多个部门组成。委员会秘书处设在国家食品安全风险评估中心。秘书处的工作职责包括：组织参与国际食品法典委员会及下属分委员会开展的各项食品法典活动、组织审议国际食品法典标准草案及其他会议议题、承办委员会工作会议、食品法典的信息交流等。我国已全面参与了国际法典工作的相关事务，在多项标准的制修订工作中凸显了我国的作用，逐渐得到了国际社会的认可，于 2006 年成功申请成为国际食品添加剂法典委员会主持国。

10.4　食品安全监管技术体系

目前国际上公认的食品安全控制技术体系的最佳模式是"从农田到餐桌"的全程控制，在良好农业规范（GAP）、良好操作规范（GMP）、良好卫生规范（GHP）、良好兽医规范（GVP）、良好生产规范（GPP）、良好分销规范（GDP）和卫生标准操作程序（SSOP）等的基础上，推行危害分析和关键控制点（HACCP）。这些技术可以明显节省食品安全管理中的人力和经费开支，最大限度地保障食品安全。在这些控制技术实施的基础上又产生了 ISO 22000 食品控制体系标准。

10.4.1　GMP 体系概述

10.4.1.1　GMP 概述

良好操作规范（good manufacturing practice，GMP）是一种在生产过程中实施对产品质量与卫生安全进行监管与控制的自主性管理制度。GMP 最早用于药品工业，现在被广泛应用于食品、化妆品行业。在食品加工企业中实施 GMP，可以提高食品的品质与卫生安全、强化食品生产者的自主管理体制、促进食品工业的健全发展。目前，GMP 法规仍然在不断完善，最新版本的 GMP 被称为通用良好操作规范（current good manufacturing practice, CGMP）。

从适用范围看现行的 GMP 可分为三类：①具有国际性质的 GMP，包括 WHO 制定的 GMP、北欧七国自由贸易联盟制定的 PIC-GMP 及东南亚国家联盟制定的 GMP 等；②国家权力机构颁布的 GMP，如 FDA 制定的 GMP；③工业组织制定的 GMP，如中国医药工业研究总院有限公司制定的 GMP 实施指南。从制度的性质看，食品 GMP 又分为两大类：①作为法典规定，强制实施的 GMP；②作为建议性的规定，以劝导方式辅导企业实施的 GMP。

10.4.1.2　我国食品 GMP 的现状

自 20 世纪 80 年代以来，我国已陆续建立了各类食品企业卫生规范和良好操作规范，以国家标准的形式予以发布。至今我国共发布 20 个国标 GMP，其中含有 1 个通用 GMP 和 19 个专用 GMP，并作为强制性标准予以发布。GB 14881—2013《食品安全国家标准　食品生产通用卫生规范》为通用 GMP，强制性规定了选址及厂区环境、厂房和车间、设施与设备、卫生管理、食品原料、食品添加剂和食品相关产品、生产过程的食品安全控制、检验、食品的贮存和运输、产品召回管理、培训、管理制度和人员、记录和文件管理等要求。另外，我国还颁布了一系列专用 GMP，如 GB 31603—2015《食品安全国家标准　食品接触材料及制品生产通用卫生规范》、GB 31621—2014《食品安全国家标准　食品经营过程卫生规范》、GB 29923—2023《食品安全国家标准　特殊医学用途配方食品良好生产规范》、GB/T 29647—2013《坚果与籽类炒货食品良好生产规范》、GB 12693—2023《食品安全国家标准　乳制品良好生产规范》、GB 23790—2023《食品安全国家标准　婴幼儿配方食品良好生产规范》、GB/T 23542—2009《黄酒企业良好生产规范》、GB/T 23531—2009《食品加工用酶制剂企业良好生产规范》、GB/T 23543—2009《葡萄酒企业良好生产规范》、GB/T 23544—2009《白酒企业良好生产规范》、GB 8956—2016《食品安全国家标准　蜜饯生产卫生规范》、GB 12695—2016《食品安全国家标准　饮料生产卫生规范》、GB 17405—1998《保健食品良好生产规范》、GB 17404—2016《食品安全国家标准　膨化食品生产卫生规范》等。这些规定中有些是强制性执行的国家标准，有些是推荐性国家标准。食品的生产经营企业应严格按照这些标准的规定来执行。

10.4.1.3　食品 GMP 的目的

高质量的食品是在生产过程中产生的。因此，食品生产企业对食品安全和卫生承担着重大的责任。实施 GMP 的目的是消除不规范的食品生产和质量管理活动，主要体现在以下几点。

（1）有序生产，避免混淆

不同的原辅料，不同产品，不同批号产品，合格与不合格品，已检品与待检品应避免混淆。

（2）洁净生产，防止污染

防范杂质、异物和微生物污染。

（3）规范生产，防止差错

主要体现在物料的管理与检验方面。

10.4.2　食品 GMP 的主要内容

GMP 要求从原料直到成品出厂的整个过程中，对各个方面进行完善的质量控制和管理，防止出现质量低劣的产品，保证产品质量。世界各国 GMP 的管理内容基本相似，包括硬件和软件两部分。硬件是食品企业的厂房、设备、卫生设施等方面的技术要求，而软件是指可靠的生产工艺、规范的生产行为、完善的管理组织和严格的管理制度等。具体来说，食品行业 GMP 的关键内容包括：符合规定要求的原料（materials）、合乎标准的厂房设备（machines）、胜任的人员（man）和按照既定的方法（methods）。企业建立自身的 GMP 时，必须在广度上至少包括 GMP 的基本内容，在深度上达到 GMP 法规的要求，从而制造出既品质稳定又安全卫生的产品。

10.4.3　食品 GMP 的认证证书和标志

按照中国国家认证认可监督管理委员会 2010 年发布的《食品生产经营企业良好生产规范（GMP）认证实施规则》的规定：GMP 认证证书有效期为 3 年。认证证书式样应符合相关法律、法规要求，认证证书应涵盖以下基本信息（但不限于）：
① 证书编号；
② 企业名称、地址；
③ 认证覆盖范围（含产品生产场所、生产车间、具体产品和/或服务种类等信息）；
④ 认证依据；
⑤ 颁证日期、证书有效期；
⑥ 认证机构名称、地址。

10.5　SSOP 程序

10.5.1　SSOP 概述

卫生标准操作程序（SSOP）是食品企业在卫生环境和加工要求等方面所需实施的具体程序，是食品企业明确在食品生产中如何做到清洗、消毒、卫生保持的指导性文件。SSOP 实际上是落实 GMP 卫生法规的具体程序。GMP 是政府制定颁布的强制性卫生法规，而企业的 SSOP 文本是由企业自己编写的卫生标准操作程序，企业通过实施自己的 SSOP 达到 GMP 要求。SSOP 和 GMP 是进行 HACCP 认证的基础。

10.5.2　SSOP 体系的基本内容

SSOP 规定了生产车间、设施设备、生产用水（冰）、食品接触面的卫生保持、雇员的健康与卫生控制及虫害的防治等的要求和措施。具体要求包括：
① 用于接触食品或食品接触面的水，或用于制冰的水的安全；
② 与食品接触表面的卫生状况和清洁程度，包括工具、设备、手套和工作服；

③ 防止发生交叉污染，包括食品与不洁物、食品与包装材料、人流和物流、高清洁区的食品与低清洁区的食品、生食与熟食之间的交叉污染；

④ 手的清洗、消毒以及卫生间设施的维护；

⑤ 防止外来污染物，保护食品、食品包装材料和食品接触面免受润滑剂、燃油、清洗剂、消毒剂、铁锈和其他外来杂质的污染；

⑥ 有毒化学物质的正确标志、储存和使用；

⑦ 直接或间接接触食品的从业者健康情况的控制；

⑧ 虫害的防治（防虫、灭虫、防鼠、灭鼠）。

需要注意的是，SSOP 计划应尽可能详细，具备可操作性，其内容不限于上述八项内容。监控发现问题时，应立即进行纠正。除虫、灭鼠应有执行记录，监督检查应有检查记录，纠正行动应有纠正记录。SSOP 的纠偏一般不涉及产品。卫生监控的内容认为严重和必要时，可列入 HACCP 计划加以控制。

10.6 HACCP 体系

10.6.1 HACCP 的产生及发展

危害分析和关键控制点（HACCP）是一种用预防体系取代了传统以"最终产品检验"为基础的食品安全控制方法，将食品安全控制渗透到整个食品加工操作过程。CAC 对 HACCP 的定义是：一个确定、评估和控制那些重要的食品安全危害的系统。

HACCP 体系的建立始于 1959 年，是在美国皮尔斯柏利公司（Pillsbury）与美国国家航空航天局（NASA）以及纳蒂克实验室（Natick）联合开发生产太空食品的过程中提出并建立。1971 年皮尔斯柏利公司在美国食品保护会议上首次提出 HACCP，几年后 FDA 采纳并作为酸性与低酸性罐头食品法规的制定基础。现在 HACCP 已成为世界上公认的有效保证食品安全卫生的质量保证系统。

中国的 HACCP 认证始于 2002 年 3 月 20 日，国家认证认可监督管理委员会发布的《食品生产企业危害分析与关键控制点（HACCP）管理体系认证管理规定》，自 2002 年 5 月 1 日起执行。这一规章的实行进一步规范了食品生产企业实施 HACCP 体系的认证监督管理工作，HACCP 体系认证管理做到了有法可依。

2002 年 4 月 19 日，国家质检总局发布《出口食品生产企业卫生注册登记管理规定》，自 2002 年 5 月 20 日起施行。规章要求列入《卫生注册需评审 HACCP 体系的产品目录》的出口食品生产企业需依据《出口食品生产企业卫生要求》和国际食品法典委员会《危害分析和关键控制点（HACCP）体系及其应用准则》建立 HACCP 体系。按照上述管理规定，目前必须建立 HACCP 体系的有六类生产出口企业，分别是生产水产品、肉及肉制品、速冻蔬菜、果蔬汁、含肉及水产品的速冻食品、罐头产品的企业，这是我国首次强制性要求食品生产企业实施 HACCP 体系，标志着我国应用 HACCP 进入新的发展阶段。

10.6.2 HACCP 体系的适用范围

HACCP 体系强调的是对"农田到餐桌"全程进行安全性管理，保证食品所有阶段的安全。生产者在实施 HACCP 时，不仅必须考虑其产品和生产方法，还必须将 HACCP 体系应用于原料的供应、成品贮存、销售和运输等环节，直到消费终点。

10.6.3 HACCP 体系的基本原理

HACCP 体系由以下 7 个基本原理组成。

原理 1：进行危害分析

拟定各工艺的流程图，确定与食品生产各阶段（从原料生产到消费）有关的潜在危害及其程度，鉴定并列出各有关危害并规定具体有效的控制措施。这里的"危害"是一种使食品在食用时可能产生不安全的生物的、化学的或物理方面的特征。

原理 2：确定关键控制点（CCP）

使用判定树鉴别各工序中的关键控制点 CCP。CCP 是指能进行有效控制的某一个工序、步骤或程序。

原理 3：建立关键限值

即制定为保证各 CCP 处于控制之下的而必须达到的安全目标水平和极限。

原理 4：建立监控体系

通过有计划的测定或观察，以保证 CCP 处于被控制状态，测试或观察要有记录。

原理 5：确立纠偏行为

任何 HACCP 方案要完全避免偏差几乎是不可能的，当监控过程发现某一特定 CCP 正超出控制范围时应采取纠偏措施。因此需要预先确定纠偏行为计划，来对已产生偏差的食品进行适当处理，纠正产生偏差，确保 CCP 再次处于控制之下，同时要做好纠偏过程的记录。

原理 6：建立验证程序

审核 HACCP 计划的准确性，包括适当的补充实验和总结，以确证 HACCP 是否在正常运转，确保计划在准确执行。检验方法包括生物学、物理学、化学及感官方法。

原理 7：建立 HACCP 计划档案及保管制度

HACCP 体系具体方案在实施中，都要求做例行、规定的各种记录，包括计划准备、执行、监控、记录及相关信息与数据文件等都要准确和完整地保存。同时还要求建立适于这些原理及应用的所有操作程序和记录的档案制度。

10.6.4 HACCP 计划的制定与实施

根据以上 7 个原理，食品企业制定 HACCP 计划和在具体操作实施时，一般通过 13 个步骤才能得以实现，其中前 5 个步骤是 HACCP 的预备步骤，是准备阶段，需要事先完成。接下来步骤 6 到步骤 9 是危害分析、确定关键控制点和控制办法。最后步骤 10 到步骤 13 是HACCP 计划维护措施的建立与实施。每个生产企业在实施 HACCP 计划过程中，必须按照要求建立反映实际的书面文件，这些文件通常包括表格及记录。

10.6.4.1 HACCP 计划的预备步骤（准备阶段）

步骤 1：成立 HACCP 计划拟定小组。HACCP 计划在拟定时，需要事先搜集资料，了解、研究和分析国内外先进的控制方法，熟悉 HACCP 的支撑系统，多学科专家配合，全面掌握与食品安全有关的数据资料，才能提出解决问题的方案和改进办法，使决策更科学。HACCP 小组至少由以下人员组成：①质量保证与控制专家；②食品生产工艺专家；③食品设备及操作工程师；④其他人员，如原料生产专家、贮运商、商贩、包装与销售专家以及公共卫生管理者等。小组成员须获得主管部门的批准或委任，经过严格的培训，具备足够的岗位知识。应指派1名熟知HACCP体系和有领导才能的人为组长。

步骤2：描述产品。对产品及其特性、规格与安全性等进行全面的描述，包括：①原辅料（商品名称、学名和特点）；②成分（蛋白质、氨基酸、可溶性固形物）；③理化性质（水分活度、pH、硬度、流变性等）；④加工方式（产品加热及冷冻、干燥、盐渍、杀菌到什么程度等）；⑤包装系统（密封、真空、气调，包括标签说明等）；⑥贮运（冻藏、冷藏、常温贮藏等）和销售条件（湿度与温度的要求等）；⑦所要求的储存期限（保质期、保存期、货架期等）。

步骤3：确定产品用途及消费对象。食品的最终用户或消费者对产品的使用期望即是用途。实施HACCP计划的食品应确定其最终消费者，特别是关注特殊消费人群，如儿童、妇女、老人、体弱者和免疫功能不健全者。

步骤4：编制流程图。编制食品生产的工艺流程图是一项基础性工作，对实行HACCP管理是必需的。流程图应包括所有操作步骤，对食品生产过程的每一道工序，从原料选择、加工到销售和消费者使用，在流程图中都要依次清晰地标明，不可含糊不清。

步骤5：流程图现场验证。流程图中所列的每一步操作，应在实际操作现场进行比对确认。如改变操作控制条件、调整配方、改进设备等，应将原流程图偏离的地方加以纠正，以确保流程图的准确性、实用性和完整性。

步骤6：危害分析及控制措施。危害分析是HACCP计划最重要的一环。按食品生产的流程图，HACCP小组要列出各工艺步骤可能会发生的所有危害及其控制措施。危害包括生物性（微生物、昆虫）、化学性（农药、毒素、化学污染物、药物残留、添加剂等）和物理性（杂质、软硬度）的危害。对食品生产过程中每一个危害都要有对应的、有效的预防措施。这些措施和办法可以排除或减少危害出现，使其达到可接受水平。

步骤7：确定关键控制点（CCP）。HACCP计划中CCP的确定有一定的要求，并非有一定危害就设关键控制点。常采用判断树来认定CCP。应当明确，一种危害（如微生物）往往可由几个CCP来控制，若干种危害也可以由1个CCP来控制。

步骤8：确定各CCP的关键限值（CL）和容差（OL）。确定各CCP的控制措施应达到的关键限值（CL），也就是预先规定CCP的标准值。选定限值的原则是：可控制且直观、快速、准确、方便和可连续监测。CL值的确定，可参考有关法规、标准、文献、专家建议和实验结果，如果一时还找不到合适的CL值，食品企业应选用一个保守的CL值。

步骤9：建立各CCP的监控制度。拟定和采取正确的监控制度，以对CCP是否符合规定的限值与容差进行有计划的测定和观察，从而确保所有CCP都在规定的条件下运行。监控过程应做精确的运行记录，可为将来分析食品安全原因提供直接的数据。实施监控时必须明确：①监控的内容；②监控人员选择及其任务；③监控频率，对HACCP计划的每一进程，都要按规定及时进行监控。

10.6.4.2 HACCP计划的维护

步骤10：建立纠偏措施。食品生产过程中，HACCP计划的每一个CCP会发生偏离其规定的限值或容差范围的现象，这时候就要有纠偏行动，并以文件形式表达。纠偏行动要解决两类问题：①制定使工艺重新处于控制之中的措施；②拟好CCP失控时期生产的食品的处理办法。纠偏行动过程应做的记录内容包括：①产品描述、隔离和扣留产品数量；②偏离描述；③所采取的纠偏措施（包括失控产品的处理）；④纠偏行动的负责人姓名；⑤必要时提供评估的结果。

步骤 11：建立验证（审核）措施。验证（审核）的目的是：①验证 HACCP 操作程序，是否适合产品，对工艺危害的控制是否充分和有效；②验证所拟定的监控措施和纠偏措施是否适用。

步骤 12：建立记录保存和文件归档制度。HACCP 系统应文件化，文件和记录的保存应合乎操作种类和规范。保存的文件包括：HACCP 系统的各种措施（手段）说明；用于危害分析采用的数据；与产品安全有关的所做出的决定；监控方法及记录；由操作者签名和审核者签名的监控记录；偏差与纠偏记录；审定报告等及 HACCP 计划表；危害分析工作表；HACCP 执行小组会上报告及总结等。所有的 HACCP 记录归档后妥善保管，自生产之日起至少要保存两年。

步骤 13：回顾 HACCP 计划。HACCP 方法在经过一段时间的运行后，有必要对整个实施过程进行回顾和总结。当发生以下情况时，应对 HACCP 特别进行重新总结检查：①原料、产品配方发生变化；②加工体系发生变化；③工厂布局和环境发生变化；④加工设备改进；⑤清洁和消毒方案发生改变；⑥重复出现偏差，或出现新危害，或有新的控制方法；⑦包装、储存和发售体系发生变化；⑧人员等级或职责发生变化；⑨假设消费者使用发生变化；⑩从市场供应上获得的信息表明有关于产品的卫生或腐败风险。总结检查工作所形成的一些正确的改进措施应编入 HACCP 方法中，包括对某些 CCP 控制措施或规定的容差调整，或设置附加的新 CCP 及其监控措施。

10.6.5　HACCP 的认证

按照《HACCP 管理体系认证管理规定》，从事 HACCP 认证的机构，应当获得国家认证认可监督管理委员会的批准，并按有关规定取得国家认可机构的资格认可。在我国，具备从事 HACCP 认证资质的机构较多，每家机构都有不同的证书样式。

10.7　我国食品标准

10.7.1　我国食品标准现状

我国的食品标准化工作取得了比较大的成绩，已建立起了门类齐全、覆盖面相对较广的食品标准体系。尤其是 2009 年，《中华人民共和国食品安全法》发布实施后，对食品国家标准和行业标准进行了更加全面的清理和修订，明确规定了要制定统一的食品安全标准，不得再制定其他的食品强制性标准，并且规定食品安全国家标准的制定和公布，均以国家卫生行政部门为主导。2010 年 1 月我国成立了食品安全国家标准审评委员会，其下 10 个专业分委员会和 20 个单位委员几乎涵盖了工业和信息化、农业、商务、工商、质检、食品药品监管等整个食品生产和流通的链条。制定出来的食品安全标准具有最广泛的代表性和统一性，也最大程度上避免了监管执法过程中不同监管部门的执法冲突。

2015 年《中华人民共和国食品安全法》修订实施，食品安全国家标准又开始了新一轮的清理与修订，经过两次统一法律框架下标准的修订，取得了显著的成绩。自 2013 年起国家卫生计生委会同相关部门，利用 3 年时间牵头完成了清理整合现行食品标准的任务后，这些整合后的标准已经全部通过食品安全国家标准审评委员会审查，已在 2016 年陆续发布实施。

10.7.2　我国食品标准分类

10.7.2.1　按照标准效力或权限划分

根据《中华人民共和国标准化法》的规定，我国标准按效力或标准的权限可分为国家标准、行业标准、地方标准和企业标准，分别由国家标准化管理委员会、国务院有关行政主管部门、各省市标准化行政主管部门和企业进行制定。

10.7.2.2　按照标准属性划分

从标准的属性可将食品标准分为强制性食品标准、推荐性食品标准和指导性技术文件。根据我国《标准化法》的规定，保障人体的健康、人身与财产安全的标准和法律、行政法规规定强制执行的标准是强制性标准，其他的都是推荐性标准。国家强制性标准的代号是"GB"字母，GB 是"国标"两字汉语拼音首字母的大写；国家推荐性标准的代号是"GB/T"，字母"T"表示"推荐"的意思。

10.7.2.3　按照标准内容划分

从标准的内容划分，食品标准包括食品基础标准、食品安全限量标准、食品通用的试验和检验方法标准、食品通用的管理技术标准、食品标识标签标准、重要食品产品标准、其他标准等七个方面。

10.7.3　我国对食品安全标准的规定

食品安全标准相对于食品卫生标准、食品质量标准具有了全新的理念和精神，这也正对应了《食品安全法》相对于《食品卫生法》的超越，凸显了安全价值，是社会治理理念的变革。《食品安全法》第三章对食品安全标准进行了规定，构成了我国食品安全规制的起点。食品安全标准是强制执行的标准。除食品安全标准外，不得制定其他食品强制性标准。食品安全标准应当包括下列内容：

① 食品、食品添加剂、食品相关产品中的致病性微生物，农药残留、兽药残留、生物毒素、重金属等污染物质以及其他危害人体健康物质的限量规定；
② 食品添加剂的品种、使用范围、用量；
③ 专供婴幼儿和其他特定人群的主辅食品的营养成分要求；
④ 对与卫生、营养等食品安全要求有关的标签、标志、说明书的要求；
⑤ 食品生产经营过程的卫生要求；
⑥ 与食品安全有关的质量要求；
⑦ 与食品安全有关的食品检验方法与规程；
⑧ 其他需要制定为食品安全标准的内容。
食品安全国家标准由国务院卫生行政部门会同国务院食品安全监督管理部门制定、公

布，国务院标准化行政部门提供国家标准编号。食品中农药残留、兽药残留的限量规定及其检验方法与规程由国务院卫生行政部门、国务院农业行政部门会同国务院食品安全监督管理部门制定。屠宰畜、禽的检验规程由国务院农业行政部门会同国务院卫生行政部门制定。制定食品安全国家标准，应当依据食品安全风险评估结果并充分考虑食用农产品安全风险评估结果，参照相关的国际标准和国际食品安全风险评估结果，并将食品安全国家标准草案向社会公布，广泛听取食品生产经营者、消费者和有关部门等方面的意见。食品安全国家标准应当经国务院卫生行政部门组织的食品安全国家标准审评委员会审查通过。食品安全国家标准审评委员会由医学、农业、食品、营养、生物和环境等方面的专家以及国务院有关部门、食品行业协会、消费者协会的代表组成，对食品安全国家标准草案的科学性和实用性等进行审查。

10.7.4 我国食品安全标准工作进展

国家食品安全主管部门发布了《食品安全国家标准管理办法》《食品安全地方标准管理办法》等法规。按照公开、透明的原则，规定了标准制定公布的程序和管理要求。组建了食品安全国家标准审评委员会，制定公布了委员会章程，建立了委员会及其秘书处的工作制度。由多个领域的权威专家担任委员，提高食品安全标准审评水平。

根据《食品安全法》和国务院工作部署，国家卫生计生委会同相关部门，已从 2013 年开始全面启动并利用 3 年时间完成了食品标准清理工作，摸清了现有食品标准底数，提出了标准的清理意见，拟定了我国食品安全标准体系框架，明确了食品标准整合工作任务。食品标准以往有近 5000 项，除将千余项农兽药残留相关标准移交给农业部门清理外，其余 3000余项标准最终清理整合至 415 项，这些整合后的标准已经全部通过食品安全国家标准审评委员会审查，已在 2016 年陆续发布实施。2017 年 3 月，国家质检总局、国家标准委联合发布将《白砂糖》《花生油》《大豆油》《菜籽油》等 1077 项（食品类 34 项）强制性国家标准转化为推荐性国家标准，标准代号由 GB 改为 GB/T，标准顺序号和年代号不变，体现了"精简强制性标准、优化完善推荐性标准"的标准化工作趋势。截至 2023 年，我国一共发布了1563 项食品安全国家标准，其中涉及安全指标有 2.3 万余项，这些指标涵盖了我国居民消费的所有 30 大类 340 个小类食品，包括了影响居民饮食安全的主要健康危害因素，覆盖了从食品原料、生产加工到最终产品的全过程，包括从农田到餐桌的全链条。

10.8 国际标准与国外食品标准

10.8.1 国际标准化组织颁布的标准

10.8.1.1 国际标准化组织标准简介

国际标准化组织（International Organization for Standardization，ISO）是一个国际标准研究和发布的组织。ISO 下设许多专门领域的技术委员会和分委员会，负责制定国际标准。在标准的制定过程中，各委员会必须遵循协商一致、遍及全行业、自愿性质的原则。ISO 制定国际标准的工作步骤和程序分为 6 个阶段：提案阶段、筹备阶段、委员会阶段、询问阶段、批准阶段和出版阶段。

ISO 系统的食品标准主要是由 ISO 的农产食品技术委员会（TC34）制定，少数标准是由淀粉（包括衍生物和副产品）技术委员会（TC93）、化学技术委员会（TC47）和铁管、钢管和金属配件技术委员会（TC5）制定。TC34 主要制定农产食品各领域的产品分析方法标准。为了避免重复，凡 ISO 制定的产品分析方法标准都被 CAC 直接采用。近年来，ISO 开始关注水果、蔬菜和粮食等大宗农产品贮藏、冷藏、规格（等级）标准的制定，小麦、苹果等重要产品的等级标准已发布。其中我国承担了绿茶规格、八角规格标准的制定任务。

ISO 负责的食品标准化工作内容包括：ISO 在食品标准化领域的活动，包括术语、分析方法和取样方法、产品质量和分级、操作、运输和贮存要求等方面。不仅涉及农业、建筑、机械工程、制造、物流、交通和医疗器械，而且包括各行业通用的管理和服务实践标准。每个国际标准的目录及文件、已出版的 ISO 标准的目录以及正在制定中的 ISO 标准均可在网上查阅。

10. 8. 1. 2　ISO 22000 标准

2005 年，ISO 发布了 ISO 22000：2005《食品安全管理体系-对整个食品供应链的要求》（已废止）族标准，旨在确保全球的食品供应安全。我国于 2006 年发布了等同采用的 GB/T 22000 国家标准。2018 年，ISO 22000：2018《食品安全管理体系-对整个食品供应链的要求》族标准发布。该族标准是基于 HACCP 原理开发的一个自愿性国际标准，是对各国现行的食品安全管理标准和法规的整合，旨在保证全球的安全食品供应，可以作为整个食品链中的组织技术标准，对企业建立有效的食品安全管理体系进行指导，使全世界的组织以统一的方法执行关于食品安全的 HACCP 系统更加容易。

ISO 22000 的主要内容是针对食品链中的任何组织的要求，适用于从饲料生产者、初级食物生产者、食品制造商、储运经营者、转包商到零售商和食品服务端的任何组织，以及相关的组织如设备、包装材料、清洁设备、添加剂和成分的生产者。最终的目的是通过对供应链的控制，提供安全的最终端产品。

ISO 22000 不仅是通常意义上的食品加工规则和法规要求，还是一个寻求更为集中、一致和整合的食品安全体系。它将 HACCP 体系的基本原则与应用步骤融合在一起，既是描述食品安全管理体系要求的使用指导标准，又是可供认证和注册的可审标准，带来了一个在食品安全领域将多个标准统一起来的机会，也成为在整个食品供应链中实施 HACCP 的一种工具。

ISO 22000 系列国际标准由以下几个标准构成：一是 ISO 22000；二是 ISO 22003；三是 ISO 22004；四是 ISO 22005。

ISO 22000 标准的主要特点如下。

① 食品安全管理范围延伸至整个食品链，对于生产、制造、处理或供应食品的所有组织，食品安全的要求是首要的。认识到组织在食品链所处的角色和地位，以确保在食品链内有效地相互沟通，以供给最终消费者安全食物产品。

② 管理领域先进理念与 HACCP 原理的有效融合，过程方式、系统管理及持续改进是现代管理领域先进理念的核心内容。ISO 22000 将这些管理的先进理念与 HACCP 原理有效融合，建立一个系统，以最有效的方法实现组织的食品安全方针和目标。

③ 强调交互式沟通的重要性，在食品链中沟通是必需的，以确保在食品链各环节中的所有相关食品危害都得到识别和充分控制。

④ 满足法律法规要求是食品安全管理体系的前提。

⑤ 风险控制理论在食品安全管理体系中的体现，最高管理者应考虑能够影响食品安全的潜在紧急情况和事故并表明如何管理。

10.8.1.3　ISO 9000 族系列标准

ISO 9000 族标准是指由国际标准化组织质量管理和质量保证技术委员会（ISO/TC 176）制定的所有国际标准。ISO 9000 族标准最早于 1987 年制订，后经不断修改完善形成系列标准。该标准族可帮助组织实施并有效运行质量管理体系，是质量管理体系通用的要求或指南。它不受具体的行业或经济部门限制，可广泛适用于各种类型和规模的组织，在国内和国际贸易中促进相互理解。ISO 9000 族标准是 ISO 标准中被采用最多的一套标准，目前已经被近百个国家采用，90 多个国家和地区将此标准等同转化为国家标准。该族标准每 5 年更新修订一次，核心标准包括以下四个：

ISO 9000：2015《质量管理体系-基础和术语》，我国等同采用发布的为 GB/T 19000—2016《质量管理体系　基础和术语》；

ISO 9001：2015《质量管理体系-要求》，我国等同采用发布为 GB/T 19001—2016《质量管理体系　要求》；

ISO 19011：2021《管理体系审核指南》，我国等同采用发布为 GB/T 19011—2021《管理体系审核指南》；

ISO 9004：2020《质量管理体系业绩改进指南》（已废止），我国等同采用发布为 GB/T 19004—2020《质量管理　组织的质量　实现持续成功指南》。

10.8.2　国际食品法典委员会颁布的标准

《食品法典》是 CAC 制定的一套食品安全和质量的国际标准和食品加工规范与准则，旨在保护消费者健康并消除国际贸易中不平等的行为。CAC 用"法典"一词称谓其所有标准。自 1961 年开始制定国际食品法典以来，CAC 在食品质量和安全领域的工作已为世人所瞩目。CAC 通过法典工作不断地促进食品科学技术方面的研究和讨论，有效提升了全球的食品安全意识。因而，《食品法典》也就成为食品标准发展过程中唯一的和最重要的国际参考基准。

简单而言，《食品法典》是一套标准、操作规范、准则及其他建议的汇集。这些文本中有一些比较概括，有一些非常具体，有一些涉及与某种食品或某类食品相关的详细要求，另一些则涉及生产过程的操作和管理或政府食品安全管理系统及消费者保护的操作。

《食品法典》标准通常涉及产品的特点，并可能涉及政府对商品的所有适当的管制特点，或仅针对一种特点。食品中农药或兽药最大残留限量（MRL）是仅涉及一种特点的标准的例子。食品添加剂和食品中污染物及毒素的通用《食品法典》标准既含有一般也含有具体商品的规定。包装食品标签的《食品法典》通用标准涵盖这一类别中的所有食品。由于标准与产品的特点有关，凡产品用于贸易时均可适用这些标准。《食品法典》分析和取样方法，包括食品中污染物和农药，以及兽药残留的分析和取样方法也在《食品法典》标准中得到考虑。《食品法典》规范，包括卫生操作规范，界定被认为对确保供消费的食品安全和适当性至关重要的个别食品或食品类别的生产、加工、制作、运输和储存方法。对食品卫生而言，基本文件是《食品卫生一般原则》，它介绍 HACCP 食品安全管理系统。并为控制兽药使用的规范方面提供一般指导。

《食品法典》准则分为两类：一是规定某些关键领域政策的原则；二是解释这些原则或解释《食品法典》通用标准规定的准则。就食品添加剂、污染物、食品卫生和肉类卫生而言，管制这些事项须遵循的基本原则应纳入相关的标准和规范。

有些独立的《食品法典》原则，包含：在食品中增加必要的营养素；食品进口和出口检查及验证；制定和应用食品微生物标准；进行微生物风险分析；现代生物技术食品风险分析。解释性《食品法典》准则包括食品标签，尤其是管制对标签提出要求的准则。这类包括营养和卫生要求准则；有机食品生产、销售和标签的条件；以及要求"清真认证"的食品。有些准则解释《食品进口和出口检查及验证原则》的规定，以及关于对DNA已改变的植物和微生物食品进行安全评估的准则。

称为"商品标准"的类别是《食品法典》中数量最大的具体标准。《食品法典》中包含的主要商品为：谷物、豆类（豆类作物）及衍生产品，包括植物蛋白；油脂和油类及相关产品；鱼和渔产品；新鲜水果和蔬菜；加工和速冻水果和蔬菜；果汁；肉类和肉类产品；汤料；奶和奶制品；食糖、可可产品和巧克力及其它；杂类产品；商品标准往往遵循《食品法典委员会程序手册》中规定的固定格式。

食品标准的一致性一般被认为是有助于保护消费者健康和全面促进国际贸易的条件。基于此，《实施卫生与植物检疫措施协定》和《技术性贸易壁垒协定》（SPS和TBT）均主张食品标准的国际一致性。当今世界对《食品法典》的兴趣与日俱增，这明确地反映出全球性接受《食品法典》的精神，包括一致性、消费者保护和促进国际贸易等。

10.8.3 欧洲标准

欧洲标准化委员会（CEN）、欧洲电工标准化委员会（CENELEC）和欧洲电信标准化协会（ETSI）三个组织，按照83/189/EEC指令正式认可的标准化组织，分别负责不同领域的标准化工作。在欧盟各成员国的国家标准中，欧洲标准所占的比例高达80%以上。

CEN制定标准的范围最大，食品标准、卫生保健等包括在其中。目前CEN的目标是尽可能地使其制定的标准成为国际标准，使欧洲标准有广阔的前景和市场。40%的CEN标准被ISO采用为国际标准。

CEN已经发布了260多项欧洲食品标准，主要用于取样和分析方法，这些标准分别由7个技术委员会制定。如：

TC174 水果和蔬菜汁-分析方法；

TC194 与食品接触的器具；

TC275 食品分析-协调方法；

TC302 牛奶和乳制品-取样和分析方法；

TC307 含油种子、蔬菜及动物脂肪和油以及其副产品的取样和分析方法；

TC327 动物饲料-取样和分析方法；

TC338 谷物和谷类产品。

TC275技术委员会制定了50多个标准，主要包括微生物方法（沙门菌、李斯特菌的检测和计算）、重金属残留、亚硫酸盐等添加剂的测定方法和辐照食品检测等。

欧盟各成员国在采用欧洲标准方面有许多成熟的经验，这也是欧盟直接采用国际标准的一大优势。

10.8.4　美国标准

10.8.4.1　美国食品标准的制定

美国有关食品和农产品的标准化工作是依据有关法律进行的。FDA 负责《联邦食品、药品和化妆品法》的实施，组织制定了大量的食品标准。农业部的联邦谷物检验局（FGIS）负责《谷物标准化法》的落实，修订和维护小麦、玉米、大豆等 12 种谷物和油料产品的规格标准，并负责检验出证。联邦农业服务局负责实施《农业营销法》，制定、修订和维护水果、蔬菜、畜禽产品等标准。这些标准和检验对国内是自愿的，但在发生纠纷时是强制性的。向美国出口组织无例外强制执行。

美国推行的是民间标准优先的标准化政策，鼓励政府部门参与民间团体的标准化活动。自愿性和分散性是美国标准体系两大特点，也是美国食品安全标准的特点。美国食品安全标准的制定机构主要是经过美国国家标准学会（ANSI）认可的与食品安全有关的行业协会、标准化技术委员会和政府部门。

（1）行业协会制定的标准

① 美国官方分析化学师协会（Association of Official Analytical Chemists，AOAC）1884 年成立，1965 年改用现名。AOAC 主要从事检验与各种标准分析方法的制定工作。标准内容包括肥料、食品、饲料、农药、药材、化妆品、危险物质和其他与农业及公共卫生有关的材料等。

② 美国谷物化学师协会（American Association of Cereal Chemists，AACC）1915 年成立，旨在促进谷物科学的研究与合作，协调各技术委员会的标准化工作，推动谷物化学分析方法和谷物加工工艺的标准化。

③ 美国饲料管理协会（Association of American Feed Control Officials，AAFCO）1909 年成立，现有 14 个标准制定委员会，涉及产品 35 个。制定各种动物饲料术语、官方管理及饲料生产的法规及标准。

④ 美国奶制品学会（American Dairy Products Institute，ADPI）1923 年成立，进行奶制品的研究和标准化工作，制定产品定义、产品规格、产品分类等标准。

⑤ 美国饲料工业协会（American Feed Industry Association，AFIA）1909 年成立，具体从事有关方面的科研工作，并负责制定联邦与州的有关动物饲料的法规和标准，包括：饲料材料专用术语和饲料材料筛选精度的测定和表示符号等。

⑥ 美国油脂化学师协会（American Oil Chemists Society，AOCS）1909 年成立，原名为棉织品分析师协会（SCPA），主要从事动物、海洋生物和植物油脂的研究，油脂的提取、精炼和在消费与工业产品中的使用，以及有关安全包装、质量控制等方面的研究。

⑦ 美国公共卫生协会（American Public Health Association，APHA）成立于 1872 年，主要制定工作程序标准、人员条件要求及操作规程等。标准包括食物微生物检验方法、大气检定推荐方法、水与废水检验方法、住宅卫生标准及乳制品检验方法等。

（2）标准化技术委员会制定的标准

① 三协会卫生标准委员会　三协会标准是由牛奶工业基金会（MIF）、奶制品工业供应协会（DFISA）及国际奶牛与食品卫生工作者协会（IAMFS）联合制定的关于奶酪制品、蛋制品加工设备清洁度的卫生标准，并发表在牛奶与食品工艺杂志（*Journal of Milk and Food Technology*）上。

② 烘烤业卫生标准委员会（Baking Industry Sanitation Standards Committee，BISSC）1949 年成立，从事标准的制定、设备的认证、卫生设施的设计与建筑、食品加工设备的安装等。由政府和工业部门的代表参加标准编制工作，特殊的标准与标准的修改由协会的工作委员会负责。协会的标准为制造商和烘烤业执法机关所采用。

③ 农业部农业市场服务局（Agricultural Marketing Service，AMS） AMS 制定的农产品分级标准收集在美国《联邦法规法典》的 CFR7 中。这些农产品分级标准是依据美国农业销售法制定的，对农产品的不同质量等级予以标明。新的分级标准根据需要不断制定，大约每年对 7% 的分级标准进行修订。

10.8.4.2 美国食品标准包含的内容

美国的食品标准包含三方面的内容。

① 食品的特征性规定 规定了食品的定义，主要的食品成分和其他可作为食物成分的原料及用量。特征性规定的作用在于防止掺假（比如过高的水分）和特征辨别。FDA 已制定了 400 余种食品的特征性规定。

② 质量规定 包括一般质量要求与相关质量要求，如安全与营养要求等。

③ 装量规定 是对定型包装食品的装量规格所作的规定，其目的是保护消费者的经济权益。

10.9 我国与欧盟、美国的食品安全法规

10.9.1 我国食品安全法规

10.9.1.1 基本情况

我国食品安全领域中现行的法规体系由基本法和各种管制法规所构成。20 世纪 90 年代以来，我国相继颁布了一系列与食品安全相关的法律法规，如《中华人民共和国食品卫生法》《中华人民共和国农产品质量安全法》《乳品质量安全监督管理条例》等。2009 年《食品安全法》颁布实施后，各管制部门以该法为指导相继大幅度清理、修订与完善了各种食品安全管制法规，如《食品广告监管制度》《流通环节食品安全监督管理办法》《饲料和饲料添加剂管理条例》等。2021 年新修订的《食品安全法》（以下简称新《食品安全法》）围绕建立最严格的全过程监管制度、突出预防为主、风险防范的原则，建立最严格的法律责任制度，我国已形成了以《食品安全法》为统领，以管制法规为主干，以具体法规规章为支撑的庞大的食品安全法律体系。

（1）《食品安全法》

新修订的《食品安全法》分为 10 章共 154 条，实行预防为主、风险管理、全程控制、社会共治的基本原则。该法对生产、销售、餐饮服务等各环节实施最严格的全过程管理，强化生产经营者主体责任，完善追溯制度。同时，建立最严格的监管处罚制度，对违法行为加大处罚力度，构成犯罪的依法严肃追究刑事责任。此外，加重了对地方政府负责人和监管人员的问责。具体包括如下。

① 整合食品安全监管体制 新《食品安全法》将多部门分段监管食品安全的体制转变为由食品安全监督管理部门统一负责食品生产、流通和餐饮服务监管的相对集中的体制。新

《食品安全法》下，多部门分段监管将成为历史，食品安全监督管理部门"一揽子"主导监管，其他部门包括卫生部门、农业部门则发挥辅助监管作用。

② 实施全过程和全方位监管 全过程监管强调从食品原料阶段至消费者购入之间各环节的无缝管理，新《食品安全法》突出改动表现为：源头阶段首次延伸至食用农产品、新增食品贮存和运输管理、渠道上增加网上销售的管理规则、生产和流通提出更多监管要求以及将食品添加剂全面纳入《食品安全法》管辖范畴。

a. 源头阶段延伸至食用农产品。新《食品安全法》首次明确将食用农产品的销售纳入《食品安全法》的管辖，同时规定了一系列与食用农产品相关的要求，包括食用农产品检验制度、进货查验记录制度、投入品记录制度等。新《食品安全法》特别指出，食用农产品的销售无须申请食品流通许可证。新《食品安全法》还规定，食用农产品的质量安全管理仍然适用《农产品质量安全法》，但在销售等方面优先适用《食品安全法》。

b. 食品贮存和运输直接纳入监管环节。新《食品安全法》明确将贮存、运输、装卸作为六大适用经营行为之一，首次规定了从事食品贮存、运输和装卸的非食品生产经营者的义务（第三十三条规定了非食品生产经营者应当与食品生产经营者遵守同样的贮存、运输和装卸的安全要求）和责任（第一百三十二条规定，未按要求进行食品贮存、运输和装卸的由相关部门责令改正，给予警告；拒不改正的，责令停产停业并处一万元以上五万元以下罚款，情节严重的，吊销许可证）。

c. 生产、流通环节的新要求。新《食品安全法》在生产和流通环节增加更多的要求，包括投料、半成品及成品检验等关键事项的控制要求、批发企业的销售记录制度、生产经营者索证索票以及进货查验记录等制度。尽管大部分上述要求在修订前已有规定，但新《食品安全法》要求：第四十七条新设食品生产经营者食品安全自查制度，要求食品生产经营者定期对食品安全状况进行检查和评价。对于原有批发企业的销售记录制度方面，《食品安全法实施条例》的原规定是在建立记录和保留凭证两项中选择其一即可，但新《食品安全法》第五十三条则规定应当建立相关记录并保存凭证。对于原有生产经营者的索证索票、进货查验记录制度。新《食品安全法》第五十条更加详细具体地规定记录和凭证保存期限不得少于产品保质期满后六个月；没有明确保质期的，保存期限不得少于二年。使得相关记录和凭证的保存期限不局限于原来的硬性规定二年。

d. 加强食品小单位的监管。长期以来，我国存在大量的食品生产经营小单位，如食品生产加工小作坊、食品摊贩、小食杂店等。我国幅员辽阔，各地食品生产经营小单位差别明显。为从实际情况出发，有效解决食品生产经营小单位的食品安全问题，新《食品安全法》从以下几个方面进行了创新。一是扩大食品生产经营小单位的范围。二是明确食品生产经营小单位的监管部门。新《食品安全法》第三十六条规定："食品生产加工小作坊和食品摊贩等从事食品生产经营活动，应当符合本法规定的与其生产经营规模、条件相适应的食品安全要求，保证所生产经营的食品卫生、无毒、无害，食品安全监督管理部门应当对其加强监督管理"。三是明确地方政府对食品生产经营小单位进行综合治理。新《食品安全法》第三十六条规定："县级以上地方人民政府应当对食品生产加工小作坊、食品摊贩等进行综合治理，加强服务和统一规划，改善其生产经营环境，鼓励和支持其改进生产经营条件，进入集中交易市场、店铺等固定场所经营，或者在指定的临时经营区域、时段经营"。四是具体管理办法由省、自治区、直辖市制定。新《食品安全法》第三十六条规定："食品生产加工小作坊和食品摊贩等的具体管理办法由省、自治区、直辖市制定"。五是对食品生产经营小单位的处罚依据具体管理办法执行。新《食品安全法》第一百二十七条规定："对食品生产加工小作坊、食品摊贩等的违法行为的处罚，依照省、自治区、直辖市制定的具体管理办法执行"。

e. 增加第三方平台网络食品交易规定。新《食品安全法》规定了食品经营者在第三方网络交易平台的实名登记制度和第三方平台审查经营者许可证的义务，并规定了第三方平台提供者未遵守该制度的连带责任。该新增义务加重了第三方平台的审查义务，体现了在食品流通过程中更严格的经营者自我审查要求。新《食品安全法》还规定，未履行审查许可证义务使消费者受到损害的，第三方交易平台应当与食品经营者承担连带责任，使得该项义务在实践中更具执行力。

f. 全面强化食品添加剂的管理。新《食品安全法》在很多涉及食品的规定中加强了对于食品添加剂的管理，显示了对食品添加剂全面监管的特征，体现了对食品添加剂安全问题的重视。这在一定程度上，将食品管理规范类推至食品添加剂范畴。值得注意的新要求包括：新《食品安全法》第二十六条规定食品安全标准应包含食品添加剂中危害人体健康物质的相关限量规定。第三十四条明确列出了禁止生产经营的食品添加剂，包括：危害人体健康物质含量超过食品安全标准限量的食品添加剂，用超过保质期的食品原料、食品添加剂生产的食品添加剂，腐败变质、油脂酸败、霉变生虫、污秽不洁、混有异物、掺假掺杂或感官性状异常的食品添加剂，标注虚假生产日期、保质期或者超过保质期的食品添加剂，无标签的食品添加剂。第一百二十四条增加了违法生产和经营第三十四条禁止的食品添加剂的处罚。新《食品安全法》将违法生产和使用食品添加剂的处罚直接标明，使得今后对食品添加剂的相关违法行为的处罚更加有据。这些大量新增的规定更多体现了系统整合食品添加剂的现有规定，是对《食品添加剂生产监督管理规定》《食品添加剂生产管理办法》《食品添加剂新品种管理办法》等法律法规中重要条款的重申或细化。

g. 加强餐饮服务环节的监管。新《食品安全法》增设了餐饮服务提供者的原料控制义务以及学校等集中用餐单位的食品安全管理规范。在新《食品安全法》出台之前，这一领域主要通过《餐饮服务食品安全监督管理办法》和《学校食堂与学生集体用餐卫生管理规定》来进行规范。从增设义务的角度来看，新《食品安全法》中的规范并没有在上述两个规定的基础上有显著性的突破，而更多的是从立法角度，以《食品安全法》全程监管、统一监管。但从责任角度来看，对餐饮服务提供者未按规定制定、实施生产经营过程控制的责任有所加重。另一方面，在新《食品安全法》中对餐饮服务环节进行规范也是对全过程监管这一理念的贯彻，体现了从"菜篮子"到"餐桌"的监管。

h. 强化内部举报人权益保障。在总结各地区和有关部门食品安全有奖举报制度实施经验的基础上，新《食品安全法》在第一百一十五条确立了食品安全有奖举报制度。长期以来，我国食品安全工作的重点在基层。然而，由于各方面条件的制约，目前在广大基层，尤其是乡镇，食品安全监管力量十分薄弱。新《食品安全法》从我国现实国情出发，贯彻中央关于建立统一权威的食品药品监管机构的要求，明确规定："县级人民政府食品安全监督管理部门可以在乡镇或者特定区域设立派出机构"，这从法律层面进一步强化了基层食品安全监管机构建设。对突出贡献者给予表彰和奖励。食品安全问题属于重大的社会问题。多年来，无论是食品安全监管部门、地方政府、消费者组织、检验机构、认证机构、新闻媒体，还是食品生产经营企业、行业协会、专业学者等，都为提升我国食品安全工作水平做出了重要贡献。为了树立新形象，传播正能量，激发社会各界积极参与食品安全监督，新《食品安全法》第十三条规定："对在食品安全工作中做出突出贡献的单位和个人，按照国家有关规定给予表彰、奖励"。

③ 建立了食品安全全程追溯制度 新《食品安全法》规定，国家建立食品安全全程追

溯制度。第四十二条规定食品生产经营者应当依照本法的规定，建立食品安全追溯体系，保证食品可追溯。国家鼓励食品生产经营者采用信息化手段采集、留存生产经营信息，建立食品安全追溯体系。国务院食品安全监督管理部门会同国务院农业行政等有关部门建立食品安全全程追溯协作机制。

④ 对特殊食品的监管　新《食品安全法》专门设立了特殊食品一节，集中规定了包括保健食品、特殊医学用途配方食品以及婴幼儿配方食品的特殊法律要求，在吸纳该领域已有规定的同时，也引入了一些变化和突破，如保健食品的注册和备案相结合制度、扩展婴幼儿配方食品的监管范围等。

a. 保健食品。新《食品安全法》吸收了《保健食品管理办法》和《广告法》中的规定，在此基础上，新的变化包括：区分保健食品的产品注册和备案制度、明确保健食品广告审批制度、新增保健功能目录和保健食品原料目录这三个方面。具体包括：第一方面，保健食品的注册和备案制度。新《食品安全法》将现有的保健食品统一注册制度改变为注册与备案相结合的制度。根据新《食品安全法》，注册制适用于使用保健食品原料目录以外原料的保健食品以及首次进口的保健食品，而备案则适用于属于补充维生素、矿物质等营养物质的初次进口的保健食品以及其他保健食品。鉴于现有保健食品注册程序冗长、文件要求繁多，实行相对简化的备案制会给整个保健食品行业带来重大影响。从现有的原则性规定来看，相比注册制，备案制无须技术审批环节，文件要求也有所精简。第二方面，保健食品广告审批制度。新《食品安全法》明确规定保健食品的广告内容应当经生产企业所在地省、自治区、直辖市人民政府食品安全监督管理部门审查批准，并取得保健食品广告批准文件。这是对新修订的《广告法》第四十六条"发布保健食品广告应当在发布前由有关部门对广告内容进行审查"的呼应和进一步明确。违法的保健食品广告仍然依照《广告法》的规定由工商管理部门处罚。新《食品安全法》中也增加了对保健食品广告的要求，如不得宣传疾病预防、治疗功能，并且必须声明"不得替代药物"。其中不得宣传疾病预防、治疗功能的要求在《保健食品管理办法》中已有规定。必须声明"不得替代药物"是新的规定，与新修订的《广告法》的规定相呼应。第三方面，保健功能目录和保健食品原料目录。新《食品安全法》中规定，由国务院食品安全监督管理部门会同其他部门制定保健食品原料目录和允许保健食品声称的保健功能目录。保健食品原料目录应当包括原料名称、用量及其对应的功效。这两个详细的目录将有助于规范保健食品市场，也是保健食品的生产经营者应当关注的动态。现阶段，保健食品原料使用的主要依据是《卫生部关于进一步规范保健食品原料管理的通知》中发布的《可用于保健食品的物品名单》和《保健食品禁用物品名单》，这两个名单中只列举了物品名称，并没有规定其对应的功能。而可声称的保健功能主要依据《卫生部关于调整保健食品功能受理和审批范围的通知》。

b. 特殊医学用途配方食品。新《食品安全法》增加规定，特殊医学用途配方食品应当经国务院食品安全监督管理部门注册。特殊医学用途配方食品是适用于患有特定疾病人群的特殊食品，2009 年颁布的《食品安全法》对这类食品未作规定。一直以来，我国对这类食品按药品实行注册管理，截至目前共批准 69 个肠内营养制剂的药品批准文号。2013 年，原国家卫生和计划生育委员会就颁布了特殊医学用途配方食品的国家标准，将其纳入食品范畴。原国家食品药品监督管理总局也曾提出，特殊医学用途配方食品是为了满足特定疾病状态人群的特殊需要，不同于普通食品，安全性要求高，需要在医生指导下使用，建议明确对其继续实行注册管理，避免形成监管缺失。新《食品安全法》对特殊医学用途配方食品的规定实际是对之前的标准要求进行了整合。

c. 婴幼儿配方食品。新《食品安全法》在条文上增加了婴幼儿配方食品的备案和出厂逐批检验等义务，并将婴幼儿配方乳粉产品的配方由备案制改为注册制，且重申不得以分装方式生产婴幼儿配方乳粉。该规定实际上深化了近年来对于婴幼儿配方乳粉的一系列新规定，包括国家食品药品监督管理总局于2013年底颁布的《关于禁止以委托、贴牌、分装等方式生产婴幼儿配方乳粉的公告》《关于进一步加强婴幼儿配方乳粉销售监督管理工作的通知》中的相关规定。婴幼儿乳粉的配方在上述文件中实行的是备案制，现在新《食品安全法》将这一制度变更为注册制，意味着食品安全监督管理部门将会对企业提交的乳粉配方进行审查，且企业在申请注册时必须提交能够表明配方的科学性、安全性的相关材料。这表明国家对婴幼儿乳粉的配方将采取更为严格的管控，企业在设计配方时也应当对其科学性和安全性更加注意。新《食品安全法》的另一个新变化是将配方备案和出厂逐批检验制度扩展到了所有婴幼儿配方食品，而不再局限于婴幼儿乳粉制品。

⑤ 进出口食品的监管　新《食品安全法》对进出口食品管理制度的修改主要是通过吸收《中华人民共和国进出口食品安全管理办法》和对其他相关规定（包括《进口食品进出口商备案管理规定》及《食品进口记录和销售记录管理规定》）中的条款（如进口商备案、进口食品收货人的进口记录和销售记录要求等）进行细化，并增加了一些新的内容，其中比较突出的如下。

a. 进口尚无食品安全国家标准的食品可由境外出口商提交所执行的相关国家（地区）的标准或者国际标准，以替代原法规定的相关安全性评估材料，该规定具有一定实用价值。当地国家标准或国际标准，显然比提供安全性评估资料更加简便，也更方便操作，从而能够加快缺乏国内食品标准的产品取得许可的过程，也能够为卫生部门制定新的标准提供参考。

b. 规定进口商应当建立境外出口商、境外生产企业审核制度。此条规定要求了进口商建立审核体系，着重审核进口食品、食品添加剂、食品产品是否符合我国《食品安全法》、食品安全国家标准，以及标签和说明书的合规性。如何审核上述内容，对食品进口企业提出新要求。

⑥ 大幅加重法律责任，健全责任机制　新《食品安全法》的一个重要特征是提高违法成本、加重法律责任。加重法律责任突出表现在三个方面：完善民事赔偿机制、加大行政处罚力度、与刑事责任的衔接。除此之外，新《食品安全法》在严厉执法的同时还新增食品经营者豁免条款。

a. 完善民事赔偿机制。完善民事赔偿机制主要包括三个方面。第一方面，新增首付责任制：新《食品安全法》规定民事赔偿实行首付责任制，在尊重消费者选择赔偿主体的基础上，突出规定先接到消费者赔偿请求的生产者或经营者应当承担先行赔付责任，不得推诿；首付责任制度是对《中华人民共和国消费者权益保护法》及《中华人民共和国产品质量法》中相关规定的深化。以上两法中均规定，消费者或者其他受害人因商品缺陷造成人身、财产损害的，可以向销售者要求赔偿，也可以向生产者要求赔偿。新《食品安全法》则在此基础上，在明确保护消费者索赔选择权利的基础上，从被索赔对象的角度规定了先行赔偿的责任，避免生产经营者以其他方过错为由加重消费者索赔难度。第二方面，明确了第三方连带责任：第三方主体如明知食品经营者从事严重违法行为，仍为其提供生产场所或者其他条件的，将与生产经营者共同对消费者承担连带责任。另外，网络食品交易第三方平台未依法对入网食品经营者进行实名登记、审查许可证而使消费者的合法权益受到损害的，应当与食品经营者共同承担连带责任。第三方面，完善赔偿标准：新《食品安全法》规定了法定情形下，消费者十倍价款或者三倍损失的惩罚性赔偿金制度。新《食品安全法》还规定，生产不符合食品安全标准的食品或者经营明知不符合食品安全标准的食品，消费者除要求赔偿损失外，还可以向生产者或者经营者要求支付价款十倍或者三倍损失的赔偿金，增加的赔偿金额不足一千元的，为一千元。价款十倍的赔偿金在原法中已有规定，但三倍损失以及增加的赔偿金额不足一千元按一千元计则是基于食品的特性而做出的新规定，这在产品价款较低但造成的损失较高时更能体现惩罚力度。

b. 加大行政处罚力度。加大行政处罚力度主要包括三个方面。第一方面，大幅提高处罚金额：新《食品安全法》大幅度提高了原有的处罚金额，将处罚金额上调了数倍，最高可达货值的三十倍。低违法成本将成为历史，重罚将成为今后食品违法处罚的明显趋势。新《食品安全法》之下，如严格执法，国内企业的违法成本必将提高。第二方面，明确了食品相关方责任：新《食品安全法》增加了对明知从事严重违法行为、仍为其提供生产场所或者其他条件的主体的处罚，最高处罚金额可达二十万元。第三方面，施加人身处罚和资格限制：除了增加公司违法的处罚金额外，新《食品安全法》强化了对食品从业人员的管理，在违法情况下，对违法个人施加人身性质或资格的处罚，包括：A. 终身禁人制度，食品安全犯罪被判处有期徒刑以上刑罚的，终身不得从事食品生产经营管理工作以及担任食品安全管理人员；同时，严禁食品经营主体聘用上述人员；B. 对于严重违法的直接负责主管或其他责任人，可直接予以行政拘留；C. 限制从业制度，被吊销许可证的食品生产经营者及其法定代表人、直接负责的主管人员和其他直接责任人员五年内不得申请食品生产经营许可，或者从事食品生产经营管理工作、担任食品生产经营企业食品安全管理人员。

c. 与刑事责任的衔接。新《食品安全法》增加了规定：行政部门发现涉嫌构成食品安全犯罪的，应当依法移送公安机关立案侦查并追究其刑事责任，同时公安机关对于不构成犯罪但是应当追究行政责任的案件也应当及时移送行政部门。这一条款主要是将《食品安全法》中规定的行政责任的追究与《刑法》第一百四十三条、一百四十四条等规定的食品安全犯罪刑事责任的追究相衔接，也是加强行政部门和公安机关在打击食品安全违法活动中的协作。

d. 新增食品经营者豁免条款。新《食品安全法》在明确责任的同时，对于已尽义务的不知情食品经营者规定了豁免条款。豁免条款的要点为：仅适用于食品经营者（即销售者和餐饮服务提供者），不适用于生产者；需履行了法定的进货检查义务；需举证不知晓，证据要求必须充分；需如实说明进货来源；仅免除行政处罚，不符合食品安全标准的产品仍需没收，且仍应承担民事赔偿。该条款具有较高的实用价值。

⑦ 关于继承性的修订　新《食品安全法》用大量的篇幅吸纳已有的分布在其他法律、条例或相关性法规中的内容，引起较大关注的包括以下几个方面。

a. 剧毒农药的使用。新《食品安全法》明确规定了禁止将剧毒、高毒农药用于蔬菜、瓜果、茶叶和中草药材等国家规定的农作物。但是在 2001 年颁布的《农药管理条例》第二十七条中已有完全相同的规定。新《食品安全法》中增加了违反该规定情况下可对相关负责人处以行政拘留。

b. 转基因食品标识。新《食品安全法》第六十九条新增了转基因食品标识的要求，规定"生产经营转基因食品应当按照规定显著标示"。实际上，转基因生物的标示早在 2001 年颁布的《农业转基因生物安全管理条例》中就有规定，2002 年实施的《农业转基因生物标识管理办法》对应当如何标示也做了非常详细的规定。《食品标识管理规定》（2009 修订版）第十六条也规定"属于转基因食品或者含法定转基因原料的应当在其标识上标注中文说明"。本次新《食品安全法》则强调了转基因食品的标示应当"显著"。

c. 食用农产品进货查验记录制度。新《食品安全法》还加入了食用农产品销售者的进货查验记录制度、食用农产品批发市场的检验要求，虽然该制度和要求在《农产品质量安全法》中已有完全相同的规定，但在新《食品安全法》中写入该条体现了建立食品和食用农产品全程追溯协作机制的理念。

d. 进口食品进口商备案。新《食品安全法》新增了进口食品进口商的备案，是对2012年由国家质检总局颁布的《进口食品进出口商备案管理规定》中的进口商备案制度以及备案信息公布制度的提炼和重申。

⑧ 完善了食品安全风险监测和评估　新《食品安全法》增加风险监测计划调整、监测行为规范、监测结果通报等规定，明确应当开展风险评估的情形，补充风险信息交流制度，提出加快标准整合、跟踪评价标准实施情况等要求。其中规定：食品安全风险监测工作人员有权进入相关食用农产品种植养殖、食品生产经营场所采集样品、收集相关数据。新《食品安全法》规定，食品安全风险评估不得向生产经营者收取费用，采集样品应当按照市场价格支付费用。

⑨ 增设监管部门负责人约谈制　新《食品安全法》增设责任约谈制度，新《食品安全法》规定，食品生产经营过程中存在食品安全隐患，未及时采取措施消除的，县级以上人民政府食品安全监督管理部门可以对食品生产经营者的法定代表人或者主要负责人进行责任约谈。责任约谈情况和整改情况应当纳入食品生产经营者食品安全信用档案。县级以上人民政府食品安全监督管理等部门未及时发现食品安全系统性风险，未及时消除监督管理区域内的食品安全隐患的，本级人民政府可以对其主要负责人进行责任约谈。地方人民政府未履行食品安全职责，未及时消除区域性重大食品安全隐患的，上级人民政府可以对其主要负责人进行责任约谈。被约谈的食品安全监督管理部门等部门、地方人民政府应当立即采取措施，对食品安全监督管理工作进行整改。

⑩ 规定食品安全实行社会共治　新《食品安全法》规定食品安全实行社会共治。一是规定食品安全有奖举报制度。明确对查证属实的举报，应给予举报人奖励。二是规范食品安全信息发布。强调监管部门应当准确、及时公布食品安全信息，同时规定，任何单位和个人不得编造、散布虚假食品安全信息。三是增设食品安全责任保险制度。

（2）《农产品质量安全法》

新修订的《农产品质量安全法》于2023年1月1日实施，该法共8章81条，进一步明确了各级政府、有关部门和各类主体法律责任，优化完善农产品质量安全风险管理与标准制定，建立健全产地环境管控、承诺达标合格证、农产品追溯、责任约谈等管理制度，并加大了对违法行为的处罚力度。修改的主要内容包括以下方面。

① 压实农产品质量安全各方责任　把农户、农民专业合作社、农业生产企业及收储运环节等都纳入监管范围，明确农产品生产经营者应当对其生产经营的农产品质量安全负责，落实主体责任；针对出现的新业态和农产品销售的新形式，规定了网络平台销售农产品的生产经营者、从事农产品冷链物流的生产经营者的质量安全责任，还规定了农产品批发市场、农产品销售企业、食品生产者等的检测、合格证明查验等义务，明确各环节的责任。同时，地方人民政府应当对本行政区域的农产品质量安全工作负责，对农产品质量安全工作不力、问题突出的地方人民政府，上级人民政府可以对其主要负责人进行责任约谈、要求整改，落实地方属地责任。

② 强化农产品质量安全风险管理和标准制定、实施　农产品质量安全工作实行源头治理、风险管理、全程控制的原则，在具体制度上，通过农产品质量安全风险监测计划和实施方案、评估制度等，加强对重点区域、重点农产品品种的风险管理。适应农产品质量安全全

过程监管需要，进一步明确农产品质量安全标准的范围、内容，确保农产品质量安全标准作为国家强制执行的标准严格实施。

③ 完善农产品生产经营全过程管控措施　一是加强农产品产地环境调查、监测和评价，划定特定农产品禁止生产区域。二是对农药、肥料、农用薄膜等农业投入品及其包装物和废弃物的处置作了规定，防止对产地造成污染。三是对农产品生产企业和农民专业合作社、农业社会化服务组织作出针对性规定，建立农产品质量安全管理制度，鼓励建立和实施危害分析和关键控制点体系，实施良好农业规范。四是建立农产品承诺达标合格证制度，要求农产品生产企业、农民专业合作社、从事农产品收购的单位或者个人按照规定开具承诺达标合格证，承诺不使用禁用的农药、兽药及其他化合物且使用的常规农药、兽药残留不超标等。同时，明确农产品批发市场应当建立健全农产品承诺达标合格证查验等制度。五是对列入农产品质量安全追溯名录的农产品实施追溯管理。鼓励具备条件的农产品生产经营者采集、留存生产经营信息，逐步实现生产记录可查询、产品流向可追踪、责任主体可明晰。

④ 增强农产品质量安全监督管理的实效　一是明确农业农村主管部门、市场监督管理部门按照"三前""三后"（以是否进入批发、零售市场或者生产加工企业划分）分阶段监管，在此基础上，强调农业农村主管部门和市场监督管理部门加强农产品质量安全监管的协调配合和执法衔接。二是明确农业农村主管部门建立健全随机抽查机制，按照农产品质量安全监督抽查计划开展监督抽查。三是加强农产品生产日常检查，重点检查产地环境、农业投入品，建立农产品生产经营者信用记录制度。四是推动建立社会共治体系，鼓励基层群众性自治组织建立农产品质量安全信息员工作制度协助开展有关工作，鼓励消费者协会和其他单位或个人对农产品质量安全进行社会监督，对农产品质量安全监督管理工作提出意见建议；新闻媒体应当开展农产品质量安全法律法规和知识的公益宣传，对违法行为进行舆论监督。

⑤ 加大对违法行为的处罚力度　与《食品安全法》相衔接，提高在农产品生产经营过程中使用国家禁止使用的农业投入品或者其他有毒有害物质，销售农药、兽药等化学物质残留或者含有的重金属等有毒有害物质超标的农产品的罚款处罚额度；构成犯罪的，依法追究刑事责任。同时，考虑我国国情、农情，对农户的处罚与其他农产品生产经营者相比，相对较轻。

此外，该法修改的亮点主要包括以下方面：

① 将农户纳入法律调整范围，实现农产品生产经营主体全覆盖　新法将农户纳入法律调整范围，实现监管对象全覆盖，充分结合我国"大国小农"农情，对农户服务与监管并重，明确规定农业技术推广等机构应当为农户等农产品生产经营者提供农产品检测技术服务。鼓励和支持农户销售农产品时开具承诺达标合格证。农民专业合作社和农产品行业协会对其成员应当及时提供生产技术服务。同时，对农户的处罚与其他农产品生产经营者相比，相对较轻。

② 创新建立农产品承诺达标合格证制度　新法创新建立承诺达标合格证制度，对农产品生产者开具、收购者收取保存和再次开具、批发市场查验承诺达标合格证做出了具体规定，明确了法律责任，更好促进产地与市场有效衔接，进一步确立了这项制度在农产品质量安全工作中的长期性、基础性地位，同时通过自律、他律和国律的力量汇聚起来，筑牢质量安全防线。

③ 强化基层监管，夯实"最初一公里"　新法明确"乡镇人民政府应当落实农产品质量安全监督管理责任，协助上级人民政府及其有关部门做好农产品质量安全监督管理工作；国家鼓励和支持基层群众性自治组织建立农产品质量安全信息员工作制度，协助开展有关工

作"。这些规定对推动提升乡镇监管能力、夯实农产品质量安全工作基础具有十分重要的意义。

④ 健全完善风险监测和风险评估制度　新法在原法已确立农产品质量安全风险监测基础上，明确了部、省两级开展风险监测的重点；明确提出国家建立农产品质量安全风险评估制度，赋予了国务院卫生健康和市场监管部门提出风险评估建议的职责，建立了风险评估信息通报机制，细化了风险评估专家委员会的学科领域。

⑤ 明确农产品质量安全标准范围　新法进一步明确农产品质量安全标准的范围、内容，主要包括"农业投入品质量要求、使用范围、用法、用量、安全间隔期和休药期规定；农产品产地环境、生产过程管控、储存、运输要求；农产品关键成分指标等要求；与屠宰畜禽有关的检验规程；其他与农产品质量安全有关的强制性要求"。确保农产品质量安全标准作为国家强制执行标准的严格实施。

⑥ 突出绿色优质，加强地理标志农产品保护　新法首次在法律层面提出了绿色优质农产品这一提法，鼓励选用优质品种，采取绿色生产和全程质量控制技术，提升农产品品质，打造农产品精品品牌。同时支持冷链物流基础设施建设，健全有关标准规范和监管保障机制。鼓励符合条件的农产品生产经营者申请农产品质量标志，明确加强地理标志农产品保护和管理，为促进优质优价提供支撑。

⑦ 加强农产品质量安全追溯管理　新法明确国家对列入农产品质量安全追溯目录的农产品实施追溯管理。国务院农业农村主管部门应当会同国务院市场监督管理等部门建立农产品质量安全追溯协作机制。国家鼓励具备信息化条件的农产品生产经营者采用现代信息技术手段采集、留存生产记录、购销记录等生产经营信息。

⑧ 推进农产品质量安全信用体系建设　新法推动建立社会共治体系，明确规定推进农产品质量安全信用体系建设，建立农产品生产经营者信用记录，记载行政处罚等信息，推进农产品质量安全信用信息的应用和管理，进一步增强农产品质量安全监管实效。

⑨ 建立责任约谈制度，防范风险，压实责任　新法新增责任约谈制度，进一步压实生产经营者责任和地方政府属地责任。明确规定农产品生产经营过程中存在质量安全隐患，未及时采取措施消除的，农业农村部门可以对农产品生产经营者的法定代表人或者主要负责人进行责任约谈。对农产品质量安全责任落实不力、问题突出的地方人民政府，上级人民政府可以对其主要负责人进行责任约谈。

⑩ 加大对违法行为的处罚力度，增加"拘留"处罚形式　新法与《食品安全法》相衔接，提高在农产品生产经营过程中使用国家禁止使用的农业投入品或者其他有毒有害物质，销售农药、兽药等化学物质残留或者含有的重金属等有毒有害物质超标的农产品的罚款处罚额度；构成犯罪的，依法追究刑事责任。增加"拘留"处罚形式，进一步提高处罚额度。

10.9.1.2　中央机构的行政法规

在中央层面，国务院以及国家卫生健康委员会、农业农村部、国家市场监督管理总局等均颁布有食品的行政法规和规范性文件，如《绿色食品标志管理办法》《有机产品认证管理办法》《新食品原料安全性审查管理办法》《保健食品管理办法》《农业转基因生物安全管理条例》《国家食品安全事故应急预案》《中华人民共和国食品安全法实施条例》等。

（1）《食品安全法实施条例》

为进一步细化和落实新修订的《食品安全法》，解决实践中仍存在的问题，对《食品安全法实施条例》进行了修订。修订后的条例于 2019 年 12 月 1 日起施行，修订重点集中在以下 5 个方面。

①是细化《食品安全法》的原则规定　如细化了食品生产经营企业主要负责人的责任；细化了学校和托幼机构等集中用餐单位食品安全责任；细化了生产经营、贮存运输、追溯体系、市场退出等全过程管理要求；细化了"情节严重"的情形规定等，为督促落实生产经营者主体责任提供更具操作性的制度规范。

②是强化对违法违规行为的惩罚　如提高违法成本，增设"处罚到人"制度，最高可处法定代表人及相关责任人年收入 10 倍的罚款；建立严重违法食品生产经营者"黑名单"制度，实施信用联合惩戒；健全食品安全行政执法与公安机关行政拘留衔接机制等，目的是让不法分子不敢以身试法。

③是实化针对具体问题的监管举措　如禁止利用会议、讲座、健康咨询等任何方式对食品进行虚假宣传；对特殊食品检验、销售、标签说明书、广告等管理作出规定；禁止发布没有法定资质的检验机构所出具的检验报告；明晰了进口商对境外出口商和生产企业审核的内容等，解决监管执法中遇到的问题。

④是优化风险管理制度机制　坚持预防为主、源头治理，促进食品安全科学监管。比如，完善农业投入品的风险评估制度；建立食品安全风险监测会商机制；明确了风险交流的内容、程序和要求等，推动食品安全社会共治共享。

⑤是固化实践中行之有效的做法　如建设食品安全职业化检查员队伍；对企业内部举报人给予重奖；制定并公布食品中非法添加物质名录、补充检验方法等，进一步提高监管工作效能。法律的生命力在于实施。食品安全法规制度重在执行。市场监管部门将加大《条例》宣传贯彻力度，加快配套规章制度立改废工作，严格监管执法，严守安全底线，督促食品生产经营者履行主体责任，促进食品产业高质量发展，努力让人民群众买得安心、吃得放心。

(2)《国家食品安全事故应急预案》

为建立健全应对食品安全事故的运行机制，有效预防、积极应对食品安全事故，高效组织应急处置工作，最大限度地减少食品安全事故的危害，保障公众健康与生命安全，国务院发布了《国家食品安全事故应急预案》，该预案是对《国家重大食品安全事故应急预案》的修订。预案共 7 章分别是总则，组织机构及职责，应急保障，监测预警，报告与评估，应急响应，后期处置，附则。预案是全国食品安全应急预案体系的总纲，规定了应对特别重大食品安全事故的组织体系、工作机制等内容，是指导预防和处置各类食品安全事故的规范性文件。预案要求国务院有关食品安全监管部门、地方各级人民政府参照本预案，制定本部门、本地区食品安全事故应急预案。预案明确了应对食品安全事故的工作原则：以人为本，减少危害；统一领导，分级负责；科学评估，依法处置；居安思危，预防为主。预案规定，当发生特别重大食品安全事故时，由国务院批准成立应急处置指挥部进行处置；重大、较大、一般事故分别由事故发生地的省、市、县级人民政府启动相应级别响应，成立食品安全事故处置指挥机构进行处置。预案对食品安全事故的监测预警、报告与评估、应急响应、后期处置等机制作了详细规定，并进一步明确了各有关部门在信息、医疗、人员及技术、物资与经费、社会动员、宣教培训等应急保障工作方面的职责。预案要求有关方面积极开展食品安全事故应急演练，以检验和强化应急准备和应急响应能力；加强对食品安全专业人员、食品生产经营者及广大消费者的食品安全知识宣传、教育与培训，促进专业人员掌握食品安全相关工作技能，增强食品生产经营者的责任意识，提高消费者的风险意识和防范能力。预案还明确指出食品安全事故应急处置工作实行责任追究制，对迟报、谎报、瞒报和漏报食品安全事故重要情况或者应急管理工作中其他失职、渎职行为，监察部门应当依法追究有关责任单位或责任人的责任；构成犯罪的，依法追究刑事责任。

10.9.1.3　地方法规

省级人民政府和省级人大常委会是制定地方性食品卫生法规的组织。根据宪法、法律的规定，从本地实际出发，制定适合本地实际情况的地方性食品法律法规。如在四川省有《四川省酒类管理条例》《四川省酒类管理实施细则》《四川省酒类产销许可证制度实施办法》《四川省加强酒类产销管理的若干规定》等四部酒类相关法规，体现出四川作为酒类产销大省的立法特色。

10.9.2　欧盟食品安全法规

欧盟的食品安全法律体系是以《基本食品法》（EC 178/2002）为立法基础。

10.9.2.1　基本法律法规

（1）《食品安全绿皮书》

1997年4月，欧盟委员会发表了关于欧盟食品法规一般原则的《食品安全绿皮书》。《绿皮书》通过分析欧洲食品安全的现状和成因，对食品立法的前景给予了咨询和建议，为欧盟食品安全法规体系确立基本框架奠定了基础，为欧盟食品安全法律制度的改革明确了目标，这表明了欧盟食品安全立法的新阶段。

（2）《食品安全白皮书》

2000年欧盟正式发表了《食品安全白皮书》，即为欧盟的食品安全保护设定一个高水平的标准。《白皮书》是欧盟新食品政策的蓝本，对欧盟的食品安全法制体系的基本原则做了明确规定并且形成了欧盟食品安全法制体系的基本框架，这为欧盟食品安全的法制构建奠定了基础。

（3）《基本食品法》（178/2002/EC）

根据《食品安全白皮书》的决议，欧盟在2002年通过了178/2002/EC，名为"欧洲议会和理事会关于食品法的基本原则和要求，成立欧洲食品安全局，以及食品方面的程序"，即《基本食品法》。

10.9.2.2　具体法规

欧盟在2002年底开始制定相关食品安全的具体法规和指令。

① 2002年，欧盟发布了2002/99/EC，规定了供人类食用的动物源性产品的生产、加工、销售及引入动物健康规范的内容。

② 2004年，欧盟食品链与动物健康委员会通过了《基本食品法》要求实施方法的指南文件。

③ 2004年欧盟公布了4个《基本食品法》的补充法规，这些法规组成了"食品卫生系列措施"。

a. 欧洲议会和理事会第852/2004号法规即《食品卫生法规》　该法规规定了食品企业

经营者确保食品卫生的通用规则，并明确其个人责任，对欧盟各成员国的食品安全法进行了适当协调，并从各生产环节统一标准，以保证整体安全。

b. 欧洲议会和理事会第 853/2004 号法规，即《供人类消费的动物源性食品具体卫生规定》　该项法规为欧盟第 852/2004 号法规的补充，确立了动物源食品生产、销售的卫生及动物福利等方面的特殊规定。法规规定生产、销售有关奶乳制品、蛋及蛋制品、水产品、软体贝类、肉类、禽类及其产品等的工厂和设施必须在欧盟获得主管机关的批准和注册，若是从第三国进口的产品则必须是欧盟许可清单中的产品，还有必须加贴符合法规的食品识别标识。

c. 欧洲议会和理事会第 854/2004 号法规，即《供人类消费的动物源性食品的官方控制组织细则》　主要规定了对肉类、软体动物、水产品和奶及乳制品的官方控制规范。该法规使欧盟食品的微生物标准更加符合时代需求。

d. 欧洲议会和理事会第 882/2004 号法规，即《确保符合食品饲料法、动物健康及动物福利规定的官方控制》　这是《基本食品法》的执行细则，侧重对食品与饲料、动物健康与福利等法律实施监管的条例。

除此之外，欧盟通过法规、指令或决议的形式，分别在饲料卫生、饲料添加剂、食品污染物、动物用药残留、农药残留、食品添加剂、食品标签、食品接触物质、渔产品检疫、肉类加工产品、酒类产品、转基因食品、动物副产品等方面制定了具体的规定和要求。

10.9.3　美国食品安全法规

在食品商品化高度发达的美国，有关食品安全的法律法规非常多，以覆盖所有食品种类和形成严密有效的执法机制。其中主要的法律法规如下。

10.9.3.1　联邦食品、药品和化妆品法

1938 年出台的《联邦食品、药品和化妆品法》（FFDCA）是美国食品安全方面最主要的法律之一。其前身是 1906 年通过的《纯净食品和药品法》。该法对食品添加剂等做出了严格规定，对产品实行准入制度，对不同产品建立质量标准；通过检查工厂和其他方式进行监督和监控市场，明确行政和司法机制以纠正发生的任何问题。该法明确禁止任何掺假和错误标识的行为，还赋予相关机构对违法产品进行扣押、提出刑事诉讼及禁止贸易的权利。进口产品也适用该法。该法的监管不包括肉类、禽类和酒精制品。

10.9.3.2　FDA 食品安全现代化法

《FDA 食品安全现代化法》于 2011 年 1 月生效。这也是自 1938 年后，70 多年来美国对现行主要食品安全法律《联邦食品、药品和化妆品法》的重大修订，也是美国食品安全监管体系的重大变革。该法案可分为以下 5 方面主要内容。

（1）预防控制
FDA 首次获得法律授权，可以要求在整个食品供应链上建立全面的、基于预防的控制机制。

（2）检测和遵守
该法律认识到检测是确保产业承担起生产安全食品责任的重要途径。因此，新法对

FDA 检测食品生产者的频率做出了明确规定。FDA 致力于基于风险的原则分配其检测资源,同时采取创新的检测方式。

(3)进口食品安全

FDA 通过新工具用于确保进口食品符合美国标准,保障消费者安全。例如,新法首次要求进口商必须验证其海外供货商为保证食品安全而采取了充分的预防控制措施。FDA 还可以授权合格的第三方检测者确认境外食品设施符合美国食品安全标准。

(4)问题应对

FDA 首次获得授权,可以对所有食品发布强制召回通知。由于食品行业大体上遵守自愿召回的要求,因此 FDA 预计不会经常使用这项授权。

(5)增强伙伴关系

新法认识到加强所有食品安全部门现有合作关系的重要性,包括联邦、州、地方、海外领地、部落以及外国机构,以实现公共卫生目标。比如,该法指示 FDA 完善州、地方、海外领地和部落食品安全官员的培训。

10.9.3.3　联邦肉类检验法

《联邦肉类检验法》(Federal Meat Inspection Act,FMIA)是最早的肉类检验法,于 1906 年出台。该法要求对所有跨州和出口交易的肉类进行检验,包括对加工、包装设备和设施的检验。1967 年修改了《联邦肉类检验法》,形成了《健康肉类法》(Wholesome Meat Act)。1968 年又增加了健康禽产品法(Wholesome Poultry Products Act),形成了对肉类全面监管。这两个法案将检验范围扩大到了州内交易和所有畜禽产品,要求农业部的食品安全检验局(FSIS)和农业市场服务局对屠宰场、肉禽加工厂、蛋类包装和加工厂实施检验。对屠宰场的检验必须是不间断的,联邦检验员要始终在现场。

类似的法规还有:《禽类产品检验法》《蛋产品检验法》《联邦进口牛奶法》等。

10.9.3.4　食品质量保护法

《食品质量保护法》(The Food Quality Protection Act,FQPA)于 1996 年生效,要求 EPA 立即采用新的、更加科学的方法检测食品中的化学物质残留。从美国的法规制定和变迁可以看出,在食品安全法规的制定中比较重视科学依据,且法规的制定过程是透明的,公众可以广泛参与。

10.9.3.5　营养标签与教育法

1966 年颁布的《公平包装和标签法》(Fair Packaging and Labeling Act)要求食品有统一格式的标签。1990 年出台的营养标签与教育法(The Nutrition Labeling and Education Act),对食品标签方面的有关规定进行了彻底的修改,对标签中营养作用的标示作了更为严格的要求。1994 年,农业部对原始产品和肉、禽半成品的标签做出了新的规定。传统的食品标签是针对消费者营养信息需求而制定的,新的食品标签法案则要求标签中提供尽可能多地与质量和安全有关的信息,如是否采用辐射处理等。

思考题

1. 简述我国现行的食品安全监管体制的设计思路和现状，如何完善监管体制？
2. 欧盟、美国和英国的食品安全事务行政体系各有哪些值得借鉴之处？
3. 食品 GMP 的主要内容有哪些？
4. 以乳品企业为例，试述如何在企业中制定和实施 HACCP 计划。
5. 结合我国的现状，试论如何完善食品安全标准。
6. 以食品生产加工小作坊和食品摊贩为例，说明我国对食品的生产经营许可有哪些具体的规定。

参考文献

[1] 丁晓雯，柳春红. 食品安全学 [M].3 版. 北京：中国农业大学出版社，2021.

[2] 王际辉，叶淑红. 食品安全学 [M]. 北京：中国轻工业出版社，2020.

[3] 何国庆，贾英民，丁立孝. 食品微生物学 [M].4 版. 北京：中国农业大学出版社，2021.

[4] 谢明勇，陈绍军. 食品安全导论 [M].3 版. 北京：中国农业大学出版社，2021.

[5] 柳春红. 食品卫生学 [M]. 北京：中国轻工业出版社，2021.

[6] 王际辉. 食品安全学 [M].2 版. 北京：中国轻工业出版社，2020.

[7] 张小莺，殷文政. 食品安全学 [M].2 版. 北京：科学出版社，2017.

[8] 孙长颢. 营养与食品卫生学 [M].8 版. 北京：人民卫生出版社，2017.

[9] 孙长颢，刘金峰. 现代食品卫生学 [M].2 版. 北京：人民卫生出版社，2018.

[10] 高彦祥. 食品添加剂 [M].2 版. 北京：中国轻工业出版社，2019.

[11] 郝利平，聂乾忠，周爱梅. 食品添加剂 [M].3 版. 北京：中国农业大学出版社，2016.

[12] 柳春红. 食品营养与卫生学 [M].2 版. 北京：中国农业出版社，2023.

[13] 姚卫蓉，于航，钱和. 食品卫生学 [M].3 版. 北京：化学工业出版社，2022.

[14] 张琴，周榕. 苏丹红检测技术研究进展 [J]. 农产品加工，2021 (17)：84-86.

[15] 顾悦. 食品添加剂的作用及使用规范研究 [J]. 中国食品，2022 (13)：52-55.

[16] 李文跃，曹士亮，于滔，等. 作物转基因技术、种植现状及安全性 [J]. 黑龙江农业科学，2020 (10)：124-128.

[17] 吴俣菲. 浅谈转基因食品的利与弊 [J]. 现代食品，2019 (22)：44-46.

[18] 汤沂，向东，裘芳，等. 转基因植物的环境及食品安全性研究 [J]. 现代食品，2019 (15)：126-127＋130.

[19] 王鸿远，孙彬青，李志礼，等. 食品接触纸制品中的有害物分析及迁移研究进展 [J]. 天津造纸，2021，43 (1)：6-11.

[20] 肖静，邹萍萍，田琳，等. 动物性食品过敏导致的食品安全风险及其控制措施 [J]. 食品工业，2020，284 (05)：250-254.

[21] 万蓉，赵江，万青青，等.2011—2019 年云南省食物中毒流行特征分析及预防措施探讨 [J]. 食品安全质量检测学报，2021，12 (04)：1620-1624.

[22] 杨韬，程宇斐，黄建萍，等. 食品安全风险分析在食品质量管理中的应用 [J]. 中国食品工业，2022 (07)：52-53.

[23] 罗云波，吴广枫，张宁. 建立和完善中国食品安全保障体系的研究与思考 [J]. 中国食品学报，2019 (12)：6-13.

[24] 詹承豫. 中国食品安全监管体制改革的演进逻辑及待解难题 [J]. 南京社会科学，2019 (10)：75-82.

[25] 陈诗波，李伟. 美国 FDA 食品安全监管科技支撑体系建设经验及启示 [J]. 中国酿造，2020，39 (08)：221-224.

[26] 陈一资，胡滨. 动物性食品中兽药残留的危害及其原因分析 [J]. 食品与生物技术学报，2009，28 (02)：162-166.

[27] Gavahian M, Sarangapani C, Misra N N. Cold plasma for mitigating agrochemical and pesticide residue in food and water：Similarities with ozone and ultraviolet technologies [J]. Food Research International, 2021, 141：110138.

[28] Sandeep K, Shiv P, Krishna K Y, et al. Hazardous heavy metals contamination of vegetables and food chain：Role of sustainable remediation approaches-A review [J]. Environmental Research, 2019, 179：1-26.

[29] Zou X M, Zhou J W, Song S H, et al. Screening of oligonucleotide aptamers and application in detection of pesticide and veterinary drug residues [J]. Chinese Journal of Analytical Chemistry, 2019, 47 (4)：488-499.

［30］ Mg A， Cs B， Nm C. Cold plasma for mitigating agrochemical and pesticide residue in food and water： Similarities with ozone and ultraviolet technologies ［J］. Food Research International， 2021， 141： 110138.

［31］ Lei R R， Liu W B， Wu X L， et al. A review of levels and profiles of polychlorinated dibenzo-p-dioxins and dibenzofurans in different environmental media from China ［J］. Chemosphere， 2020， 239： 1-9.

［32］ Li Z， Cao Y， Qin H， et al. Integration of chemical and biological methods： A case study of polycyclic aromatic hydrocarbons pollution monitoring in Shandong Peninsula， China ［J］. Journal of Environmental Sciences， 2022， 111： 24-37.

［33］ Xi J， Chen Y. Analysis of the relationship between heterocyclic amines and the oxidation and thermal decomposition of protein using the dry heated soy protein isolate system ［J］. LWT-Food Science and Technology， 2021， 148 （2）： 111738.

［34］ Atabati H， Abouhamzeh B， Abdollahifar M A， et al. The association between high oral intake of acrylamide and risk of breast cancer： An updated systematic review and meta-analysis ［J］. Trends in Food Science & Technology， 2020， 100： 155-163.

［35］ Trinh M M， Chang M B. Transformation of mono-to octa-chlorinated dibenzo-p-dioxins and dibenzofurans in MWI fly ash during catalytic pyrolysis process ［J］. Chemical Engineering Journal， 2021 （1）： 130907.

［36］ Han S， Ding Y， Teng F， et al. Determination of chloropropanol with an imprinted electrochemical sensor based on multi-walled carbon nanotubes/metal － organic framework composites ［J］. RSC Advances， 2021， 11： 18468-18475.

［37］ Rayappa M K， Viswanathan P A， Rattu G， et al. Nanomaterials enabled and bio/chemical analytical sensors for acrylamide detection in thermally processed foods： Advances and outlook ［J］. Journal of Agricultural and Food Chemistry， 2021， 69 （16）： 4578-4603.

［38］ Qiu J L， Wheeler S S， Reed M， et al. When vector control and organic farming intersect： Pesticide residues on rice plants from aerial mosquito sprays ［J］. Science of The Total Environment， 2021， 773： 144708.

［39］ Xu Z， Li L， Xu Y， et al. Pesticide multi-residues in Dendrobium officinale Kimura et Migo： Method validation， residue levels and dietary exposure risk assessment ［J］. Food Chemistry， 2021， 343： 128490.

［40］ Crepet A， Luong T M， Baines J， et al. An international probabilistic risk assessment of acute dietary exposure to pesticide residues in relation to codex maximum residue limits for pesticides in food ［J］. Food Control， 2021， 121： 107563.

［41］ Sarina A， Salman K， Fereshteh M. The concentration of pesticide residues in vegetables： A systematic review and meta-analyses ［J］. Journal of Agriculture and Food Research， 2024， 15： 101027.

［42］ Prodhan M D H， Choudhury M A R， Dutta N K， et al. Variability of pesticide residues： A critical review for acute risk assessment ［J］. Journal of Food Composition and Analysis， 2024， 125： 105742.

［43］ Luo Y， Chiu Z， Wu K， et al. Integrating high-throughput exposure assessment and in vitro screening data to prioritize endocrine-active potential and dietary risks of pesticides and veterinary drug residues in animal products ［J］. Food and Chemical Toxicology， 2023， 173： 113639.

［44］ Rocky M M H， Rahman I M M， Biswas F B， et al. Cellulose-based materials for scavenging toxic and precious metals from water and wastewater： A review ［J］. Chemical Engineering Journal， 2023， 472： 144677.

［45］ Ajay S V， Prathish K P. Dioxins emissions from bio-medical waste incineration： A systematic review on emission factors， inventories， trends and health risk studies ［J］. Journal of Hazardous Materials， 2024， 465： 133384.

［46］ Hu Y， Shen L， Zhang Y， et al. A naphthalimide-based fluorescent probe for rapid detection of nitrite and its application in food quality monitoring ［J］. Analytica Chimica Acta， 2023， 1268： 341403.

［47］ Hee P E， Liang Z， Zhang P， et al. Formation mechanisms， detection methods and mitigation strategies of acrylamide， polycyclic aromatic hydrocarbons and heterocyclic amines in food products ［J］. Food Control， 2024， 158： 110236.

［48］ Mou Y， Sun L， Geng Y， et al. Chloropropanols and their esters in foods： Exposure， formation and mitigation strategies ［J］. Food Chemistry Advances， 2023， 3： 100446.

［49］ Zhang Z， Chen Y， Deng P， et al. Research progress on generation， detection and inhibition of multiple hazards-acrylamide， 5-hydroxymethylfurfural， advanced glycation end products， methylimidazole-in baked goods ［J］. Food Chemistry， 2024， 431： 137152.

[50] Warmate D, Onarinde B A. Food safety incidents in the red meat industry: A review of foodborne disease outbreaks linked to the consumption of red meat and its products, 1991 to 2021 [J]. International Journal of Food Microbiology, 2023, 398: 110240.

[51] Liang J, Zheng B, Zhang Y, et al. Food allergy and gut microbiota [J]. Trends in Food Science & Technology, 2023, 140: 104141.